Katastrophen

KATAST

Len Fisher

ROPHEN

Wie die Wissenschaft hilft, sie vorherzusagen

Aus dem Englischen
von Jürgen Neubauer

Für Wendella, die ein weiteres Buch überlebt hat ohne Krisen
oder Katastrophen.

Originaltitel: *Crashes, crises, and calamities. How we can use science to read the early-warning signs*. Published by Basic Books, A Member of the Perseus Books Group

© 2011 by Len Fisher

1. Auflage 2011

© der deutschsprachigen Ausgabe Eichborn AG, Frankfurt am Main,
September 2011
Umschlaggestaltung: Christiane Hahn
unter Verwendung eines Bildes von ©picture alliance
Lektorat: Dr. Ines Lauffer
Ausstattung, Typografie: Susanne Reeh
Satz: Fotosatz Amann, Aichstetten
Druck und Bindung: CPI – Clausen & Bosse, Leck
ISBN 978-3-8218-6553-9

Mix
Produktgruppe aus vorbildlich bewirtschafteten
Wäldern und anderen kontrollierten Herkünften
www.fsc.org Zert.-Nr. GFA-COC-001223
© 1996 Forest Stewardship Council
FSC

Eichborn Verlag, Kaiserstraße 66, 60329 Frankfurt am Main
Mehr Informationen zu Büchern und Hörbüchern aus dem Eichborn Verlag
finden Sie unter www.eichborn.de

Inhalt

Gebrauchsanweisung

Dies ist ein Buch zum Herumblättern. Die Kapitel sind zwar chronologisch geordnet, aber Sie können sie in jeder beliebigen Reihenfolge lesen. Auf den folgenden Seiten möchte ich Ihnen grundlegende Kenntnisse darüber vermitteln, wie wir Warnsignale erkennen und verwenden können, um persönliche und globale Katastrophen vorherzusehen. Jedes Kapitel bietet Ihnen relevante, interessante und oftmals überraschende Informationen, die Sie für sich nutzen können.

Wenn Sie beispielsweise etwas über den neuesten Stand zum Treibhauseffekt erfahren möchten, können Sie mit Kapitel 9 beginnen, wo Sie die Modelle kennenlernen, mit denen wir heute Prognosen über komplexe künftige Entwicklungen aufstellen. Wenn Sie eine aktuelle Liste von Frühwarnsignalen suchen, die auch in Ihrem Alltag relevant sein können, beginnen Sie mit Kapitel 11; dort erfahren Sie auch, was die Länge von Röcken mit der Konjunktur zu tun hat.

Die Suche nach dieser Information und ihre Verknüpfung mit Problemen, die uns alle angehen, war unendlich faszinierend. Ich hoffe, diese Entdeckungsreise bereitet Ihnen ebenso viel Vergnügen wie mir!

Einleitung:
Wie Kröten Erdbeben vorhersagen

Die Oxforder Gelehrten
Wissen alles ganz genau,
Doch unser Mister Kröte
Ist doppelt und dreimal so schlau.

KENNETH GRAHAME, *Der Wind in den Weiden* (1908)

Am 1. April 2009 verließen die Kröten des Lago di San Ruffino im Zentrum Italiens ihre angestammten Laichplätze und flohen in die Berge. Fünf Tage später wurde die Region von einem schweren Erdbeben erschüttert, das den mittelalterlichen Ortskern von L'Aquila weitgehend zerstörte und mehr als dreihundert Menschenleben forderte.

Zufällig untersuchte just zu diesem Zeitpunkt die britische Ökologin Rachel Grant das Paarungsverhalten der Kröten von San Ruffino. Verständlicherweise war sie sauer, als ihr plötzlich die Kröten ausbüxten. Umso begeisterter war sie, als die Tiere am Tag nach dem Erdbeben zurückkamen – nicht nur, weil sie ihre Untersuchungen fortsetzen konnte, sondern auch, weil sie als erste Wissenschaftlerin bestätigen konnte, was man sich seit Jahrhunderten erzählte, dass sich nämlich Tiere kurz vor einer Naturkatastrophe sonderbar verhalten.

Nachdem sie dieses Phänomen in einem Artikel beschrieben hatte, wurde der Vorschlag gemacht, das Verhalten von Kröten oder anderen Tieren als Frühwarnsystem zu nutzen. Ob sich das tatsächlich verwirklichen lässt, ist unklar, aber vielleicht könnten wir Signale entdecken, auf die diese Tiere reagieren, und diese beobachten.

Klar ist nämlich, dass die frühzeitige Entdeckung von Warnsignalen uns erheblich dabei helfen könnte, bevorstehende Krisen und Katastrophen zu erkennen. Und zwar nicht nur in der Natur, sondern auch im Alltag, im Wirtschaftsleben und in der Gesellschaft. Das trifft vor allem auf Ereignisse zu, die Wissenschaftler als »kritische Übergänge« bezeichnen.

Vor einem solchen kritischen Übergang geht offenbar alles seinen gewohnten Gang, oder es verändert sich eher gemächlich, bis sich schlagartig und scheinbar ohne jede Vorwarnung eine völlig neue Situation einstellt. Ein Vulkan explodiert, ein Markt kollabiert, eine Brücke stürzt ein, eine Beziehung geht in die Brüche, eine Epidemie bricht aus, ein Krieg beginnt. Das sind alles Beispiele für sogenannte kritische Übergänge.

In diesem Buch beschreibe ich die lange Suche der Menschheit nach Alarmsignalen für diese und ähnliche Katastrophen, die in jüngster Zeit tatsächlich erste Erfolge zeigt. Kritische Übergänge aller Art scheinen wirklich ein gemeinsames Muster zu haben, das sich erkennen und als Warnsignal verwenden lässt. Diese aufregenden neuen Erkenntnisse könnten bei der Vorhersage von plötzlichen Krisen und Katastrophen in unserem Alltag und in unserer Welt von unschätzbarem Wert sein.

Schon seit Jahrtausenden sucht die Menschheit nach Zeichen, die auf solche Ereignisse hinweisen. Einige Kulturen vertrauten auf Wahrsager und Orakel, die angeblich in die Zukunft sehen konnten. Andere meinten in ungewöhnlichen Himmelsereignissen, zum Beispiel einer Sonnenfinsternis, das Omen für ein bevorstehendes Unglück zu erkennen. Letzteres erinnert ein wenig an unseren modernen Glauben an Experten, die nach ungewöhnlichen gesellschaftlichen und wirtschaftlichen Entwicklungen Ausschau halten, um daraus ihre Zukunftsprognosen abzuleiten.

Mit dem Anbruch des Zeitalters der Wissenschaft erkannten Forscher Naturgesetze, die sie zur Vorhersage heranziehen konnten. Galileo war einer der Ersten, als er mithilfe einfacher physikalischer Gesetze berechnete, wie dick die Decke der Hölle sein müsse, damit sie den Sündern nicht auf den Kopf fiele. Nachfolgende Wissenschaftler griffen Galileos Überlegungen auf und entdeckten das Prinzip der Belastung, mit dem Ingenieure »vorhersagen«, ob Häuser oder Brücken ihr eigenes Gewicht tragen können. Das war ein gewaltiger Fortschritt gegenüber dem mittelalterlichen Trial-and-Error-Verfahren: Viele Kirchen stürzten noch während des Baus ein oder fielen beim ersten kräftigen Windstoß in sich zusammen, weil die Baumeister das Prinzip der Belastung nicht verstanden hatten.

Psychologen haben sich das Konzept geborgt, um zu verstehen, wie wir auf die verschiedenen Lebensumstände reagieren. Sie sprechen von Belastung oder Stress, um zu messen, ob wir gut mit Problemen umgehen können oder ob wir unter ihnen zusammenbrechen wie die mittelalterlichen Kirchen.

Das ist jedoch nicht das einzige Prinzip, das die Psychologen aus der Physik entlehnt haben. Ein anderes ist das »Feedback«, das die Physiker als »Rückkopplung« bezeichnen und das eine wichtige Rolle beim Verständnis von kritischen Übergängen spielt.

Es gibt zwei Arten der Rückkopplung: positive und negative. Positive Rückkopplungen verstärken Veränderungen, negative dämpfen sie und stellen das Gleichgewicht wieder her. Positive Rückkopplungen beschleunigen den Zusammenbruch, negative bremsen ihn.

Die positive Rückkopplung verstärkt eine Veränderung, und zwar exponentiell, weil auch die Verstärkung immer größer wird. Dieser Selbstverstärkungseffekt sorgt dafür, dass sich die Veränderung rasant beschleunigt: Eine scheinbar unbedeutende Abweichung zu Beginn kann sich zu einer Katastrophe ausweiten. Eine umkippende Leiter, eine ausufernde Massenpanik, der Run auf eine Bank, eine Lawine, ein Rüstungswettlauf, der galoppierende Zusammenbruch eines Ökosystems, die zunehmend aggressiven Auseinandersetzungen in einer sich verschlechternden Beziehung – das sind Beispiele für eine positive Rückkopplung.

Negative Rückkopplung ist dagegen eine Gegenkraft, die umso stärker wird, je größer die Veränderung zu werden droht. Ein Beispiel ist der Drehzahlregler eines Motors, der die Treibstoffzufuhr verringert, während der Motor beschleunigt. Ein anderes ist die Lenkbewegung, mit der wir die Fahrtrichtung korrigieren, wenn unser Auto von der Straße abkommt. Auch unser Körper verwendet negative Rückkopplungen, um Körpersysteme zu regulieren: Je heißer uns wird, umso mehr schwitzen wir und umso größer wird die kühlende Wirkung des verdunstenden Schweißes.

Verschiedentlich wurde behauptet, das »Gleichgewicht der Natur« und die »unsichtbare Hand des Marktes« könnten über den Mechanismus der negativen Rückkopplung ähnlich stabilisierend auf Ökosysteme beziehungsweise Volkswirtschaften wirken. Das erwies sich leider als Wunschdenken. Negative Rückkopplung kann zwar vorübergehend Stabilität herstellen, aber langfristig unterliegen Ökosysteme und Märkte genau wie unser Körper, unsere Beziehungen und unsere Gesellschaften einem hochkomplexen und sich ständig verändernden Gleichgewicht aus positiven und negativen Rückkopplungen.

Zu einem kritischen Übergang kommt es immer dann, wenn positive Rückkopplungen oder andere unkontrollierte Prozesse (zum Beispiel der Anstieg von Belastungen) stärker werden als die negativen Rückkopplungen, die sie regulieren. Bei der Vorhersage von persönlichen, gesellschaftlichen, wirtschaftlichen oder Naturkatastrophen besteht die große Herausforderung darin, zu wissen, wann ein Gleichgewicht stabil ist und wann wir der Instabilität gefährlich nahe kommen. An diesem Punkt kann die Belastung so unerträglich werden, dass das System plötzlich zusammenbricht; von einem Moment auf den anderen können positive Rückkopplungen einsetzen, das ganze System entgleist und mündet in eine Katastrophe.

Obwohl kritische Übergänge vieles gemeinsam haben, schien es bis vor Kurzem beinahe unmöglich vorherzusagen, wann ein solcher Zusammenbruch bevorstand. Manchmal kann man das tatsächlich nicht, doch in den vergangenen zehn Jahren haben Wissenschaftler mithilfe neuer Erkenntnisse und immer leistungsfähigerer Computer das Phänomen besser erforscht. Ihre Erkenntnisse machen Mut. In dem scheinbaren Chaos von Aktion und Reaktion, Abweichung und Korrektur, Bewegung und Gegenbewegung haben sie allgemeingültige Warnsignale entdeckt, die uns verraten, wann eine Situation kritisch zu werden und ein unkontrollierter Prozess einzusetzen droht.

Die Anzeichen haben große Ähnlichkeit, egal ob es sich um gesellschaftliche Unruhen, Wirtschaftskrisen, den Zusammenbruch eines Ökosystems, Klimawandel oder eine andere Naturkatastrophe handelt. Meistens sind sie außerdem sehr einfach – so einfach, dass wir sie verstehen und entsprechend handeln können.

Mithilfe der Erkenntnisse aus der Physik oder der Mathematik und ihrer neuen Vorhersagemethoden können wir uns schon am Samstagmorgen auf Probleme vorbereiten, die erst am Montagmorgen anstehen. Wir können Überraschungen und Katastrophen in unserem Privatleben oder unserer Umwelt vorhersehen und ihnen vorbeugen.

Als ich auf diese Erkenntnisse stieß, war mir sofort klar, dass dies etwas war, das wir alle wissen sollten. Ich brannte darauf, mehr zu erfahren und mein Wissen weiterzugeben. Das Ergebnis ist das Buch, das sie in Händen halten. Es erzählt die Geschichte der Vorhersage von Katastrophen, und es geht der Frage nach, wie wir die wissenschaftliche Entdeckung von universellen Frühwarnsignalen nutzen können, um unsere Zukunft und die unseres Planeten besser in den Griff zu bekommen.

Hinweis für den Leser

Dies ist der dritte Band einer Trilogie, in der ich zeigen möchte, wie wir die Erkenntnisse der Naturwissenschaften nutzen können, um persönliche und soziale Probleme in unserer komplexen Gesellschaft zu verstehen und besser mit ihnen umzugehen. (Die anderen beiden Bände sind *Schere, Stein, Papier: Spieltheorie im Alltag*, Heidelberg: Spektrum Akademischer Verlag 2010; und *Schwarmintelligenz: Wie einfache Regeln Großes möglich machen*, Frankfurt: Eichborn 2010.) Das Buch ist wie eine Detektivgeschichte – eine gemeinsame Entdeckungsreise in ein neues und aufregendes Forschungsgebiet – und ein Versuch, die Ursachen einiger unserer dringlichsten persönlichen und globalen Probleme besser zu verstehen.

Mein Ziel ist es, meinen Lesern Ideen und Denkanstöße aus Forschungsgebieten zu vermitteln, mit denen sie möglicherweise weniger vertraut sind. Im Sinne der Klarheit musste ich vieles verknappen und vereinfachen – eigentlich hätte man fast aus jedem Absatz ein eigenes Kapitel oder vielleicht sogar ein ganzes Buch machen können. Als Entschädigung für diejenigen, die bestimmte Themen vertiefen wollen, habe ich einen Anhang mit umfangreichen Anmerkungen angefügt. Diese Anmerkungen sind ein Sammelsurium faszinierender Anekdoten, Hinweise und weiterführender Hintergrundinformationen, auf die ich im Laufe meiner Nachforschungen gestoßen bin, die ich aber nicht in das Buch einfügen wollte, um den Rahmen nicht zu sprengen. Sie eröffnen zusätzliche Dimensionen und Ausblicke für all diejenigen, die sich näher mit einem Thema befassen wollen. Einige Leser meiner früheren Bücher haben mir sogar geschrieben, dass sie zuerst den Anhang lesen!

Jede Anmerkung bezieht sich zwar auf eine bestimmte Stelle im Text, doch sie alle können auch unabhängig gelesen werden, um den Leser zu den interessantesten und wichtigsten Quellen zu führen. Ich habe diejenigen Quellen ausgewählt, die für Laien am leichtesten zugänglich sind, und diese wo immer nötig kommentiert. Egal ob Sie mit den Anmerkungen anfangen oder mit dem Text – ich hoffe, dass dieses Buch Sie anregt, neu und kreativ über Ihre eigene und die Zukunft der Welt nachzudenken.

Len Fisher
Bradford-on-Avon, Großbritannien,
und Blackheath, Australien

Teil 1

Einmal Hölle und zurück – Das Kreuz mit der Vorhersage

1. Können Tiere hellsehen?

Für Tiere ist die Welt fein säuberlich eingeteilt in Dinge,
mit denen sie (a) kopulieren, die sie (b) fressen,
vor denen sie (c) weglaufen und (d) Steine.

TERRY PRATCHETT, *Das Erbe des Zauberers* (1987)

Im Jahr 373 vor unserer Zeitrechnung wurde die griechische Stadt Helike an der Küste des Peleponnes erst von einem gewaltigen Erdbeben zerstört und versank dann in den Fluten des nachfolgenden Tsunami. Die Ruinen waren noch fünfhundert Jahre später im hellgrünen Wasser des Golfs von Korinth zu bewundern. Römische Touristen segelten mit Ausflugsschiffen über sie hinweg und bestaunten die versunkenen Mauern und Säulen. Vielleicht geht die Geschichte von Atlantis auf diese Ruinen zurück.

Doch dann verschwand Helike. Auf den Mauern und Statuen lagerte sich der Schlick ab, und die Stadt geriet in Vergessenheit. Erst im Jahr 2001 wurde sie wiederentdeckt und von Meeresarchäologen erforscht.

Einige Historiker schilderten den Untergang der Stadt, unter anderem der römische Autor Claudius Aelinius. Sein Bericht ist besonders interessant, weil er als Erster beschrieb, wie Tiere ein Erdbeben »vorhersahen«:

An den fünf Tagen vor dem Untergang von Helike verließen sämtliche Mäuse, Marder, Schlangen, Tausendfüßler, Käfer und alles andere Getier gemeinsam die Stadt auf der Straße, die nach Korinth führt. Die Bewohner von Helike, die dies sahen, waren erstaunt, doch sie konnten den Grund nicht erkennen. In der

Nacht, nachdem die Tiere die Stadt verlassen hatten, kam das Erd-
beben. Erst stürzten die Häuser ein, dann folgte eine gewaltige
Welle, und Helike verschwand.

Immer wieder hört man Berichte über Tiere, die sich vor einem
Tsunami auffällig verhalten. So auch vor der verheerenden Flutwelle, die am 26. Dezember 2004 verschiedene asiatische Küsten
heimsuchte. Ich selbst hörte einige solcher Geschichten, als ich
zwei Wochen später durch die Region reiste. Aber was war die Ursache für dieses Verhalten? Viele Menschen meinen, Tiere hätten
so etwas wie einen »sechsten Sinn«, mit dem sie eine bevorstehende Gefahr erkennen. Wenn Tiere tatsächlich in die Zukunft
sehen und wir uns diese Fähigkeit zunutze machen könnten, dann
wäre die Vorhersage von Katastrophen bedeutend einfacher.

Als Beweis für diesen sechsten Sinn wird gern angeführt, dass
einige Hunde »wissen«, wann ihre Herrchen nach Hause kommen. Ein österreichischer Fernsehsender ging dieser Behauptung
nach und drehte einen Film über einen Hund namens Jaytee, der
offenbar wusste, wann sein Besitzer von einem entfernten Ort
nach Hause aufbrach, und sich prompt neben die Tür setzte, um
dort auf ihn zu warten. Die Aufnahmen der Kameras, die Hund
und Herrchen begleiteten, schienen dieses Phänomen zweifelsfrei
zu bestätigen.

Als der Psychologe Richard Wiseman dieser Behauptung nachging, stellte er fest, dass es zahlreiche andere Erklärungen für das
Verhalten des Hundes gab. Beispielsweise wusste der Kameramann
offenbar, wann sich das Herrchen auf den Weg machen würde, und
könnte dem Hund unbewusst Hinweise gegeben haben. Um diese
und andere Möglichkeiten auszuschließen, entwickelte Wiseman
ein Experiment, bei dem der Zeitpunkt der Rückkehr zufällig fest-
gelegt und erst nach Verlassen des Hauses vereinbart wurde, ohne
dass der Beobachter des Hundes informiert wurde. Danach fand
sich kein Hinweis mehr auf die hellseherischen Fähigkeiten des
Hundes.

Ein bekannteres Beispiel ist der Krake Paul, der während der
Fußballweltmeisterschaft des Jahres 2010 die Ergebnisse vorher-

sagte. In seinem Aquarium im nordrhein-westfälischen Oberhausen prognostizierte er die Ergebnisse der deutschen Nationalmannschaft (in der Regel ein Sieg) und des WM-Endspiels korrekt, indem er das Futter aus einem von zwei Behältern auswählte, die mit den Nationalfahnen der Kontrahenten gekennzeichnet waren.

Die Zuschauer in aller Welt reagierten mit einer Mischung aus Begeisterung und Kritik. Die deutschen Fans waren natürlich erfreut, solange der Krake einen deutschen Sieg vorhersagte, doch der Enthusiasmus schlug in Zorn um, als er schließlich die Halbfinalniederlage gegen Spanien korrekt voraussagte. Einige Fans forderten sogar, den armen Paul zu Tintenfischringen zu verarbeiten. Auch der iranische Präsident Mahmud Ahmadinedschad meldete sich zu Wort und beschuldigte den Westen, Paul zur Verbreitung von »westlicher Propaganda und Aberglauben« zu missbrauchen.

Aber wie schaffte der Krake das? Ehe wir von hellseherischen Fähigkeiten sprechen, sollten wir lieber Wisemans Vorbild folgen und erst alle anderen Erklärungen ausschließen. Man kann nämlich durchaus Zweifel an Pauls Orakelkünsten anmelden, denn während der Fußballeuropameisterschaft zwei Jahre zuvor hatte er nur vier von sechs Ergebnissen korrekt vorhergesagt. Für den späteren Erfolg bei der Weltmeisterschaft finden sich auch andere Erklärungen. Die Behälter waren durchsichtig, sodass der Krake die Fahnen sehen konnte, und vielleicht fühlte er sich eher zu der deutschen Fahne hingezogen. Außerdem kontrollierte niemand, ob ihm der Wärter nicht Hinweise gab, welche Resultate er selbst erwartete. Keines der Ergebnisse stellte wirklich eine Überraschung dar, denn Deutschland und Spanien zählten vor Beginn der Weltmeisterschaft zu den Favoriten. Vielleicht legte der Wärter Paul einfach unbewusst eine etwas größere Belohnung in den Behälter der von ihm favorisierten Mannschaft.

Wir hatten zwar unseren Spaß mit Paul, aber ein wissenschaftliches Experiment war das natürlich nicht. Genauso wie alle anderen vermeintlichen Beweise für die prophetische Gabe von Tieren. Es ist unglaublich schwer, ein Experiment so zu gestalten, dass es alle anderen Erklärungen ausschließt und die hellseherischen Fähigkeiten zweifelsfrei beweist.

Womit ich nicht abstreiten will, dass Tiere über außergewöhnliche Fähigkeiten verfügen können. Die Kröten vom Lago di San Ruffino könnten beispielsweise auf niederfrequente Radiowellen aus der Ionosphäre reagiert haben, die dem Erdbeben vorangingen. Einige Seismologen sind der Ansicht, man könne diese Radiowellen in vielen Fällen als Frühwarnsystem verwenden. Aber dieselben Seismologen weisen auch auf einen kleinen Haken hin: Um eine tatsächliche Beziehung zwischen dem Verhalten der Tiere und bestimmten physischen Veränderungen in der Umwelt nachzuweisen, müssten wir diese Veränderungen messen können, und wenn wir diese messen können, brauchen wir die Tiere nicht mehr für unsere Vorhersagen.

Können Menschen die Zukunft vorhersagen?

Mit uns Menschen ist das anders. Menschliche Vorhersagen lassen sich besser überprüfen, da wir in der Lage sind, sie auszusprechen und detailliertere Prognosen abzugeben als die Tiere, auf deren Wissen wir nur indirekt über ihr Verhalten schließen können.

Einer der Ersten, der professionelle Hellseher auf die Probe stellte, war der sagenhaft reiche König Krösus, der von 560 bis 546 vor unserer Zeitrechnung das antike Königreich Lydien (im Norden der heutigen Türkei) beherrschte. Krösus wollte herausfinden, wie verlässlich die zahlreichen Orakel waren, die damals mit Vorhersagen ein gutes Geschäft machten, ehe er selbst für einen Blick in die Zukunft Geld auf den Tisch legte. Dazu schickte er Boten zu den verschiedenen Orakeln aus, um sie zu einem verabredeten Zeitpunkt zu befragen, »was Krösus, der Sohn von Alyattes und König von Lydien, in diesem Moment tut«.

Währenddessen stand Krösus am heimischen Herd und köchelte eine Schildkröte und ein Lamm in einem Eisenkessel mit Eisendeckel. Es ist wohl nicht weiter verwunderlich, dass keines der Orakel auch nur annähernd auf die richtige Antwort kam. Mit einer Ausnahme: das berühmte Orakel im Apollo-Tempel der griechischen Stadt Delphi, dessen Ruinen heute noch zu besichtigen sind.

In der Regel übernahmen damals ältere Bauersfrauen den Job des Orakels. Während ihnen die Fragen gestellt wurden, saßen sie auf einem dreibeinigen Hocker über einer Erdspalte. Sie atmeten die vulkanischen Dämpfe ein, die aus der Spalte aufstiegen, verfielen in tranceartige Zustände und stießen ein paar unverständliche Satzbrocken hervor, die von den Priestern in elegante griechische Hexameter übersetzt wurden.

Ich muss nicht erwähnen, dass es ausreichend Spielraum für Tricksereien gab. Das ist vermutlich auch die Erklärung für die Antwort, die Krösus erhielt:

Jetzo dringt ein Geruch in die Sinne mir, wie wenn eben
Mit Lammfleische gemenget in Erz Schildkröte gekocht wird.
Erz ist drunter gesetzt, Erz oben drüber gedecket.

Vermutlich hatte der Bote irgendwie herausbekommen, was Krösus zu besagtem Zeitpunkt tun würde, und ließ gegen ein kleines Handgeld einen entsprechenden Hinweis fallen. Was auch immer der Grund gewesen sein mag, Krösus war zufrieden und schickte den Boten mit einer zweiten Frage zurück: Sollte er gegen das Persische Reich in den Krieg ziehen?

Diesmal überhäufte Krösus das Orakel mit Schätzen, darunter eine 300 Kilogramm schwere Löwenstatue aus purem Gold. Die Bestechung des ersten Boten erwies sich offenbar als gute Investition. Doch der neue Orakelspruch war keineswegs so eindeutig wie der erste. Er besagte lediglich, wenn Krösus Persien angreife, »wird ein mächtiges Reich fallen«. Krösus fasste dies als Bestätigung auf und zog in den Krieg. Leider stellte sich heraus, dass besagtes Reich sein eigenes war.

Das war genau der Haken der antiken Orakel. Ihre Antworten waren auslegungsbedürftig und viel zu schwammig, um den Fragestellern wirklich weiterzuhelfen. Das gilt auch für ihre modernen Nachfolger, die ihren leichtgläubigen Kunden das Geld aus der Tasche ziehen. Spaßeshalber habe ich ein Internetorakel befragt, das nach dem Bild auf der Website zu urteilen deutlich jünger und hübscher war als ihre antiken Vorgängerinnen. Leider waren ihre

Prophezeiungen recht unpoetisch. Als ich sie fragte: »Wie verkauft sich mein nächstes Buch?«, antwortete sie: »Nicht allzu gut. Bitte behalten Sie während der gesamten Sitzung Ihre Hände auf der Tastatur.« Versuchen Sie mal, das in griechische Hexameter zu bringen.

Wissenschaft und Orakel

Wer beweisen kann, dass er tatsächlich über hellseherische Fähigkeiten verfügt, dem winkt eine dicke Belohnung. Der Magier James Randi bietet jedem, der sie unter wissenschaftlichen Bedingungen demonstriert, eine Million Dollar. Die Bedingungen entsprechen lediglich denen, die auch Wissenschaftler erfüllen müssen, wenn sie ihre Kollegen von der Gültigkeit eines Experiments überzeugen wollen, und die Teilnehmer dürfen sogar am Versuchsaufbau mitwirken. Die Belohnung ist nun schon seit 46 Jahren ausgesetzt, aber bislang hat keiner der mehr als tausend Bewerber auch nur die erste Hürde genommen.

Trotzdem glauben erstaunlich viele Menschen, dass es so etwas wie übersinnliche Fähigkeiten gibt. Um unseren Glauben an das Übernatürliche zu messen, erfanden australische Wissenschaftler die Schaf-Bock-Skala, und demnach glauben rund 30 Prozent aller Menschen, dass sie die Zukunft zumindest schemenhaft vorhersehen können. Erstaunlicherweise meint der Kognitionsforscher Mark Changizi, dass diese 30 Prozent (die Schafe der Skala) sogar recht haben könnten. Die schlechte Nachricht ist, dass Schafe wie Böcke bestenfalls nur eine Zehntelsekunde weit in die Zukunft sehen können.

Changizi beschäftigt sich mit der Frage, was in unserem Gehirn passiert, wenn Licht auf unsere Netzhaut fällt. Das Gehirn benötigt rund eine Zehntelsekunde, um die Information in ein Bild zu verwandeln. Auf diese Verzögerung reagiert das Gehirn, indem es uns eine Art »Vor-Bild« dessen einspielt, was seiner Ansicht nach gleich passieren wird. Dank dieses Mechanismus befindet sich unser Bild der Welt in der Gegenwart. So haben wir genug

Zeit, einen Ball zu fangen, der auf uns zufliegt, oder uns durch eine Menge zu bewegen, ohne dauernd andere Menschen anzurempeln.

Doch selbst dabei handelt es sich nicht um echtes »Zukunftswissen«. Das Gehirn stellt sich lediglich vor, was passieren wird. Es *weiß* es aber nicht. Wenn es um eine tatsächliche Vorhersage der Zukunft geht, halten wir skeptischen Böcke es eher mit Carl Sagans Forderung: »Ungewöhnliche Behauptungen erfordern ungewöhnliche Beweise.« Zukunftswissen ist so eine ungewöhnliche Behauptung, aber bislang hat noch niemand den entsprechenden ungewöhnlichen Beweis für ihre Existenz erbracht.

Es gab allerdings in der Vergangenheit einige Fälle, die zunächst sogar ausgewiesene Skeptiker verblüfften. Das vielleicht überzeugendste Experiment führte der britische Mathematiker Samuel Soal Anfang der 1940er-Jahre durch. Eine Versuchsperson auf der einen Seite einer undurchsichtigen Trennwand sollte eine Reihe von Karten aus einem Stapel ziehen, und eine andere Person auf der anderen Seite der Trennwand sollte raten, um welche Karten es sich handelte. Das Experiment erbrachte kein positives Ergebnis, bis Soal die Beziehung zwischen der erratenen und der *folgenden* gezogenen Karte untersuchte. In einigen Fällen fand er einen deutlichen Zusammenhang, der zu beweisen schien, dass die Rater tatsächlich vorhersagen konnten, welche Karte als Nächstes kam!

Diese Daten reichten aus, um den Philosophen C. D. Broad von der Universität Cambridge zu überzeugen. Er veröffentlichte einen Artikel in der renommierten Zeitschrift *Philosophy*, in dem er den wissenschaftlichen Beweis für die Existenz der Telepathie verkündete. Die Experimente überzeugten selbst Soal, der zuvor mithilfe einer statistischen Analyse 120 000 Rate-Ereignisse mit 160 Testpersonen ausgewertet hatte, ohne einen statistisch signifikanten Zusammenhang zu entdecken. Außerdem hatte er sich über die Telepathie lustig gemacht und sie als »amerikanisches Phänomen« abgetan. Jetzt war sie offenbar auch in Großbritannien angekommen.

Leider war Soal später nicht mehr in der Lage, das Ergebnis in einem Experiment zu wiederholen. Eine Neuauswertung seiner

Daten ergab außerdem, dass er einige der signifikantesten Ergebnisse mit an Sicherheit grenzender Wahrscheinlichkeit gefälscht hatte, weshalb nicht einmal mehr bekennende Parapsychologen an sie glauben wollten.

Warum Soal seine Ergebnisse manipulierte, können wir nur vermuten. Als die Fälschungen ans Licht kamen, litt er leider bereits unter Demenz und war nicht mehr in der Lage, Rede und Antwort zu stehen. Wie dem auch sei, es gibt nicht den geringsten wissenschaftlichen Beweis, weder in Soals Experimenten noch anderswo, dass Menschen die Zukunft vorhersehen können, ob durch Telepathie, Träume, Hellseherei oder irgendeine andere Methode. Für die meisten der bekannten Fälle gibt es eine von fünf möglichen Erklärungen, die Broad schon 1937 benannte:

1. **Selektionseffekt:** Wir erinnern uns an unsere »Vorhersagen«, wenn die vorhergesehenen Ereignisse eintreten, aber wir vergessen sie, wenn sie nicht eintreten.

2. **Kryptomnesie:** Eine längst vergessene Erinnerung kehrt zurück, ohne dass wir sie als solche erkennen; stattdessen halten wir sie für neu und originell. Der Psychiater C. G. Jung hielt dies nicht nur für einen normalen, sondern sogar für einen notwendigen geistigen Prozess, da der menschliche Geist ohne ihn durch willkürliche Informationen überlastet wäre.

3. **Unbewusste Wahrnehmung:** Aus unbewusst erworbenen Erfahrungen schließen wir darauf, dass es unter bestimmten Umständen zu einem bestimmten Ereignis kommt.

4. **Sich selbst erfüllende Prophezeiung:** Ein Ereignis tritt ein, weil es »vorhergesehen« wurde. Wenn beispielsweise ein Kind immer wieder hört, dass es ein Versager ist, dann kann es allein aufgrund dieser »Prophezeiung« tatsächlich zum Versager werden.

Die fünfte Erklärung (abgesehen von Betrug) hat mit dem verbreiteten Missbrauch beziehungsweise Missverständnis von Statistiken zu tun. Es geht nicht darum, ihre Vorahnungen in Abrede zu stellen, doch viele sind statistisch gesehen nicht mehr als ein bloßer Zufall. Robert Todd Carroll, Autor des *Skeptic's Dictionary*, erklärt Zukunftswissen mit dem »Gesetz der sehr großen Zahlen«:

> *Nehmen wir an, die Chancen stehen eins zu einer Million, dass ein Mensch von einem Flugzeugabsturz träumt und am nächsten Tag tatsächlich ein Flugzeug abstürzt. Wenn 6 Milliarden Menschen pro Nacht 250 Traumsequenzen haben, dann haben Nacht für Nacht rund 1,5 Millionen Menschen hellseherische Träume.*

Echte Gläubige werden sich jedoch nicht von ihrer Überzeugung abbringen lassen, dass es tatsächlich so etwas wie Hellseherei gibt, auch wenn schon Aristoteles sie verwarf, Freud sich über die Vorstellung von Traumgesichtern lustig machte und moderne Hellseher einer wissenschaftlichen Überprüfung ihrer Fähigkeiten nicht standhalten oder als Hochstapler entlarvt werden. Es gibt keinerlei Beweise, dass wir die Zukunft vorhersehen können. Stattdessen gibt es zahlreiche wissenschaftliche und philosophische Argumente, warum dies unmöglich ist, solange wir mit beiden Beinen im Leben stehen.

Der Beschleuniger, das Teilchen und eine Theorie des Schicksals

Eines der wichtigsten philosophischen Argumente formulierte der römische Staatsmann und Denker Marcus Tullius Cicero, der sich in seinem bemerkenswerten Aufsatz *De Divinatione* über Wahrsager und Sterngucker mokierte. Dank dieses Buchs aus dem Jahr 44 vor unserer Zeitrechnung wissen wir, welche Methoden der Zukunftsdeutung seinerzeit Konjunktur hatten. Cicero entlarvt den Mythos der Hellseherei, wie es James Randi nicht besser gekonnt hätte.

Der römische Denker erklärt, dass die Vorhersage der Zukunft aus rein logischen Gründen unmöglich sein muss, denn wenn wir

Informationen über die Zukunft hätten, dann würden wir sicher auch danach handeln und damit wiederum die Zukunft selbst verändern. Wenn Cicero beispielsweise gewusst hätte, dass er ermordet werden würde, dann hätte er natürlich einen großen Bogen um den Tatort gemacht.

Wäre Cicero noch am Leben, hätte er sich sicher gefreut, als der Stringtheoretiker Holger Nielsen vom renommierten Niels-Bohr-Institut in Kopenhagen und der Physiker Masao Ninomiya vom Institut für Quantenphysik in Okayama im Jahr 2006 eine nicht ganz ernst gemeinte Theorie vortrugen, die seine Skepsis bestätigte. Die beiden Autoren behaupteten nämlich, wir könnten schon deshalb nicht in die Zukunft blicken, weil uns die Zukunft selbst daran hindere.

Die Theorie erregte das Interesse der *New York Times*, die sie am 12. Oktober 2009 unter der mysteriösen Schlagzeile »Der Beschleuniger, das Teilchen und eine Theorie des Schicksals« präsentierte. Das besagte Teilchen war das Higgs-Boson, ein hypothetisches Elementarteilchen, dessen Existenz noch niemand nachweisen konnte, das aber nach Ansicht von Physikern existieren muss und für die träge Masse von anderen Teilchen verantwortlich ist. Der Teilchenbeschleuniger der Überschrift war die Maschine, die gebaut wurde, um dieses Teilchen zu finden: der Large Hadron Collider (LHC) des Europäischen Kernforschungszentrums CERN in der Nähe von Genf. Es handelt sich um einen 26,659 Kilometer langen, ringförmigen Tunnel, der zwischen Frankreich und der Schweiz verläuft. In diesem Apparat lassen Wissenschaftler Teilchen mit annähernder Lichtgeschwindigkeit aufeinanderprallen, in der Hoffnung, dass dabei das Higgs-Boson-Teilchen freigesetzt wird.

Die »Theorie des Schicksals« stellt schließlich eine etwas ungewöhnliche Beziehung zwischen dem Apparat und dem Teilchen her, dessen Existenz er nachweisen soll. Laut dieser Theorie greift das Higgs-Boson-Teilchen aus der Zukunft in die Vergangenheit zurück und versteckt sich, indem es die Geräte manipuliert, mit denen es entdeckt werden soll.

Lachen Sie nicht. Oder lachen Sie von mir aus, aber nicht zu laut. Nielsen und Ninomiya geben freimütig zu, dass ihre Theorie

»von einer Reihe nicht vollständig überzeugender, sehr wohl aber faszinierender Annahmen ausgeht«. Abgesehen davon stützt sich die Theorie jedoch auf bekannte physikalische Gesetze und kommt zu bemerkenswerten Schlussfolgerungen. Diese sind zwar nicht bewiesen, aber es konnte sie auch niemand widerlegen.

Wenn man sich ansieht, was mit dem Superconducting Super Collider (SSC) in Texas passierte, könnte man gut zu dem Schluss kommen, dass die Theorie stimmt. Der Bau dieses Teilchenbeschleunigers, der den wissenschaftlichen Nachweis für die Existenz des Higgs-Boson-Teilchens erbringen sollte, wurde im Jahr 1991 aufgenommen, doch der amerikanische Kongress brach das Projekt kurz vor der Inbetriebnahme ab. War das einfach nur Pech? Oder, wie die Autoren mutmaßen, eine »rückwirkende Ursache«, also ein Sabotageakt des Teilchens selbst?

Die Geschichte des LHC bei Genf scheint die Theorie ebenfalls zu bestätigen. Der erste Probelauf wurde am 10. September 2008 durchgeführt, und meine Kollegen von der Bristol University, die jahrelang an der Entwicklung und am Bau des Teilchenbeschleunigers mitgewirkt hatten, waren hellauf begeistert. Weniger begeistert waren sie, als neun Tage später zwei der gewaltigen Elektromagnete, die für die Beschleunigung der Teilchen sorgen, ausfielen und das Experiment abgebrochen werden musste. War das wieder nur Pech? Oder eine ominöse Botschaft aus der Zukunft?

Die Reparaturen nahmen mehr als ein Jahr in Anspruch, dann war die Maschine wieder einsatzbereit. Im März 2010 erhielt ich schließlich eine triumphierende E-Mail von meinem Kollegen Dave Newbold: »Jetzt live: Jubelnde Teilchenphysiker!« Ich klickte auf den Link, den er mitgeschickt hatte, und sah einen winkenden und strahlenden Dave vor seiner Webcam im Europäischen Kernforschungszentrum, während eine Teilchenkollision nach der anderen erfolgreich verlief. Ich hätte jedoch schwören können, dass ich hinter ihm das böse Grinsen des Higgs-Boson-Teilchens erkennen konnte, das nur auf den richtigen Moment wartete, um die Experimente ein weiteres Mal zu sabotieren. Die Zeit wird es weisen.

Man hört immer wieder, dass vielleicht über einige der esoterischen Aspekte der Quantenphysik ein Blick in die Zukunft möglich sein könnte, genauso wie es immer wieder heißt, diese Effekte ließen sich nicht beweisen. Einige der Vorstellungen, etwa die Existenz zahlloser Paralleluniversen, könnte diese Möglichkeit vielleicht sogar zulassen. Aber bislang handelt es sich nur um Spekulationen der theoretischen Physik oder vielleicht auch nur um Science-Fiction.

In der Realität konnte niemand je beweisen, dass es so etwas wie Prophetie gibt, weder beim Menschen noch bei Tieren, und es gibt gute Gründe anzunehmen, dass es das auch nicht geben kann. Wenn wir nach einem Frühwarnsystem für bevorstehende Katastrophen suchen, müssen wir uns also anderweitig umsehen. Einer der Orte, an dem die Menschen immer schon nach Antworten gesucht haben, ist der Himmel.

2. Die Zukunftsfinsternis

>»Mit den Wolken komme ich klar,
>aber nicht mit einer Sonnenfinsternis.«
>STEPHENIE MEYER, *Bis(s) zum Abendrot* (2007)

Am 22. Oktober 2134 vor unserer Zeitrechnung verloren zwei chinesische Hofastronomen namens Hsi und Ho wegen einer Sonnenfinsternis den Kopf. Sie waren nicht die Ersten, und sie sollten nicht die Letzten sein. Seit alters her haben Menschen angesichts der Verfinsterung des Zentralgestirns den Kopf verloren und sie als böses Omen für die Zukunft gefürchtet.

Für Hsi und Ho war diese Sonnenfinsternis – eine der ersten, über die schriftlich berichtet wurde – jedenfalls ein ganz böses Omen. Ihre Aufgabe war es nämlich, Himmelsereignisse vorherzusehen. Nach Angaben von einigen Berichten hatten sie dazu sogar ein einfaches Planetarium. Das Himmelszelt war in Grade eingeteilt, die Sterne wurden durch Perlen dargestellt und die Erde, die Sonne, der Mond und die Planeten durch Edelsteine, die von Hand bewegt werden konnten, um ihre Position am Himmel zu markieren.

Leider hatten Hsi und Ho nicht nur zu diesem Planetarium Zugang, sondern auch zum kaiserlichen Weinkeller. Dort saßen sie denn auch, als sich plötzlich und unerwartet der Mond vor die Sonne schob. Das altchinesische *Buch der Urkunden* berichtet: »Hsi und Ho, betrunken vom Wein, machten keinen Gebrauch von ihrem Wissen. Sie vergaßen ihre Pflichten gegenüber ihrem Herrn, vernachlässigten ihr Amt und störten die Ordnung des Kalenders, den man in ihre Obhut gegeben hatte.«

Man kann es den beiden nicht verübeln. Zur Vorhersage einer Sonnenfinsternis sind sehr viel genauere Instrumente nötig, als sie die beiden Hofastronomen zur Verfügung hatten. Hsi und Ho hatten einfach Pech, denn jeder beliebige Punkt der Erde erlebt im Durchschnitt nur etwa alle vierhundert Jahre einmal eine totale Sonnenfinsternis. Da sollte man sich doch ein Schlückchen genehmigen können.

Der Ausfall seiner Astronomen stellte Kaiser Chung K'ang jedoch vor ein dringliches Problem: Was sollte er nun angesichts der Sonnenfinsternis unternehmen? Damals nahm man an, ein Drache verschlinge die Sonne, und es galt als erprobtes Gegenmittel, Soldaten und Höflinge zu versammeln und Pfeile in den Himmel zu schießen, zu trommeln und auf Töpfe und Pfannen zu schlagen, um den Drachen zu verscheuchen. Die Zeit war knapp, doch offenbar gelang es dem Kaiser gerade noch rechtzeitig, seine Höflinge zu mobilisieren. Sie können sich vorstellen, wie erleichtert er war, als die Sonne wieder zum Vorschein kam. Als der Spuk vorbei war, ließ er Hsi und Ho rufen, »die durch ihre Versäumnis, die Bewegung der Gestirne zu beobachten und zu berechnen, gegen das Gesetz des Todes verstoßen hatten«, und ließ die beiden köpfen.

Es macht die Geschichte nicht weniger faszinierend, dass sie vermutlich erst im Jahr 300 unserer Zeitrechnung verfasst wurde. Das eigentlich Interessante ist nämlich, dass frühere Zivilisationen solche Sonnenfinsternisse als Vorzeichen wichtiger Ereignisse verstanden. Nach Ansicht der Chinesen störten sie das Gleichgewicht und die Harmonie und betrafen vor allem das Schicksal der Könige. Viele alte Kulturen hatten ähnliche Vorstellungen.

Der Astrophysiker David Dearborn hält es für durchaus verständlich, dass diese Kulturen eine Sonnenfinsternis als böses Omen verstanden: »Für die meisten frühen Hochkulturen war die Sonne ein Lebensspender, der jeden Tag am Himmel erschien. Ein Ereignis, das die Sonne verdunkelt, ist natürlich eine Katastrophe und ein böses Vorzeichen.«

Wir sehen eine Sonnenfinsternis zwar nicht mehr als böses Omen, doch wir sind nach wie vor fasziniert. Das konnte ich einmal erleben, als ich eine Gruppe durch den Teilchenbeschleuniger bei Genf führte, der sich damals noch im Bau befand, und plötzlich und völlig unvermittelt draußen einen kopflosen Astronomen stehen sah.

Einen Moment lang dachte ich, der Geist von Hsi und Ho sei zurückgekehrt. Dann bemerkte ich, dass es einer der leitenden Wissenschaftler war, dessen Kopf in einer Schweißermaske steckte. Er starrte in die Sonne und rief uns zu: »Es ist eine partielle Sonnenfinsternis. Kommt her und schaut sie euch an!«

Danach war der Teilchenbeschleuniger erst einmal vergessen, und die Besucher starrten abwechselnd durch die Schweißermaske auf die Sonnenfinsternis. Das bot mir die Gelegenheit zu erklären, dass wir sowohl im LHC als auch bei der Sonnenfinsternis Ereignisse beobachten, die bereits vergangen sind. Der Mond blockiert das Licht der Sonne eine gute Sekunde bevor wir es sehen. Die Ereignisse, die der LHC untersucht, liegen etwas weiter zurück – 14 Milliarden Jahre, um genau zu sein, im Moment der Geburt des Universums, als das Higgs-Boson erstmals in Erscheinung getreten sein soll.

Der LHC soll das hypothetische Elementarteilchen aus seiner Gefangenschaft befreien, indem er Protonen mit hoher Geschwindigkeit aufeinanderprallen lässt. Nach der gängigen Theorie werden wir das Elementarteilchen selbst nie zu Gesicht bekommen, denn es wird fast augenblicklich in einen Regen von weiteren Teilchen zerfallen. Am Computer wurde die Beziehung zwischen der Geschwindigkeit und der Richtung dieser Teilchen im starken Magnetfeld des Detektors bereits vorausberechnet. Die Experimente sollen diese Berechnungen bestätigen und so einen indirekten Hinweis auf die Existenz des geisterhaften Higgs-Boson liefern – wenn es denn tatsächlich existiert.

Eine Brücke zwischen Vergangenheit und Zukunft

Die Wechselbeziehungen, nach denen die Wissenschaftler im CERN-Forschungszentrum suchen, sollen eine Vorhersage *überprüfbar* machen. Die alten Kulturen Mesopotamiens (die Babylonier, Assyrer oder Sumerer) suchten dagegen nach solchen Beziehungen, um Vorhersagen überhaupt erst *treffen* zu können. Die Gesetzmäßigkeiten, die sie entdeckten, hielten sie in Keilschrift auf Tontafeln fest, die wir heute als »Omen-Sammlung« kennen. Jede Tafel besteht aus zwei Spalten: In der einen werden Himmelsereignisse wie zum Beispiel eine Sonnenfinsternis notiert, in der anderen irdische Ereignisse, von denen man annahm, dass sie mit diesen in Zusammenhang standen.

Wenn sich die Sonne ganz oder teilweise verfinsterte oder sich eine bestimmte Sternkonstellation einstellte, sahen die Astronomen in ihren Listen nach, um herauszufinden, ob dies eine gute Ernte, den Tod eines Königs oder vielleicht sogar den Untergang ihres Reichs bedeutete. Damit legten sie die Grundlage für die Pseudowissenschaft der Astrologie. Ähnlich verfahren heute übrigens auch die hoch dotierten Wirtschafts- und Börsenpropheten (die bisweilen mit Sterndeutern verglichen werden).

Die Methode der alten und neuen Wahrsager besteht darin, Parallelen zwischen verschiedenen Ereignissen zu suchen, um andere vorhersagen zu können. Die modernen Börsengurus könnten beispielsweise einen Anstieg des Goldpreises als Anzeichen für einen bevorstehenden Einbruch der Konjunktur deuten, da in der Vergangenheit eine Beziehung zwischen diesen beiden Ereignissen bestand. Leider erliegt diese Vorhersagemethode oft einer Reihe logischer Trugschlüsse und ist daher mehr als suspekt. Zur Vorhersage von kritischen Übergängen ist sie vollkommen nutzlos.

Diese Trugschlüsse hängen sämtlich damit zusammen, dass wir, wenn wir ein Muster erkennen, sofort den Schluss ziehen, dieses Muster müsse auch eine Bedeutung haben. Das ist eine Vorstellung, die uns im Laufe unserer Evolution gute Dienste geleistet hat – vermutlich hätten wir ohne sie gar nicht überlebt. Die Fähigkeit, in einer Flut von Informationen Muster zu finden, hilft uns zum Beispiel, Gesichter zu erkennen, Sprachen zu lernen und uns unsere Umgebung einzuprägen. Dabei machen wir natürlich auch Fehler. Die Frage ist nur, welche Fehler dürfen wir machen? Was ist besser: einen falschen Zusammenhang zu sehen oder einen richtigen zu übersehen?

In der Frühgeschichte des Menschen war es jedenfalls besser, ein paar falsche Beziehungen herzustellen, um auf diese Weise eine entscheidende Beziehung nicht zu verpassen. Ein Rascheln im Gras konnte natürlich nur vom Wind herrühren, aber es konnte auch bedeuten, dass sich ein Raubtier anschleicht. Diejenigen, die überlebten und ihre Gene weitergaben, waren die Vorsichtigen, die davon ausgingen, dass es sich um ein Raubtier handelte, obwohl es meistens nur der Wind war.

Dieses evolutionäre Erbe hat einen Nachteil: Wir glauben gern, dass die Muster, die wir sehen, echt sind und eine reale Bedeutung haben, auch wenn sie nur eingebildet sind. Leider haben wir noch keinen »Nonsens-Detektor« entwickelt, der uns hilft, zwischen echten und falschen Mustern zu unterscheiden. Uns bleibt also nichts anderes übrig, als unsere Annahme auf drei grundlegende philosophische Trugschlüsse hin zu überprüfen, die alle unter die Überschrift »vermeintliche Muster« fallen:

Trugschluss 1: Post hoc ergo propter hoc (danach, also deswegen)

Die lateinische Wendung *post hoc ergo propter hoc* bezieht sich auf die Annahme, weil A vor B passiert, *muss* A die Ursache von B sein. Der Erste, der diesen Denkfehler um das Jahr 350 vor unserer Zeitrechnung beschrieb, war der griechische Philosoph Aristoteles, ein Schüler Platons und der Lehrer Alexanders des Großen.

Meine Tochter, die ebenfalls Naturwissenschaftlerin ist, hat ein wunderbares Beispiel für diesen Trugschluss gefunden, als sie behauptete, die Bauern, die aus dem australischen Bundesstaat New South Wales in den Bundesstaat Victoria zogen, verwandelten sich in Briefkästen. Ihr »Beweis« für diese absichtlich absurde Behauptung war, dass die Zahl der Bauern, die aus New South Wales abwanderten, über einen bestimmten Zeitraum hinweg genauso groß war wie die Zunahme der Briefkästen in Victoria über denselben Zeitraum.

Wenn Analysten nach »Indikatoren« suchen, tappen sie gern in diese Falle. So ist beispielsweise die Vorstellung verbreitet, wenn auf Schwankungen auf dem Immobilienmarkt ein Rückgang der

Aktienkurse folge, dann seien diese Schwankungen eine Ursache des Kurssturzes, oder aber die beiden haben eine gemeinsame Ursache, was bedeutet, dass die Schwankungen verwendet werden können, um einen Kurssturz vorherzusagen. Wir können die Evolutionsgeschichte für derlei Vorstellungen verantwortlich machen, aber was auch immer der wahre Grund sein mag, solange es keinen nachweisbaren Mechanismus gibt, der beide Phänomene miteinander verbindet, fahren wir besser, nicht daran zu glauben. Auf einen relativ eindeutigen Zusammenhang weist die Finanzexpertin Elaine Scoggins aus Seattle hin: Der sicherste Hinweis auf einen bevorstehenden Crash am Aktienmarkt ist die zunehmende Neigung, dem Rat von Experten zu vertrauen.

Trugschluss 2: Rosinenpicken
Rosinen zu picken bedeutet, dass wir uns nur die Daten heraussuchen, die unsere Annahmen und Überzeugungen bestätigen. In unserer persönlichen Entwicklung ist das eine notwendige Strategie, die wir schon als Säuglinge anwenden, wenn wir die sonderbaren Laute deuten, die aus dem Mund unserer Eltern kommen. Irgendwann lernen wir, die Worte vom Hintergrundrauschen zu unterscheiden, indem wir bestimmte Muster auswählen und andere verwerfen. Unser visuelles System funktioniert ganz ähnlich, was zur Folge hat, dass wir später Schwierigkeiten haben, unbekannte Muster mit realen Gegenständen in Beziehung zu setzen.

Das Rosinenpicken wird dann ein Problem, wenn wir Vorhersagen treffen und die falschen Rosinen auswählen. Oft genug bemerken wir das nicht einmal. Ein klassischer Fall war eine Wahlprognose des Magazins *Literary Digest* vor den amerikanischen Präsidentschaftswahlen des Jahres 1936, die vorhersagte, dass der republikanische Kandidat Alf Landon den demokratischen Präsidenten Franklin D. Roosevelt schlagen würde. Roosevelt gewann in einem Erdrutschsieg. Die Zeitschrift hatte den Fehler gemacht, ihre Umfrage telefonisch durchzuführen, und wählte damit automatisch nur diejenigen Wähler aus, die sich ein Telefon leisten konnten.

Moderne Datenschürfer fallen besonders gern auf diesen Trugschluss herein, wenn sie nach »Indikatoren« für die Trends der Zukunft suchen. Dabei kann es sich um ganz unschuldige Dinge wie ein zu erwartendes Konsumverhalten handeln, aber auch um Delikte wie Kreditkartenbetrug, Identitätsdiebstahl oder Terroranschläge. Die Zusammenhänge, die mit der Suchanordnung bereits hergestellt werden, sind leider oft genug irreführend oder falsch.

Meine Lieblingsgeschichte stammt aus der *New York Times*. Ein Kolumnist der Tageszeitung behauptete, dass in Ländern, in denen die Menschen weniger Zeit mit Essen verbringen, die Wirtschaft schneller wachse. Der »Beweis« für diese absurde Behauptung war eine Untersuchung der OECD in 17 Staaten. Die handverlesenen Länder fielen in zwei Gruppen mit deutlich unterschiedlichen Essgewohnheiten. Demnach saßen Mexikaner, Kanadier und US-Amerikaner pro Tag durchschnittlich 75 Minuten am Esstisch, und Neuseeländer, Franzosen und Japaner 110 Minuten. Die Länder der ersten Gruppe wiesen ein höheres Wirtschaftswachstum auf als die der zweiten. Daraus folgerte der Autor des Artikels messerscharf, dass sich das Wirtschaftswachstum am besten ankurbeln ließ, indem man das Essen schneller in sich hineinschaufelte.

Damit will ich die Arbeit der Datenanalysten und Statistiker nicht schlecht machen, denn die sind sich dieses Problems in der Regel sehr wohl bewusst und geben sich größte Mühe, es zu vermeiden. Aber die Versuchung ist groß, sich ein paar Rosinen herauszupicken, und wenn man die Ergebnisse sieht, kann man manchmal nur den Kopf schütteln.

Ein ähnliches Problem wird von Statistikern als »falsch-positives« Ergebnis bezeichnet und meint eine irrtümliche Identifizierung. Dieser Fehler wird zu einem ernst zu nehmenden Problem, denn Datenanalysten fahnden zunehmend auch nach Terroristen und anderen Kriminellen. Hier steht plötzlich unsere persönliche Freiheit auf dem Spiel. Was meinen Sie, wie viele falsche Identifizierungen sollten wir akzeptieren, um die Wahrscheinlichkeit zu verringern, dass uns eine korrekte Identifizierung entgeht?

Nehmen wir an, wir entwickeln ein Verfahren, mit dessen Hilfe wir einen Verdächtigen in acht von zehn Fällen korrekt als schuldig identifizieren und in den übrigen beiden Fällen übersehen; gleichzeitig identifiziert dieses Verfahren einen Verdächtigen in neun von zehn Fällen korrekt als unschuldig und nur in einem von zehn Fällen fälschlicherweise als schuldig. Das klingt doch eigentlich ganz akzeptabel, oder? Damit wäre das Verfahren jedenfalls deutlich effektiver als die Lügendetektoren, die von der amerikanischen Akademie der Wissenschaften auf Herz und Nieren überprüft wurden.

In der Realität wäre dieses Ergebnis jedoch alles andere als akzeptabel. Nehmen wir an, wir wissen, dass sich der Gesuchte in einer Gruppe von hundert Personen befindet (beispielsweise ein Industriespion in einer bestimmten Abteilung eines Unternehmens). Die Wahrscheinlichkeit, dass der Schuldige korrekt als solcher identifiziert wird, liegt bei 80 Prozent, doch das macht die Identifizierung nicht leichter, denn er würde sich in einer Gruppe von zehn Personen verstecken, die fälschlich identifiziert wurden. Wenn die Gruppe tausend Angehörige hat, haben wir es mit hundert falschen Positiven zu tun. Wenn die Zahl der fälschlich Identifizierten um so vieles größer wird als die Zahl der korrekt Identifizierten, ist die Rosinenpickerei beziehungsweise das Datenschürfen nicht nur nutzlos, sondern sogar gefährlich.

Trugschluss 3:
Die Zukunft wird genauso wie die Vergangenheit
Bei der Vorhersage von kritischen Übergängen können wir keinen größeren Fehler machen als anzunehmen, dass die Zukunft genauso aussieht wie die Vergangenheit. Diese Annahme ist zwar korrekt, wenn es sich um wissenschaftliche Experimente handelt, denn deren entscheidende Eigenschaft ist ja gerade ihre Wiederholbarkeit. Wenn es jedoch um die Vorhersage von Entwicklungen in komplexen Gesellschaften, Märkten und Ökosystemen geht, wäre es sehr gefährlich, von dieser Annahme auszugehen. Nicht umsonst erinnern uns die Entscheidungstheoretiker Spyros Makridakis und Nassim Taleb daran, dass die Zukunft auch nicht mehr das ist, was sie einmal war.

Selbst wenn es um die relativ simple Vorhersage von Trends

geht, ermahnen sie uns: »Die Geschichte wiederholt sich nie in exakt derselben Weise. Das bedeutet, dass die statistischen Modelle, mit deren Hilfe wir auf Muster und Beziehungen schließen (oder diese selbst schaffen), nicht zu einer korrekten Vorhersage der Zukunft taugen, da wir davon ausgehen, dass die Muster und Beziehungen sich nicht verändern.«

Und selbst wenn sich die Geschichte exakt wiederholen würde, wäre es trotzdem nicht einfach, Entwicklungen vorherzusagen, da unser Wissen um die Vergangenheit immer unvollständig ist und wir frühere Entwicklungen nie genau rekonstruieren können. Egal ob es um Entwicklungen in der Wirtschaft, Gesellschaft oder der Natur geht, wir haben es immer nur mit einem Durchschnittswert zu tun, der aus einer Streuung von Ergebnissen gebildet wurde. Wenn wir diese Entwicklungen zu weit in die Zukunft projizieren, bekommen wir ein Problem.

Deswegen erklärt Taleb auch, dass sich unsere Gesellschaft immer wieder vor Ereignisse gestellt sieht, auf die uns keinerlei Erfahrung aus der Vergangenheit vorbereitet hat. Er verweist dazu auf Beispiele wie die Entwicklung des Computers oder des Internets, Terroranschläge oder die Entdeckung des Penizillins und die ungezählten originellen Ideen in den Naturwissenschaften und Künsten, die wie aus dem Nichts zu kommen scheinen. Diese Schlüsselereignisse bezeichnet er als »schwarze Schwäne«. (Der »schwarze Schwan« ist ein klassisches Beispiel aus der Philosophie und geht auf das 17. Jahrhundert zurück. Damals waren in Europa alle Schwäne weiß. Die Aussage »Alle Schwäne sind weiß« schien eine korrekte Aussage zu sein, bis der niederländische Entdecker Willem de Vlamingh am 7. Januar 1697 an der Küste Westaustraliens vor Anker ging und als erster Europäer einen schwarzen Schwan sah.) Taleb behauptet, wir könnten nicht aus vergangenen Erfahrungen schließen, wann und wo diese in Zukunft auftauchen werden. Wir können lediglich geeignete Bedingungen schaffen, unter denen sie entstehen (oder verhindert werden, je nachdem).

Talebs Behauptung lässt sich an den Naturwissenschaften besonders gut demonstrieren. Die wichtigsten wissenschaftlichen

Entdeckungen waren schwarze Schwäne und unmöglich vorherzusehen. Ein Beispiel ist die zufällige Entdeckung der Röntgenstrahlen durch Wilhelm Röntgen, der eigentlich die elektrische
Leitfähigkeit von Gasen untersuchte. Seine Forschung hatte rein
gar nichts mit der späteren medizinischen Anwendung der nach
ihm benannten Strahlen zu tun, und niemand hätte zu Beginn
seiner Forschungsarbeiten diese Entdeckung und ihre Bedeutung
vorhersehen können. Daraus zieht Taleb den naheliegenden
Schluss, dass es sinnvoller ist, Wissenschaftler selbst die Fragen
stellen zu lassen, die ihnen interessant erscheinen, als nach unmittelbaren Anwendungsmöglichkeiten zu forschen.

Schwarze Schwäne sind seltene, einschneidende Ereignisse,
die mit abrupten, dramatischen und unerwarteten Veränderungen
einhergehen. Einige, wie die Entdeckung der Röntgenstrahlen,
sind an sich unvorhersehbar, weil wir das Wissen einfach noch
nicht haben. Andere werden jedoch durch kritische Übergänge
verursacht; in diesem Fall sind die Ursachen der plötzlichen Veränderung bereits im System angelegt, und ein komplexes Gleichgewicht aus positiven und negativen Rückkopplungen bringt das
System in kleinen Trippelschritten einem kritischen Punkt näher,
an dem ein weiterer winziger Schritt plötzlich eine abrupte und
dramatische Veränderung bewirkt. Wie wir noch sehen werden,
lässt sich dieser kritische Punkt oft in der Theorie und manchmal
auch schon in der Praxis vorhersagen, auch wenn wir beim Verständnis dieser Prozesse im wirklichen Leben heute erst ganz am
Anfang stehen.

Ingenieure können beispielsweise die Belastung einer Struktur
berechnen, und sie wissen, wann diese so groß wird, dass das Gebäude einstürzt. Ökologen lernen heute, dieses Wissen über negative und positive Rückkopplungen auf Ökosysteme anzuwenden,
um vorherzusagen, wann die allmähliche Veränderung eines Systems plötzlich einen Umschlagpunkt erreicht, zum Beispiel, wann
ein flacher See umkippt und trüb wird oder wann Tierpopulatio-
nen nach einer vorübergehenden Explosion plötzlich zusammenbrechen. Und Wirtschaftswissenschaftler lernen wiederum von
Ökologen und könnten eines Tages in der Lage sein, ähnliche Me-

thoden bei der Vorhersage von plötzlichen Wirtschaftskrisen anzuwenden.

Diese Lernprozesse reichen zurück bis zu Galileo Galilei und
seinem Versuch, das Dach der Hölle zu berechnen.

3. Galileo in der Hölle

Lasst, die ihr eintretet, alle Hoffnung fahren!
DANTE ALIGHIERI, *Inferno*

Den Himmel, wegen des Klimas,
die Hölle, wegen der Gesellschaft
ANTWORT EINES PRIESTERS AUF DIE FRAGE,
WELCHEN AUFENTHALTSORT
ER NACH DEM TOD BEVORZUGE.
NACH MARK TWAIN

Dantes *Inferno*, der erste Teil seiner *Göttlichen Komödie* aus dem
14. Jahrhundert, beschreibt eine Reise durch die Hölle. Die Kir-
chenväter des 16. Jahrhunderts verstanden das Gedicht wörtlich.
So wörtlich, dass ein italienischer Kardinal den damals 24-jährigen
Galileo bat, aus Dantes Beschreibung die exakten Ausmaße der
Hölle und ihrer Bewohner zu errechnen. Galileo verrechnete sich
gründlich, aber er behielt den Fehler für sich. Als er gegen Ende
seines Lebens schließlich die richtige Antwort ermittelte, war sie
ein erster Schritt auf dem Weg zu einer wissenschaftlichen Vorhersage von kritischen Übergängen, die in Katastrophen münden.

Was Galileo vom Auftrag des Kardinals gehalten haben mag, ist
nicht überliefert. Nach außen hin versprühte er jedenfalls Taten-
drang. Er hatte kurz zuvor sein Mathematikstudium an der Universität in Pisa abgeschlossen und noch keine feste Anstellung
gefunden. Da schien der Auftrag eine willkommene Gelegenheit,
um einflussreiche Persönlichkeiten zu beeindrucken, die Jobs zu
vergeben hatten. Also krempelte er die Ärmel hoch.

Laut Dante befand sich die Hölle unter der Erdkruste und war in neun konzentrische Ringe eingeteilt. Je verstockter die Sünder, desto tiefer wurden sie in alle Ewigkeit verdammt. (Wenn Sie herausfinden wollen, in welchem Höllenkreis Sie landen würden, können Sie einen witzigen Internettest machen unter www.4degreez.com/misc/dante.inferno-test.mwv. Aus meiner zugegeben ketzerischen Sicht findet sich die beste Gesellschaft im sechsten Höllenkreis unter den Ketzern. Dort dürfte vermutlich auch Galileo selbst Platz nehmen, der wie ich ein Freund skurriler bis obszöner Gedichte war, wie sie Dante vermutlich eher weniger schätzte.)

Aus Dantes Beschreibungen schloss Galileo, dass die Hölle die Form einer Eiswaffel haben musste; die Spitze der Waffel befand sich im Mittelpunkt der Erde, das Dach des Gewölbes war die Erdoberfläche selbst mit ihrem Mittelpunkt Jerusalem. Der Durchmesser entsprach dem Radius der Erde, der nach Galileos Schätzungen rund 5200 Kilometer betrug.

Das wäre eine gewaltige Kuppel. Wie dick müsste sie sein, um sich selbst zu tragen? Bei dieser Berechnung machte Galileo einen entscheidenden Fehler.

Eine Frage des Maßstabs

Galileo präsentierte seine Ergebnisse in zwei Vorlesungen vor der renommierten Akademie von Florenz. Um seinem Publikum Honig um den Mund zu schmieren, spielte er immer wieder auf zwei frühere Versuche an, die Dimensionen der Hölle zu berechnen – auf einen des Florentiners Antonio Manetti und auf einen zweiten des Nicht-Florentiners Alessandro Vellutello. Überschwänglich lobte er die Bemühungen des Florentiners, während er Vellutello durch den Kakao zog – nichts anderes wollte sein Publikum hören. Galileo war eben schon früh ein gewiefter Politiker, zumindest in universitären Kreisen.

Die Mitschrift dieser Vorlesungen ist überliefert, obwohl Galileo später versuchte, sie verschwinden zu lassen. Es gibt keinerlei

Hinweis darauf, dass er seine Berechnungen und Beschreibungen ironisch gemeint haben könnte.

Galileo begann seine Berechnungen mit den Dimensionen des Satans selbst. Dante hatte Luzifer in den Mittelpunkt der Hölle gesetzt. Vom Nabel (dem exakten Mittelpunkt der Erde) bis zur Brust steckte der Satan in Eis. Woher Luzifer seinen Nabel hatte, können wir nur raten, und die Vorstellung, dass der Erdmittelpunkt zugefroren sein könnte, ist auch nicht unbedingt mit neuesten wissenschaftlichen Erkenntnissen vereinbar. Die Größe Luzifers erschloss Galileo aus indirekten Angaben Dantes und mithilfe einfacher Skalierungen. Das ist mathematisch eine durchaus sinnvolle Vorgehensweise. Aber als Galileo denselben Ansatz verwendete, um das Dach der Hölle zu berechnen, machte er einen wahrhaft gigantischen Rechenfehler.

Zunächst berechnete Galileo die Größe von Nimrod, einem der Riesen im neunten und untersten Höllenkreis, den Dante folgendermaßen beschrieb:

Das Antlitz schien mir lang und ungeschlacht,
Sankt Peters Pinienzapfen zu vergleichen,
Und jedes Glied nach solchem Maß gemacht.

Der bronzene Pinienzapfen, von dem hier die Rede ist, steht heute in einem Hof des Vatikanischen Museums und ist rund 3,35 Meter hoch. Wenn man davon ausgeht, dass der Kopf etwa ein Achtel des menschlichen Körpers ausmacht, folgerte Galileo, dass Nimrod rund 27 Meter groß sein musste.

Das war natürlich noch gar nichts im Vergleich zu Luzifer. Laut Dante war Luzifer so groß, dass ein ausgestreckter Arm um so vieles länger war als der Riese, wie der Riese größer war als Dante. Wenn Dante 1,80 Meter groß war, dann war Luzifers Arm folglich $(27/1{,}80) \times 27$ oder um die 400 Meter lang. Und wenn die Länge unsere Arme rund ein Drittel unserer Körpergröße ausmacht, dann musste Luzifer mindestens 1200 Meter hoch sein und damit rund 50 Prozent höher als der derzeit höchste Wolkenkratzer der Welt.

Bis hierher ist an Galileos Berechnung nichts auszusetzen, zumindest nicht aus mathematischer Sicht. Bei der Berechnung der Höllenbewohner funktionierte die Skalierung, auch wenn Galileo nicht gewusst haben konnte, warum. Der Grund ist, dass die Schwerkraft im Mittelpunkt der Erde gleich null ist und Nimrod und Luzifer nahezu gewichtslos waren.

Aber Nimrod und Luzifer hätten nie zur Erdoberfläche klettern können, da (wie Galileo später erkannte) die Knochen mit zunehmender Länge unverhältnismäßig dicker werden müssen, um das Gewicht ihrer Besitzer tragen zu können. Das hat zur Folge, dass Lebewesen, die mit der Schwerkraft leben müssen, nur eine bestimmte Größe erreichen können. Nimrod hätte praktisch nur aus Knochen bestehen müssen, um an der Erdoberfläche leben zu können, und ein kilometergroßer, singender, springender Satan wäre schlicht unmöglich gewesen.

Da Galileo sich damals nicht bewusst war, dass eine überproportionale Skalierung erforderlich war, damit Objekte ihr Eigengewicht tragen können, wandte er das Prinzip der proportionalen Skalierung munter an, um auch die Dicke des Höllendachs zu berechnen. Als Ausgangspunkt nahm er Brunelleschis berühmte Kuppel des Doms von Florenz, die einen Durchmesser von 45 Metern hat und im Durchschnitt 4 Meter dick ist. Also wandte Galileo einen Dreisatz an. Wenn die Kuppel einen Durchmesser von 45 Metern hatte und die Decke 4 Meter dick war, dann würde bei einem Durchmesser der Hölle von 5200 Kilometern ein Dach von rund 450 Kilometern Stärke allemal ausreichen. Wenig später sollte er feststellen, dass er um ein paar Nullen danebenlag.

Sein Publikum war dagegen zufrieden, und die Universität von Pisa gab ihm eine Anstellung als Mathematikprofessor. Nachdem er seine Stelle angetreten hatte, stellte er allerdings fest, dass er sich bei seiner Rechnung vertan hatte und das Dach der Hölle deutlich dicker sein musste, um sein Eigengewicht zu tragen. Nur, wie dick genau?

Nachdem Galileo seinen Fehler erkannt hatte, verhielt er sich genauso, wie es die meisten von uns auch tun würden: Er schwieg und machte sich an die Arbeit, ehe jemand anders seinen Fehler entdeckte. Damals ging alles etwas langsamer, und es sollten fünfzig Jahre vergehen, ehe er in seinem Buch *Unterredungen und mathematische Demonstrationen über zwei neue Wissenszweige, die Mathematik und die Fallgesetze betreffend* erste Schritte in Richtung der korrekten Skalierungsmethode unternahm. Er schrieb das Buch unter Hausarrest, unter den man ihn wegen Ketzerei gestellt hatte, doch zum Glück für die Nachwelt konnten seine Freunde das Manuskript außer Landes schmuggeln. Es erschien schließlich in Holland bei einem Verlag namens Elsevier, der bis heute wissenschaftliche Fachbücher verlegt.

Es ist ein geniales Buch, in dem Galileo die Grundlage für die moderne Physik und das Ingenieurwesen legte, eine Methode zur Messung der Lichtgeschwindigkeit entwickelte und hier und da noch ein paar wissenschaftliche Partyspielchen einstreute. Vor allem fand er einen Weg, Strukturen so zu skalieren, dass diese nicht sofort in sich zusammenfallen. Die Bedeutung seiner Erkenntnis lässt sich daran ermessen, dass Ingenieure und Architekten sie bis heute als Faustregel bei der Berechnung der Stärke von Balken und Verstrebungen anwenden.

Dabei handelt es sich um das berühmte Quadrat-Kubus-Gesetz. Wenn man einen Balken, einen Knochen oder einen Körper in alle Richtungen um denselben Faktor streckt (wie er dies mit den Höllenbewohnern getan hatte), dann nimmt das Gewicht mit dem Volumen, also kubisch, zu, aber die Stärke nur mit der Fläche des Querschnitts, also quadratisch. Das heißt, wenn die Struktur dieselbe Stärke haben soll, muss der Querschnitt überproportional größer werden. (Siehe Abbildung 3.1)

Galileo zeichnete das Bild eines Knochens, »dessen Länge verdreifacht und dessen Dicke um so viel vervielfacht wurde, dass er bei dem entsprechend großen Tier dieselbe Funktion übernehmen könnte wie bei dem kleineren«. Weiter schrieb er: »Auf dem Bild lässt sich gut erkennen, wie unproportioniert der vergrößerte Knochen erscheint. Wenn ein Riese dieselben Körperproportionen haben soll wie ein normal gewachsener Mensch, dann müssen seine Knochen entweder aus einem stärkeren Material gemacht oder schwächer sein.«

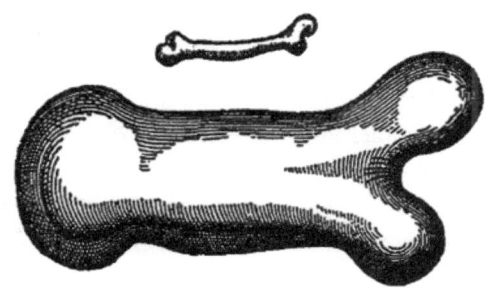

Abbildung 3.1 *Das Quadrat-Kubus-Gesetz: Dreifache Länge bedeutet fünffacher Querschnitt.*

Galileo erkannte, dass auch eine freitragende Kuppel entsprechend überproportional skaliert werden müsste, aber die Mathematik der Zeit reichte noch nicht aus, um eine genaue Berechnung durchzuführen. Das korrekte Skalierungsgesetz wurde erst in den 1890er-Jahren entdeckt: Die Dicke der Kuppel muss mit dem Quadrat der überspannten Strecke zunehmen, um dieselbe Stabilität zu behalten.

Die tatsächliche Dicke hängt vom Material ab. Im Falle von Stahlbeton, dem heutigen Material der Wahl, muss eine Kuppel mit einem Durchmesser von 45 Metern nur 20 Zentimeter dick sein. Das heißt, eine freitragende Kuppel mit einem Durchmesser von 5200 Kilometern benötigt ein Dach von $((5200 \times 1000)/45)^2 \times 0{,}2)/1000 = 2\,670\,617$ Kilometern Dicke. Hoppla!

Mittelalterliche Baumeister kannten noch nicht einmal Galileos Gesetz. Sie skalierten ihre Säulen, Stützen und Bögen munter proportional, wie es auch Galileo noch bei seiner Berechnung der Hölle gemacht hatte. Nur dass es sich hier um einen Wettlauf zum Himmel handelte und die Baumeister mit dem höchsten Turm gewannen. Oder in vielen Fällen nicht gewannen, weil 17 Prozent aller mittelalterlichen Kirchen schon kurz nach ihrem Bau einstürzten.

Einer der spektakulärsten Fälle war das Chorgewölbe der Kathedrale von Beauvais, das nur zwölf Jahre nach seiner Fertigstellung im Jahr 1272 einstürzte. Es war das höchste gotische Kirchenschiff aller Zeiten, und bei ihrem Versuch, die Konkurrenz zu übertrumpfen, hatten die Architekten die Pfeiler nicht nur höher gemacht, sondern auch noch dünner! Für den Einsturz sind verschiedene Gründe denkbar, doch wahrscheinlich waren die Pfeiler einfach so grazil, dass das Gemäuer einknickte oder bei einem kräftigen Windstoß so heftig zu vibrieren begann, dass es auseinanderbrach. (Das war übrigens nicht das einzige Unglück, das diese Kathedrale traf. Im Jahr 1569 setzten die Baumeister einen 90 Meter hohen Vierungsturm auf das Dach, der vier Jahre später in sich zusammenfiel.)

Um neue Berechnungen zu entwickeln, mit deren Hilfe sich derartige Unglücksfälle vermeiden ließen, mussten Wissenschaftler und Ingenieure zunächst verstehen, warum eine Skalierung funktionierte. In seinen *Unterredungen* kam Galileo der Antwort schon sehr nahe. Vielleicht staunen Sie (vor allem wenn Sie Wissenschaftler für allwissende Genies halten, die niemals etwas übersehen, wenn sie es direkt vor der Nase haben), dass die Wissenschaftler die Antwort zweihundert Jahre lang übersahen, obwohl sie so offensichtlich war.

So wurde die Antwort erst Anfang des 19. Jahrhunderts gefunden, als das Konzept der Belastung entdeckt wurde. Damals stellte man fest, dass katastrophale Zusammenbrüche einer Struktur an Punkten beginnen, an denen die Belastung so groß wird, dass das Material sie nicht mehr trägt. Heute wissen wir, dass Galileos Skalierungsgesetz funktioniert, weil die Belastung bei der Skalierung in etwa konstant bleibt. Aber das Konzept ist komplizierter, und es sollte noch viel Wasser unter der Brücke hindurchfließen (oder über die Brücke hinweg, wenn sie einstürzte), ehe Wissenschaftler wirklich verstanden, wie die Belastung funktioniert und warum ein Zuviel davon zu einem plötzlichen Zusammenbruch führen kann.

Teil 2

Die Wissenschaft der Katastrophen

4. Unerträgliche Spannung

Schöne Brücke über den silbrigen Tay-Fluss
Ach! Es schafft mir gar argen Verdruss,
Dass 90 Menschen sterben mussten
Am letzten Sonntag des Jahres 1879.
Wir gedenken ihrer auf ewiglich.
WILLIAM TOPAZ MCGONAGALL

William McGonagall war ein schottischer Bänkelsänger, der selbst noch die schrecklichste Katastrophe in seine Schüttelreime packen konnte. Die englische Satirezeitschrift *Punch* feierte ihn als »schlechtesten Dichter aller Zeiten«. In seinem Gedicht »The Tay Bridge Desaster«, einem Versepos über den Einsturz der erst kürzlich fertiggestellten Eisenbahnbrücke über den River Tay, demonstrierte er sein ganzes Können. Er knittelte weiter:

Es war gegen sieben in der Nacht,
Und der Wind blies mit aller Macht
Als der Regen vom Himmel stürzte
Und die Wolken die Lippen schürzten
Und der Dämon der Lüfte bei sich dacht:
»Die Brücke blas ich um heut Nacht.«

Und das tat der Wind dann auch und riss einen Zug mit 75 Passagieren (nicht 90, wie der Dichter schrieb) gleich mit in die eisigen Fluten des Tay.

Das Problem, so stellte sich bei der nachfolgenden gerichtlichen Untersuchung heraus, war »die mangelhafte Querverstre-

bung und deren Befestigung, die dem Wind nicht standhielten«.
McGonagall hatte die Lösung parat:

> *Deine Streben hätten nicht versagt,*
> *So haben's kluge Männer gesagt,*
> *Wärn sie von Stützen gehalten worden.*
> *So hab ich's von klugen Männern vernommen,*
> *Denn je fester das Haus, das wir uns bauen,*
> *Umso weniger leicht wird's umgehauen.*

Stützpfeiler waren die mittelalterliche Antwort auf das Problem
der Belastung, die durch starke Winde, schwache Grundmauern
und Überlastung der Mauern von Kirchen und anderen Gebäuden
entstand. Sie verhinderten ein Umkippen und gaben Halt von der
Seite, wie die eleganten Strebebögen von Notre Dame in Paris (Abbildung 4.1 links) oder die etwas weniger elegante Stützmauer, die
meine windschiefe, dreihundert Jahre alte Gartenmauer abfängt
(Abbildung 4.1 rechts).

Stützpfeiler sind eine mögliche Antwort, aber sie sind eine
plumpe, massive und oft teure Lösung für ein Problem, das moderne Ingenieure heute etwas anders lösen: durch leichtere Strukturen, die nicht gleich brechen, sondern ein wenig nachgeben, und
durch offene Konstruktionen, die dem Wind weniger Angriffsflä-
che bieten. Gustave Eiffel führte es an dem nach ihm benannten
Eiffelturm vor, der 1889 eröffnet wurde. Bei normalen Windstär-
ken schwankt das Gerüst oben um etwa 5 bis 10 Zentimeter.

Für die Zeitgenossen war die Ästhetik des Turms gewöhnungs-
bedürftig. Der Schriftsteller Guy de Maupassant war einer der Kritiker, was ihn jedoch nicht daran hinderte, jeden Tag im Turmrestaurant zu Mittag zu essen. Als er nach dem Grund gefragt wurde,
erwiderte er, es sei der einzige Ort in ganz Paris, von dem aus er
den Eiffelturm nicht sehen müsse.

McGonagall hätte der Turm sicher auch nicht gefallen. Für ihn
war eine massive Bauweise die einzige Antwort auf die durch
Winde verursachte Belastung. Nach dem Bau der neuen Brücke
über den Tay knittelte er sofort ein paar neue Verse:

Abbildung 4.1 *Links: Elegante Strebebögen stützen die Außenwand der Kathedrale von Notre-Dame in Paris. Rechts: Stütze einer Gartenmauer.*

Schöne neue Brücke über den Tay-Fluss
Mit deinen Pfeilern aus einem Guss,
Die an windigen Tagen den Zügen nützten
Und sie vor heftigen Winden schützen ...

Der Bau erscheint mir stark und fest
Und gut geplant der ganze Rest.
Gott vergelt's den Meistern Barlow und Arrol
Für die neue Brücke über den Tay-Fluss.

Doch die massive Bauweise der Meister Barlow und Arrol sollte schon bald durch eine geradezu frivole Leichtigkeit ersetzt werden, der McGonagall niemals seine Zustimmung gegeben hätte. Das erste Beispiel war eine Art horizontaler Eiffelturm: die Eisenbahnbrücke über den schottischen Fluss Forth, die der britische Ingenieur Benjamin Baker etwa zur selben Zeit baute, zu der Eiffel seinen berühmten Turm entwarf.

Abbildung 4.2 *Eisenbahnbrücke über den Forth. Aufgenommen von einem anonymen Fotografen kurz nach Eröffnung der Brücke im Jahr 1890.*

Wie der Eiffelturm ist die Forth Rail Bridge eine Art stählernes Fachwerk, in dem sich die Druck- und Zugkräfte in einem sorgfältig austarierten Gleichgewicht befinden. Ursprünglich war Thomas Bouch, der Architekt der eingestürzten Tay Bridge, mit dem Bau beauftragt worden. Nach deren Einsturz wurde der Vertrag jedoch rasch aufgekündigt, und Baker kam mit seinem revolutionären Entwurf zum Zug.

Was Sie schon immer über Belastung wissen wollten

Auch Gustave Eiffel war unter den Gästen der Einweihungsfeier der Forth Rail Bridge. Baker und Eiffel erkannten die Gefahren durch Winde und taten ihr Bestes, die daraus resultierenden Kräfte zu ermitteln. Da sie keine Computer hatten, um die hochkomplizierten Berechnungen durchzuführen (einige sind ohne Computer tatsächlich nicht zu bewältigen), blieben ihnen nur zwei Möglichkeiten: ihre Intuition und Belastungstests. Während der Bauphase verbrachte Baker buchstäblich jeden Tag auf seiner Brücke und maß die Kräfte, die durch den Wind auf die Verstrebungen wirkten. Eiffel ging sogar noch weiter: Am Fuß der Turmbaustelle baute er einen Windkanal auf, um dort eigene Tests durchzuführen.

Trotz unserer modernen Computer und mathematischen Modelle greifen Ingenieure immer noch auf praktische Belastungstests zurück. Zum Beispiel hängen sie voll beladene Flugzeuge an den beiden Flügelspitzen auf – denn jedes Mal, wenn Sie in einem Flugzeug fliegen, muss es dieselbe Belastung aushalten. Beobachten Sie doch beim nächsten Flug einmal, wie weit sich die Spitzen nach oben biegen. Oder, wenn Sie ein ängstlicher Flieger sind, konzentrieren Sie sich lieber auf das Bordmagazin.

Ingenieure sind nicht die Einzigen, die mit Belastungstests arbeiten. Kardiologen setzen ihre Patienten auf Fahrräder, um ihre Anfälligkeit für Herzerkrankungen zu messen. Psychologen verwenden den sogenannten Trier Social Stress Test, um ihre Patienten unter kontrollierten Bedingungen mäßigen bis starken Belastungen auszusetzen und die Wirksamkeit von psychotherapeutischen Behandlungsmethoden zu überprüfen. Und die Banken in aller Welt werden heute einem »Stresstest« unterzogen, um zu messen, ob sie langfristig finanziellen Belastungen standhalten können. Hoffen wir, dass diese Tests den Erwartungen gerecht werden und verhindern helfen, dass sich die Finanzkrise von 2009 wiederholt.

Diese Tests sollen die Belastbarkeit messen. Gelegentlich wird dafür auch das englische Wort Stress verwendet. Diese Begriffe können unter verschiedenen Umständen Verschiedenes bedeuten. Die meisten Menschen meinen, sie wüssten, was unter Belastung oder Stress zu verstehen ist. Aber das stimmt nicht unbedingt, denn im Alltag verwenden wir diese Begriffe anders als Ingenieure oder Wissenschaftler.

Unser umgangssprachlicher Gebrauch stammt aus der Psychologie, wo Stress oder Belastung oft eine Reaktion auf eine Situation ist. »Die Wirklichkeit ist der wichtigste Stressfaktor!«, sagt Stadtstreicherin Trudy in dem Film *The Shopping Bag Lady*. »Mein Stress kommt nur daher, dass sich die anderen nicht an meine Regeln halten!«, schreit eine Karikatur an der Tür zu meinem Arbeitszimmer.

Ingenieure und Physiker verstehen Belastung als etwas, das auf etwas anderes wirkt. Mit Spannung bezeichnen sie dagegen die

Kraft, die im Körper selbst wirkt, wenn er einer Belastung ausgesetzt ist. Die exakte physikalische Definition, die der französische Mathematiker Augustin-Louis Cauchy im Jahr 1822 erstmals aufstellte, bezeichnet die Spannung als eine Kraft, die auf eine bestimmte Fläche wirkt. Man könnte fast den Verdacht bekommen, dass sich Cauchy bei dieser Definition von seinem Vater inspirieren ließ, der während der Französischen Revolution knapp der Guillotine entging: Die scharfe Schneide dieser Hinrichtungsmaschine ist konstruiert, um die größtmögliche Spannung auf die schmalstmögliche Halsfläche auszuüben.

Es gibt allerdings auch weniger grausige Beispiele für die Wirkung der Spannung. Wenn mir eine Frau mit Pfennigabsätzen unabsichtlich auf den Fuß tritt, dann ist die Spannung im Mittelfußknochen umso größer, je größer ihr Gewicht und je spitzer ihr Absatz. Und als der Wind durch die Tay Bridge pfiff, wurde die Kraft von den Trägern auf die kleinen Verbindungsstücke zwischen den Trägern übertragen und dort so stark, dass diese schließlich nachgaben.

Wenn Materialien einer Belastung ausgesetzt werden, dann reagieren sie, indem sie nachgeben, und wenn die Belastung zu groß wird, brechen sie irgendwann. Diese Reaktion – zum Beispiel die Dehnung einer Feder, die Verdichtung meines Mittelfußknochens oder die Biegung eines Trägers unter der Einwirkung des Windes – wird als Verformung oder Dehnung bezeichnet.

Die Last des Galileo

In seinen *Unterredungen* beschrieb Galileo, welchen Schaden physikalische Belastung anrichten kann. Zu diesem Zweck schlüpft er in den Part des weisen Salvati, der sich mit dem staunenden Simplicio unterhält.

> SALVATI: *Ein langer Marmorträger wurde so ausgelegt, dass seine beiden Enden jeweils auf einem Balken zu liegen kamen. Später fiel es einem Handwerker ein, den Träger mit einem dritten Balken*

abzustützen, um ganz sicherzugehen, dass er nicht aufgrund
seines eigenen Gewichts in der Mitte durchbrach. Das schien eine
ausgezeichnete Idee, aber in der Folge erwies sie sich als das genaue
Gegenteil, denn es vergingen nur wenige Monate, und der Träger
war genau an der Stelle der Mittelstütze durchgebrochen.
SIMPLICIO: Das ist ein bemerkenswerter und vollkommen uner-
warteter Unfall, falls er tatsächlich durch die Mittelstütze verur-
sacht wurde.
SALVATI: Genau das ist die Erklärung, und in dem Moment, in
dem wir den Grund erkennen, ist es nicht mehr weiter verwunder-
lich. Denn als die beiden Teile des zerbrochenen Trägers auf den
Boden gelegt wurden, stellte sich heraus, dass einer der beiden seit-
lichen Stützbalken morsch geworden und abgesackt war, während
der mittlere fest und stark geblieben war. So kam es, dass ein Ende
des Marmorträgers in die Luft ragte und nicht mehr abgestützt
wurde. Unter diesen Umständen verhielt sich der Träger anders,
als wenn er nur durch die beiden Balken gestützt worden wäre;
egal wie weit die beiden abgesackt wären, der Träger wäre ihnen
gefolgt.

Mit anderen Worten, nachdem eine der seitlichen Stützen ausge-
fallen war, wurde die Spannung in der Mitte des Trägers extrem
groß. Galileo konnte das Phänomen so allerdings nicht benen-
nen, weil er das Prinzip der Spannung noch nicht kannte. Erst
Cauchy verdanken wir die Erkenntnis, dass sich die Spannung in
einer Struktur extrem unterschiedlich verteilen kann und in man-
chen Punkten sehr viel stärker wirkt als in anderen. Obwohl Galileo das Prinzip nicht vollends durchschaut hatte, verstehen wir
sein Beispiel aus heutiger Sicht sehr gut: Um die mögliche Ursache von katastrophalen Zusammenbrüchen zu verstehen, müssen
wir nach Punkten suchen, an denen die Spannung am größten ist:
also nach denjenigen, an denen große Kräfte auf kleine Flächen
wirken.

Was Spannung anrichten kann

Cauchys Berechnungen können recht kompliziert werden. Aber man muss kein Mathematiker sein, um zu verstehen, wie Spannungen in einer einfachen Struktur wirken, wie zum Beispiel in der Wippe in Abbildung 4.3.

In der Abbildung ist gut zu erkennen, dass die Fasern an der Oberseite der Wippe unter Zugspannung stehen, während die Fasern an der Unterseite zusammengedrückt werden. Wenn Sie mir das nicht glauben, dann stellen Sie sich vor, was passiert, wenn Sie ein Rohr oder einen Strohhalm verbiegen. An der Innenseite des Knicks entsteht durch die Druckkräfte in der Regel eine Knautschzone (siehe Abbildung 4.4).

Das übersah Galileo, weil er sich nur auf die Kräfte konzentrierte, die von außen auf den Träger wirkten, und annahm, der Träger selbst sei starr. Aber auch Marmor gibt nach, wenngleich weniger als Holz. Aber im Grunde wirken in einem Träger aus Marmor Zug und Druck genauso wie in einem Träger aus Holz – egal aus welchem Material ein Balken besteht, wenn er die gleiche Last tragen muss, verteilen sich die Kräfte in derselben Weise. Leonardo da Vinci erkannte dies bereits ein Jahrhundert bevor Galileo sich überhaupt mit dem Thema beschäftigte. Leider war Leonardos Notizbuch lange verschollen und tauchte erst 1967 in den Archiven der spanischen Nationalbibliothek in Madrid wieder auf.

Auch Materialien, die wir für starr halten, verformen sich unter einer Last, wenn auch nur sehr wenig. Wenn sie nach Entfernung der Last wieder in ihre ursprüngliche Form zurückkehren, sprechen Wissenschaftler von einer »elastischen« Dehnung – und dieser Begriff trifft auf Glas und Stahl genauso zu wie auf Gummibänder. Als ich ein Kind war, erzählte mir mein Vater gern, dass Glas beinahe perfekt elastisch ist, weil es fast wieder in seine ursprüngliche Form zurückkehrt, wenn die Last entfernt wird. Als Wissenschaftler entwarf ich später einen Apparat, der diese Elastizität ausnutzte: Ich entwickelte Glasfedern, um die winzigen Kräfte zwischen benachbarten biologischen Zellen zu messen. Das hätte meinem Vater sicher gefallen.

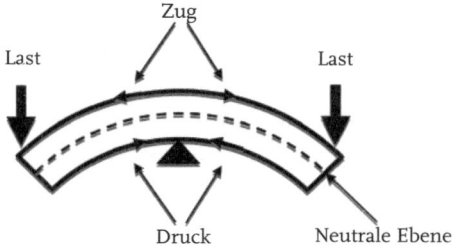

Abbildung 4.3 *Spannung in einer Wippe.*

Glas lässt sich allerdings nicht sonderlich stark biegen, ehe es bricht. Dann erreicht es nämlich seine sogenannte Fließgrenze, den Punkt, an dem die Spannung zu groß wird und das Material nicht wieder in seine ursprüngliche Form zurückkehrt, sondern zum Beispiel knickt oder bricht.

Der Wissenschaftler, der den Zusammenhang zwischen Dehnung und Kraft erkannte, ist einer meiner großen Helden: Der Engländer Robert Hooke kam im Jahr 1676 hinter das Phänomen. Aus Beschreibungen seiner Zeitgenossen wissen wir, dass Hooke ein jähzorniger Mensch war, dem die zotteligen Locken tief ins hagere Gesicht hingen. Wie er genau aussah, wissen wir nicht, denn er war angeblich von derart ausgesuchter Hässlichkeit, dass er sich weigerte, jemandem Porträt zu sitzen.

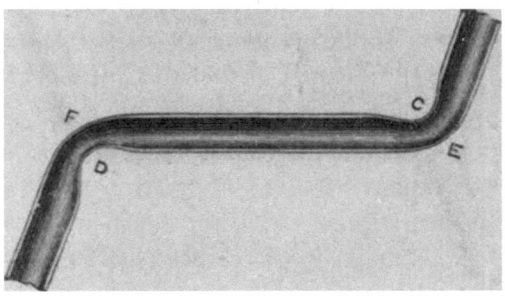

Abbildung 4.4 *Verbogenes Rohr mit »Knautschzonen« (C und D) und »Dehnungszonen« (E, F).*

Aber Hooke war nicht nur hässlich, er war auch noch arm und finanzierte sein Studium an der Universität von Oxford, indem er sich als Diener eines wohlhabenden Studenten durchschlug. Er erwarb sich rasch einen Ruf als genialer und erfindungsreicher Experimentator und bekam eine Anstellung als »Kurator für Experimente« bei der damals neu gegründeten Royal Society in London.

Heutzutage würde vermutlich kaum jemand mehr eine Anstellung wie diese annehmen. Erstens war sie unbezahlt. Außerdem erwartete die Royal Society von Hooke, dass er »drei oder vier signifikante Experimente« (also neue Entdeckungen) vorlegte – pro *Woche*! Kein Wunder, dass der Mann so ausgemergelt war. Es macht die Sache nicht besser, dass er seine Experimente jeden Freitagabend vor den versammelten Mitgliedern der Royal Society vorführen musste. Erstaunlicherweise bewältigte Hooke sein Pensum und machte im Laufe seines Lebens eine schier unglaubliche Anzahl von Entdeckungen – vielleicht mehr als jeder andere Wissenschaftler vor und nach ihm.

Eine seiner Entdeckungen war das Elastizitätsgesetz, das er in Form des Anagramms *ceiiinossttuu* veröffentlichte, weil er sich das Urheberrecht an seiner Erkenntnis sichern wollte, ohne gleich zu verraten, worum es sich handelte. Zwei Jahre später gab er sein Geheimnis preis; der Satz lautete *Ut tensio, sic uis*: Wie die Dehnung, so die Kraft.

Mit anderen Worten, wenn eine Kraft auf einen elastischen Festkörper wirkt, dann verformt sich dieser proportional zu dieser Kraft, egal ob er gebogen, verdreht, gezogen oder zusammengedrückt wird. Wenn Sie sich zum Beispiel auf einen Stuhl setzen, gibt der Rahmen ein wenig nach. Wenn sich jemand, der 20 Prozent mehr wiegt als Sie, auf denselben Stuhl setzt, gibt der Rahmen um 20 Prozent mehr nach. Das ist das sogenannte Hookesche Gesetz in Aktion.

Es sollten noch weitere 140 Jahre vergehen, ehe der geniale Thomas Young erkannte, dass sich das Hookesche Gesetz noch verbessern ließ, wenn man sich nicht nur die Last und die Auswirkung auf das Material ansah, sondern auch die inneren Kräfte, die Spannung und Dehnung des Materials. In einer Vortragsreihe vor der Royal Institution in London brachte er Hookes Gleichung im Jahr 1807 in ihre moderne Form:

Spannung / Dehnung = konstant

Diese Konstante wird heute als Elastizitätskoeffizient bezeichnet und ist ein Maß für die Flexibilität des Materials. Sie wird als Druck ausgedrückt (also Kraft pro Fläche), da die Dehnung nichts anderes ist als ein Verhältnis zwischen zwei Längen und daher keine Einheit hat.

Der Elastizitätskoeffizient unterscheidet sich von Material zu Material: Je größer er ist, desto weniger elastisch ist das Material. Gummi hat einen Elastizitätskoeffizienten von 1000 Pascal (Pa). Glas und Aluminium haben einen Elastizitätskoeffizienten von 10 Millionen Pa, Stahl von 30 Millionen und Diamant von 170 Millionen.

Eine zerbrechliche Welt

Man muss kein Mathematiker sein, um zu erkennen, dass die Dehnung dort am größten ist, wo die Spannung am größten ist. Im Falle einer Kinderwippe aus Holz ist beispielsweise die Zugspannung in der Mitte der Oberseite am stärksten. Dort werden die Holzfasern am stärksten gedehnt, und hier wird der Balken auseinanderbrechen, wenn die Spannung zu groß wird, weil zwei übergewichtige Eltern unbedingt die Wippe ausprobieren müssen, auf der ihre Kinder spielen (siehe Abbildung 4.5 unten).

Aber warum bricht sie in der Mitte auseinander? Die Antwort ist, dass sich die Spannung nicht gleichmäßig auf den gesamten Balken verteilt. Sie hängt vielmehr vom sogenannten Biegemoment ab, das angibt, wie stark die Kraft den Balken an diesem bestimmten Punkt biegen wird. Schon Galileo wusste, dass bei einem Balken, der aus einer Wand ragt, das Biegemoment an der Stelle am größten ist, an der der Balken auf der Wand aufliegt (siehe Abbildung 4.5 oben). Aus Sicht eines Ingenieurs ist ein

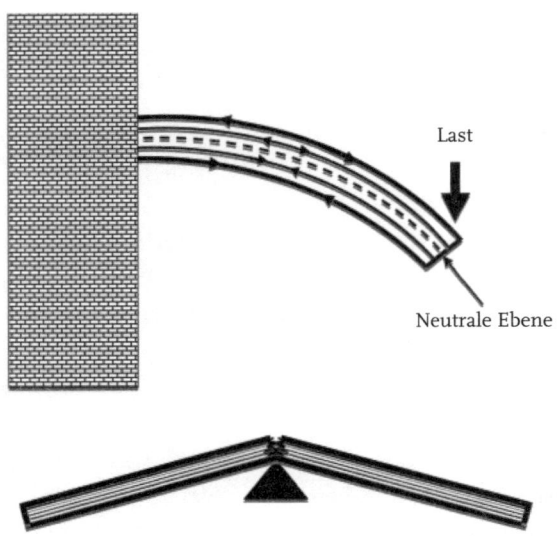

Abbildung 4.5 *Spannung in einem Balken, der aus einer Wand ragt (oben). Beachten Sie, dass die Spannung entlang des Balkens sowie oben und unten variiert. Spannung wirkt zwar auf die gesamte Oberfläche, doch in der Mitte ist sie am größten und an den Enden am kleinsten. Die untere Abbildung zeigt den Punkt, an dem eine Wippe bricht, wenn die Spannung zu groß wird.*

Balken, der aus einer Wand ragt, nichts anderes als eine halbe Wippe.

Das Prinzip der Spannung ist deshalb so wichtig, weil es klarmacht, dass die Kräfte, die in einer Struktur wirken, an jedem Punkt andere sein können und dass sie eine Richtung haben, das heißt, dass sie das Material dehnen (dann spricht man von *Zugspannung*), zusammendrücken (*Druckspannung*) oder drehen (*Torsionsspannung*). Die Auswirkung kann jeweils sehr unterschiedlich sein. Als beispielsweise eine Bekannte bei ihrem ersten Fallschirmsprung mit einem Fuß in einem Kaninchenbau landete, war die Druckspannung für ihr Bein kein Problem; aber als sich ihr Körper drehte und ihr Fuß sich nicht mitdrehen konnte, wirkte eine starke Torsionsspannung. Der daraus resultierende »Korkenzie-

Abbildung 4.6 *Der Möhne-Damm im Ruhrtal nach einem Luftangriff. Flugoffizier Jerry Fray der 542. Staffel machte diese Aufnahme am 17. Mai 1943 von seiner Spitfire PR-IX aus.*

herbruch« war derart kompliziert, dass ihr Bein Jahre brauchte, um sich davon zu erholen.

Die bekanntesten Maße für die Stärke von festem Material wie Knochen oder Holz sind die Zugfestigkeit – die Kraft, die nötig ist, um es auseinanderzuziehen – und die Druckfestigkeit – also die Kraft, die nötig ist, um es zusammenzudrücken. Ein und dasselbe Material kann in ganz unterschiedlichem Maße zug- und druckfest sein. Der Erfolg der »Dammsprenger« im Zweiten Weltkrieg basierte beispielsweise darauf, dass Beton zwar immens druckfest, aber vergleichsweise wenig zugfest ist. Dank seiner Druckfestigkeit trägt er sein Eigengewicht selbst in einem so gewaltigen Bauwerk wie einem Staudamm. Doch aufgrund der geringen Zugfestigkeit birst der Beton unter den Zugkräften, wie sie durch die Schockwellen einer explodierenden Bombe ausgelöst werden (siehe Abbildung 4.6).

Natürlich hatten die Konstrukteure des Damms nicht erwartet, dass ihr Bauwerk jemals Kräften ausgesetzt werden würde, wie sie von einer Springbombe herrühren. Andernfalls hätten sie den

Damm möglicherweise mit Stahl verstärkt. Stahl ist nämlich extrem zugfest – er dehnt sich und bricht nicht – und hätte die Dämme retten können.

Heute bauen viele Ingenieure mit Stahlbeton, um die Kräfte aufzufangen, die auf Brücken oder Gebäude wirken können. Da an unterschiedlichen Punkten unterschiedliche Kräfte wirken können, müssen sie ermitteln, an welchen Punkten die Beanspruchung am größten wird, denn wenn es zu einer Katastrophe kommt, dann sind dies die Schwachstellen.

Heute werden dazu vor allem Computersimulationen verwendet. Wie erfolgreich diese sind, lässt sich daran ermessen, dass moderne Gebäude selbst bei Erdbeben nur selten einstürzen. (Es sind meist die älteren und schlecht geplanten Gebäude, die einstürzen.)

Vor der Erfindung der Computer mussten Ingenieure die Verteilung der Spannung auf andere Weise ermitteln. Die vielleicht ungewöhnlichste und effektivste Methode waren Seifenblasen, die sich an Löchern in Metallplatten bildeten. Mithilfe dieser Methode wurden im Ersten Weltkrieg erstmals annähernd die Kräfte geschätzt, die auf einen verdrehten Flugzeugflügel gewirkt haben.

Der Mann, der auf diesen genialen Gedanken kam, war der britische Flugzeugingenieur Alan Griffith. Derselbe Mann schockierte die Ingenieurwelt, als er zeigte, dass die Suche nach den Punkten maximaler Spannung bei der Vorhersage potenzieller Unfälle erst der Anfang ist.

Griffith demonstrierte, wie sich die Spannung an den Spitzen von Rissen konzentriert, die schon durch einfache Kratzer entstehen können. Daraufhin stellte er folgende Formel auf:

$$Spannungskonzentration \approx \sqrt{\frac{Risslänge}{Radius\ der\ Spitze}}$$

So harmlos diese Gleichung aussieht, sie bereitete den Ingenieuren Kopfzerbrechen, denn sie besagt, dass die Spannung umso größer wird, je schärfer die Spitze eines Risses. Schlimmer noch, die Spannung wird auch umso größer, je länger der Riss ist. Das heißt, wenn ein Riss eine kritische Länge erreicht hat, wächst er

Abbildung 4.7 *Die USS Schenectady, nachdem sie auseinandergebrochen war.*

einfach spontan immer weiter und reißt die gesamte Struktur auseinander. Genau das passierte im Fall des amerikanischen Kriegsschiffs *Schenectady* im Jahr 1943. Sie lag in ruhigem Wasser vor Anker, als sie unvermittelt auseinanderbrach. Der Knall war kilometerweit zu hören (siehe Abbildung 4.7).

Die Welt ist voller Kratzer und Risse. Warum hat sie sich dann nicht längst selbst zerrissen wie die *USS Schenectady?*

In gewissem Sinne hat sie das ja. Höhlen stürzen ein. Riesige Klippen brechen plötzlich ab und stürzen ins Meer, wenn die Risse eine kritische Länge erreicht haben. Ähnliches passiert, wenn Gletscher »kalben«. Solche Dinge passieren andauernd, wenn die spröden Materialien unserer Welt unter Zug stehen. Glücklicherweise stehen die meisten Materialien unter Druck, und Risse ergeben sich nur unter Zug.

Die Höhlenmenschen nutzten diese Eigenschaft von spröden Materialien bei der Herstellung ihrer Werkzeuge. Deshalb war damals der Feuerstein so beliebt: Ein kräftiger Schlag, und es tut sich ein Riss auf, der so lange wächst, bis eine Scherbe abspringt und eine scharfe Kante hinterlässt, die als Axt oder Messer verwendet werden kann.

Als unsere Vorfahren Metalle entdeckten, stellten sie fest, dass diese deutlich schwerer zu schärfen waren, da Kupfer und Zinn nicht einfach reißen, sondern »fließen«. Sie sind »duktil« oder dehnbar und neigen daher weniger zu einem katastrophalen Ausfall. Genau deshalb sind sie ja bei modernen Ingenieuren so beliebt.

Viele der Feststoffe, mit denen wir umgehen, setzen sich aus verschiedenen Materialien zusammen. Einige davon sind spröde, andere weicher und formbarer. Letztere fungieren als »Riss-Stopper«. Das sind weiche Komponenten, die nachgeben und Energie aufnehmen, wenn der Riss sie erreicht. Auf diese Weise verhindern sie, dass das Material weiter einreißt.

Holz enthält beispielsweise eine Menge Riss-Stopper in Form von Pflanzengummis, Harzen und anderen natürlichen Polymeren. Deshalb reißen Bäume bei Wind nicht ein und stürzen nicht um. Es sei denn, der Wind bläst zu stark, dann wird die Spannung an den Spitzen der Risse zu groß, die Riss-Stopper können sie nicht mehr aufhalten.

Wissenschaftler und Ingenieure haben ihre Lektion aus der Natur gelernt und Materialien mit eingebauten Riss-Stoppern entwickelt, um das Materialversagen zu verhindern, vor dem Griffiths Formel warnt. Außerdem erfinden sie »selbstheilende« Stoffe: Wenn sich ein Riss öffnet, setzt eine chemische Reaktion ein, durch die sich das Material selbst repariert. Einige Kunststoffe enthalten beispielsweise Mikrokapseln, die sich öffnen, wenn in der Umgebung ein Riss entsteht. Einige dieser Kapseln enthalten das ursprüngliche »Monomer«, aus dem der polymerische Kunststoff gefertigt wurde, und andere einen »Härter«. Wenn diese beiden Stoffe freigesetzt werden, reagieren sie miteinander (wie die Bestandteile eines Komponentenklebers) und bilden zusammen neues Polymer, das den Riss wieder füllt.

Eine weitere Möglichkeit, den gefürchteten Sprödbruch zu verhindern, besteht darin, Materialien zu wählen, die sehr weit einreißen können, ehe es kritisch wird, sodass Risse ohne Weiteres erkannt werden können. Karbonstahl ist eines dieser Materialien. Bei den durchschnittlichen Spannungen, denen das Material in den meisten Anwendungen ausgesetzt ist, kann der Riss bis zu einem Meter lang werden, ehe es kritisch wird. Rund 20 Prozent aller Schiffe, die heute auf den Weltmeeren unterwegs sind, haben Risse in dieser Länge, und nur wenige teilen das Schicksal der *Schenectady*.

Manche der gefährlichen Risse sind gar nicht so einfach zu entdecken, wenn sie nämlich lang, aber extrem fein sind. Diese Haarrisse lassen sich mit Röntgenstrahlen oder Magneten entdecken, aber es geht auch einfacher. Eine billige Methode, die selbst Laien anwenden können, ist die Farbeindringprüfung. Dazu besprühen Sie einfach die gereinigte Fläche mit dem Eindringmittel und reinigen die Oberfläche, bis keine Farbe mehr zu sehen ist. Dann sprühen Sie einen feinen Entwickler auf, der die Farbe wieder aus dem Riss holt, mit ihr reagiert und eine gut sichtbare farbige Linie hinterlässt.

Aber wenn Sie wissen wollen, ob ein Gegenstand aus Glas oder Metall einen Riss hat, können Sie das auch ganz einfach überprüfen, indem Sie nämlich dagegen klopfen und auf den Klang achten! Dieser einfache Trick geht noch auf die Zeit der ersten Glockengießer zurück und wird bis heute angewandt, wenn die gusseisernen Räder von Eisenbahnzügen mit einem Hämmerchen abgeklopft werden, um mögliche Risse aufzuspüren. Schon ein winziger Riss verändert den Ton.

Trotz dieser Tests und obwohl wir uns heute der Gefahren der Spannungskonzentration bewusst sind, bleibt diese eine der Hauptursachen für katastrophales Materialversagen. Die Spannungskonzentration zerreißt nicht nur Schiffe, Brücken und Flugzeuge, sondern spielt auch eine wichtige Rolle bei Naturkatastrophen wie Erdbeben, Tsunamis und Vulkanausbrüchen. Ereignisse wie diese sind oft sehr viel komplizierter, als ich in diesem kurzen Überblick darstellen kann. Es gibt Materialien, die fließen, wenn sich die Belastung langsam aufbaut, die aber spröde brechen, wenn die Kraft plötzlich wirkt. Denken Sie nur an Schokolade!

Hinter unkontrollierten Rissen steckt die positive Rückkopplung: Es entsteht ein Selbstverstärkungseffekt und ein Teufelskreis. Aber das ist nicht die einzige Ursache für unkontrollierte Prozesse. Es gibt drei weitere: Beschleunigung über den kritischen Punkt hinaus, den Dominoeffekt und die Kettenreaktion (die sämtlich durch positive Rückkopplungen verstärkt werden können, aber nicht müssen). Im nächsten Kapitel sehen wir uns an, wie diese Prozesse funktionieren und warum sie die wichtigsten Ursachen für unaufhaltsame Katastrophen sind – und zwar nicht nur in der physischen Welt, sondern auch in Wirtschaft und Gesellschaft sowie in unserem Alltag.

5. Außer Rand und Band

STOP THE WORLD – I WANT TO GET OFF!
Musical aus dem Jahr 1961

Irre Beschleunigung

Unkontrollierte Beschleunigung kann einem ganz schön Angst machen. Während meiner Schulzeit erschien einmal ein Freund kreidebleich, zitternd und mit einem offenen Schuh zum Unterricht. Sein Vater hatte ihn wie immer mit der alten Rostlaube der Familie zur Schule gefahren, doch an diesem Morgen war die Rückholfeder des Gaspedals gebrochen, was damals keine Seltenheit war. Vergeblich hatte sein Vater versucht, den Gang herauszunehmen. Es dauerte ein paar Sekunden, bis er darauf kam, den Zündschlüssel zu ziehen, und in dieser kurzen Zeit war er unfreiwillig an zwei Lastwagen, einem Traktor, einem erschrockenen Radfahrer und einem Streifenwagen vorübergerast.

Ich habe den Verdacht, dass der Streifenwagen eine Erfindung meines Freundes war. Keine Erfindung war der fehlende Schuhbändel. Sein Vater hatte ihm den Bändel aus dem Schuh genommen und ein Ende an das Gaspedal gebunden. Mein Freund musste sich auf die Rückbank setzen, weit nach vorn lehnen, das andere Ende des Bändels in die Hand nehmen und als menschliche Rückholfeder daran ziehen.

Situationen wie diesen entkommen wir nicht immer so leicht, vor allem nicht im Kino. Mein Lieblingsbeispiel stammt aus dem Drehbuch des Films *Blues Brothers* (1980). Die Blues Brothers sitzen in ihrem »Bluesmobil« (einem aufgemotzten 1974er-Dogde Monaco) und werden von den Mitgliedern der Countryband »The Good Ol' Boys« in einem Winnebago verfolgt. Zum Leidwesen der Verfolger hat Elwood Blues beide Seiten ihres Gaspedals mit Superkleber bestrichen. Das Gaspedal klebt am Boden, der Fuß des Fahrers am Gaspedal, und der Winnebago beschleunigt immer weiter. Er überholt eine Kolonne von Polizeiautos und das Bluesmobil. Schließlich gibt es kein Halten mehr, der Wagen kommt von der Straße ab, rast durch einen Rolls-Royce-Ausstellungsraum und einen Hamburger-Stand und landet schließlich im Fluss. Der Dialog bringt das eigentliche Problem messerscharf auf den Punkt:

Beifahrer (*schreit*): Brems! Halt das Schießding an!
Fahrer (*resigniert*): Wenn ich könnte, würde ich's tun, aber ich kann nicht, also tu ich's nicht.

Dieser kurze Meinungsaustausch verdeutlicht, dass die unkontrollierte Beschleunigung des Winnebago den berühmten drei Bewegungsgesetzen von Sir Isaac Newton geschuldet war:

1. *Das Trägheitsgesetz:* Ein Körper bleibt im Zustand der Ruhe oder der konstanten Bewegung, solange keine äußere Kraft auf ihn wirkt.

Das heißt, selbst wenn es dem Fahrer eingefallen wäre, den Motor abzustellen, wäre der Wagen mit derselben Geschwindigkeit weitergefahren, es sei denn, er hätte den Fuß auf die Bremse bekommen. Er hätte das Auto nicht einfach an einen Baum setzen können, denn in diesem Fall hätten er und seine Begleiter (die keine Sicherheitsgurte trugen) sich mit derselben Geschwindigkeit in dieselbe Richtung weiterbewegt – und wären durch die Windschutzscheibe nach draußen geflogen.

2. *Das Aktionsgesetz:* Wenn eine Kraft auf einen Körper wirkt, verändert sich die Bewegungsenergie proportional zu dieser Kraft.

Impuls = Masse × Geschwindigkeit. Da die Masse des Autos vermutlich konstant blieb, sorgte die Kraft des Motors dafür, dass die Geschwindigkeit immer größer wurde. Das lässt sich auch anders ausdrücken als Kraft = Masse × Beschleunigung oder Beschleunigung = Kraft / Masse.

3. *Das Reaktionsgesetz:* Jede Kraft (Aktion) bewirkt eine gleich große Gegenkraft (Reaktion).

Die »Good Ol' Boys« wären vermutlich am liebsten im Boden ihres Autos versunken, aber das war leider unmöglich, da der Boden aufgrund des Reaktionsgesetzes mit derselben Kraft dagegen hielt, um ihr Gewicht zu tragen.

Sämtliche physischen Objekte im gesamten Universum unterliegen den Newtonschen Gesetzen – mit Ausnahme von Zeichentrickfiguren, die ihre ganz eigenen Gesetze haben. Laut Komiker Mark O'Donnell besagt das erste Cartoongesetz, dass »ein im Raum schwebender Körper so lange schwebt, bis er sich dessen bewusst wird«. Wenn Daffy Duck über einen Abgrund hinaus spaziert, dann »watschelt er weiter Reden schwingend durch die Luft, bis er zufällig nach unten blickt – und abstürzt«. (O'Donnell wählt zwar Daffy Duck als Beispiel, doch der eigentliche Newton der Zeichentrickwelt ist zweifelsohne Wile E. Coyote.)

Leider sind die Naturgesetze der Zeichentrickwelt keine allzu verlässliche Hilfe bei der Vorhersage von Katastrophen. Und das, obwohl es laut Börsenanalyst Shawn Andrew von der Reflexivity Capital Group erstaunliche Parallelen zum Verhalten der Marktteilnehmer bei steigenden Börsenkursen kurz vor dem Crash gibt. Die Spekulanten nehmen an, dass der Markt einfach immer weiter wachsen wird. »Solange alle daran glauben, bemerken sie nicht, dass sie sich längst über dem Abgrund befinden«, so Andrew.

Newtons Gesetze sind dagegen ein wichtiges Instrument bei der Vorhersage von und dem Umgang mit Katastrophen in der wirklichen Welt. Was könnten Sie zum Beispiel tun, wenn Sie im ersten oder zweiten Stockwerk eines brennenden Hauses gefangen sind?

Wir lesen immer wieder, dass Menschen in dieser Situation »aus dem Fenster springen«, als ob der Sprung nach vorn ihren Fall bremsen könnte. Aber aus Newtons Gesetzen können wir die wichtige Erkenntnis ableiten, dass Bewegungen in zueinander senkrechten Richtungen (zum Beispiel vertikal und horizontal) vollkommen unabhängig voneinander sind. (Das mag Ihnen selbstverständlich vorkommen, doch in meinem Einführungskursen an der Universität habe ich immer wieder die Erfahrung gemacht, dass sich die Studierenden dessen nicht bewusst waren, weshalb sie große Schwierigkeiten hatten, die Wirkung der Newtonschen Bewegungsgesetze in der Praxis zu verstehen.) Wenn Sie beispielsweise von einem Sprungbrett in ein Schwimmbecken springen, dann ist der Bogen, den Sie beschreiben, ein Ergebnis aus Ihrer konstanten, horizontalen Absprunggeschwindigkeit (nach Newtons erstem Gesetz bewegen Sie sich mit derselben Geschwindigkeit vorwärts, mit der Sie vom Brett abspringen) und einer zunehmenden, vertikalen Fallgeschwindigkeit (nach Newtons zweitem Gesetz beschleunigen Sie, weil beim Fall die Anziehungskraft auf Sie wirkt).

Wenn Sie auf das Wasser auftreffen, wird die Kraft des Aufschlags durch Newtons zweites Gesetz bestimmt (Kraft = Masse × Beschleunigung), nur dass diesmal die Verlangsamung zählt. Egal ob wir beschleunigen oder bremsen, es handelt sich um eine Änderung der Geschwindigkeit, und diese wird dividiert durch die Zeit, über die sie stattfindet. Die Kraft, mit der wir aufschlagen, richtet sich also nach Newtons zweitem Gesetz:

Kraft des Aufschlags = Masse × Geschwindigkeitsänderung/ Zeitraum, über den sie stattfindet

Eine Landung im Wasser tut weniger weh als eine Landung auf einem Betonboden, weil Sie bei einer Landung auf dem Boden innerhalb kürzester Zeit auf null abgebremst werden, während Sie sich beim Sprung ins Wasser allmählich verlangsamen (es sei denn, Sie machen einen Bauchplatscher). Der Gleichung können Sie entnehmen, dass die Kraft im zweiten Fall entsprechend kleiner wird.

Und wie können Sie sich dieses Wissen bei der Flucht aus einem brennenden Haus zunutze machen? Sie haben keine Zeit, eine Diät zu machen, um Ihre Masse zu reduzieren, und selbst wenn die Zeit nicht ausreicht, um die Bettlaken zusammenzubinden und nach unten zu klettern, können Sie eine Menge anderer Dinge tun. Sie können beispielsweise alle Kissen und Decken zusammensuchen und aus dem Fenster werfen, um einen kompakten, weichen Landeplatz zu schaffen, der den Zeitraum, über den Ihre Geschwindigkeit auf null reduziert wird, ein wenig verlängert. Zusätzlich können Sie sich vom Fensterbrett herunterhängen lassen und so die Fallhöhe um die Länge Ihres Körpers plus der ausgestreckten Arme verringern.

Rennen, Springen, Stehen: Beschleunigung bis zum Limit

Wenn wir Newtons Gravitationsgesetz und seine Bewegungsgesetze zusammennehmen, dann sorgt eine mathematische Besonderheit dafür, dass alle Objekte mit derselben Beschleunigung zu Boden fallen, egal wie schwer sie sind. Wenn Galileo in seinem berühmten Experiment keine Kanonenkugel von einem Kirchturm in Pisa geworfen hätte, sondern die »Good Ol' Boys«, dann wäre jeder mit einer Beschleunigung von rund 9,83 Meter pro Sekunde zu Boden gestürzt. Nach nur anderthalb Sekunden wären sie schneller gewesen als Usain Bolt bei seinem Weltrekord im 100-Meter-Sprint. Wenn sie dann auf dem Boden aufschlagen, dann ist das so, als würde Bolt hinter der Ziellinie gegen eine Betonmauer laufen.

Dieses einfache Beispiel zeigt, wie schnell uns die Schwerkraft auf eine Geschwindigkeit beschleunigt, bei der der Aufprall auf einer harten Oberfläche schwere Verletzungen oder gar den Tod zur Folge haben kann. Dazu reicht schon eine geringe Höhe aus, wie Hunderte von Menschen beweisen, die Jahr für Jahr zu Tode kommen, weil sie im Schlaf aus dem Bett fallen. Wenn Sie das zum Lachen finden, dann stellen Sie sich vor, Sie joggen gegen

Abbildung 5.1 *Das Käserennen von Cooper's Hill, 25. Mai 2009.*

eine Wand. Das ist so, als würden Sie aus einem knapp einen Meter hohen Bett auf den harten Boden fallen.

Aber Läufer müssen gar nicht gegen eine Wand laufen, um sich ernsthaft zu verletzen. Das demonstriert die Geschichte vom schnellsten Käse von Westengland. Der fragliche Käse ist ein runder, sieben Pfund schwerer, goldgelber »Gloucester«, den Mrs. Diana Smart auf dem Bauernhof der Familie in Churcham herstellt. Dieser Käse ist der Hauptdarsteller im jährlichen Käserollwettbewerb am Cooper's Hill in Gloucestershire ganz in der Nähe meines Wohnorts in England.

Jährlich kommen bis zu 15 000 Zuschauer, um dabei zuzusehen, wie Hunderte mutiger Wettläufer dem Käse hinterherjagen, der einen immer steiler werdenden Hang hinunterrollt. In seiner Schrulligkeit ist dieser Brauch typisch englisch, umso mehr, als ein schrulliger Engländer schon vor einigen Jahrhunderten bewies, dass die Läufer den Käse nie einholen werden und Gefahr laufen, sich die Knochen zu brechen, wenn sie sich zu sehr bemühen.

Dieser Engländer war Sir Isaac Newton, der sich nur am Rande mit den Gesetzen der Bewegung und der Anziehungskraft beschäf-

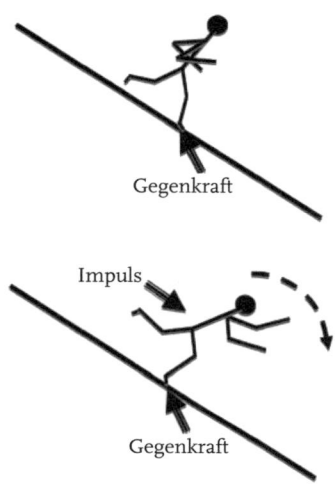

Gegenkraft

Impuls

Gegenkraft

Abbildung 5.2 *Die Wirkung des Reaktionsgesetzes (oben) und Trägheitsgesetzes (unten) während des Bergablaufens.*

tigte. Die meiste Zeit über beschäftigte er sich mit der Alchemie und versuchte, die Prophezeiungen der Bibel zu entschlüsseln, die seiner Ansicht nach erst verstanden werden konnten, nachdem sie eingetreten waren.

Seine Bewegungsgesetze sind jedoch eine gute Möglichkeit, schon im Voraus überprüfbare Prophezeiungen aufzustellen. Eine besagt beispielsweise, dass der Käse, auch wenn er keine Klippe hinuntergeworfen wird, sondern nur einen Hang hinunterrollt, so stark beschleunigt, dass er schon nach zwei Sekunden schneller ist als der schnellste Sprinter der Welt.

Videoaufzeichnungen beweisen das eindrucksvoll. Wenn der Käse einmal losgerollt ist, haben die Verfolger nicht die geringste Chance, ihn noch zu erwischen. Doch hier enden die Newtonschen Gesetze noch nicht. Denn auch die Läufer beschleunigen nach Newtons Aktionsgesetz auf dem Weg den Hang hinab, es sei denn, sie finden eine Möglichkeit zu bremsen.

Hier könnte ihnen das Reaktionsgesetz helfen, denn wenn sie einen Fuß auf den Boden setzen, dann drückt der Boden den Fuß mit derselben Kraft zurück. Sie müssen nur einen ausreichend großen Teil dieser Gegenkraft in die Horizontale lenken, statt nach oben, wo sie ihr Gewicht trägt (siehe Abbildung 5.2 oben).

Zu ihrem Bedauern müssen die meisten Teilnehmer erleben, dass an diesem Punkt das Trägheitsgesetz durchschlägt. Der vordere Fuß kommt auf den Boden auf und bleibt stehen, doch der Gewichtsschwerpunkt des Läufers bewegt sich mit konstanter Geschwindigkeit weiter. Wenn er nicht schnell etwas unternimmt, stolpert und stürzt er (Abbildung 5.2 unten). Bei einem Lauf auf einer ebenen Strecke reicht es, einfach den hinteren Fuß nach vorn zu setzen, um den Fall aufzuhalten. Wenn der Läufer jedoch einen Abhang hinunter rennt und dabei immer schneller wird, muss er den hinteren Fuß immer schneller nach vorn bringen. Irgendwann ist jedoch der Punkt erreicht, an dem ihm das nicht mehr schnell genug gelingt, und er wird ein weiterer Kunde für die wartenden Rot-Kreuz-Helfer.

Der Dominoeffekt

Der Käse von Mrs. Smart demonstriert, wie wichtig Newtons Gesetze werden, wenn uns Panik erfasst, wie es bei unkontrollierten Beschleunigungen typisch ist. Wenn Prozesse außer Kontrolle geraten, ist Beschleunigung jedoch nur eine mögliche Ursache. Eine zweite ist der sogenannte Dominoeffekt (Bei Beduinen nennt sich der Dominoeffekt »die Nase des Kamels«, nach der alten Beduinenweisheit: Wenn ein Kamel die Nase in Ihr Zelt steckt, dann kommt der Rest bald hinterher.): Eins führt zum anderen, das wieder zum nächsten und so weiter.

Die Vorführung des Dominoeffekts hat sich zu einer eigenen Kunstform ausgewachsen. Es begann in den 1970ern, als der damalige Student Bob Speca seine ersten professionellen Domino-Spektakel aufführte. Am 9. Juni 1978 versuchte er, im Rahmen einer Wohltätigkeitsveranstaltung im New Yorker Manhattan Center einen neuen Weltrekord mit 100 000 Dominosteinen aufzustellen. Er baute die Steine auf, und der achtjährige Michael Murphy tippte den ersten Stein an. Leider lehnte sich in diesem Moment der Kameramann Manny Alpert so weit über die Brüstung des Zuschauerbalkons, dass sein Presseschildchen herunterfiel und eine zweite Welle anstieß.

Speca verhinderte das Schlimmste, indem er geistesgegenwärtig einige Steine entfernte und den Schaden so begrenzte. Eine halbe Stunde später war er Inhaber des neuen Weltrekords mit 97 500 Dominosteinen.

Ob Sie es glauben oder nicht, inzwischen steht der Weltrekord bei 4 491 863 Steinen. Die standen natürlich nicht alle in einer Reihe, sondern verzweigten sich, liefen nebeneinander her und bildeten eine spektakuläre Landschaft, die eine ganze Etage eines großen Gebäudes einnahm. Die Wellen umfallender Dominosteine lösten weitere Ereignisse aus, sie schalteten einen Plattenspieler ein oder enthüllten das Bild eines nackten Paares, das dem Fotografen züchtig den Rücken zuwandte.

Aus Sicht des Wissenschaftlers ist der erstaunlichste Aspekt dieses Ereignisses, dass sich die Wellen mit einer mehr oder weniger konstanten Geschwindigkeit von rund 3 Kilometern pro Stunde durch die Reihen der Dominosteine fortpflanzen. Wären die viereinhalb Millionen Steine in einer Reihe aufgestellt worden, hätte das Ereignis fast einen ganz Tag in Anspruch genommen.

Als die Einwohner von Bremerhaven und Nordenham zwischen ihren Städten eine 27 Kilometer lange Reihe von Ziegeln wie Dominosteine aufstellten, um die Einweihung des neuen Wesertunnels zu feiern, fielen die Ziegel in etwa mit derselben Geschwindigkeit um wie die eben beschriebenen Dominosteine. Und ähnlich wie diese waren sie in einem relativ geringen Abstand zueinander aufgestellt, der nur 20 Prozent ihrer Höhe betrug.

Laut Theorie beträgt der Idealabstand für eine möglichst hohe Umfallgeschwindigkeit rund 40 Prozent der Höhe. Diese und andere Theorien gehen davon aus, dass die Geschwindigkeit konstant bleibt, wenn der Prozess einmal in Gang gekommen ist. Die Vorhersagen dieser Theorien kommen den tatsächlich gemessenen Geschwindigkeiten sehr nahe. Die Theorien bieten jedoch nur Schätzungen, denn der Dominoeffekt ist außerordentlich schwer zu berechnen. Es sieht ganz so aus, als wüssten wir mehr über das Innenleben von Sternen als über umfallende Dominosteine!

Aber warum sollten sich Wissenschaftler überhaupt mit einem derart trivialen Problem abgeben? Weil gerade die Erforschung von einfachen Modellen oft wichtige Erkenntnisse ermöglicht hat. Die umfallenden Dominosteine sind ein Beispiel dafür, wie unter ernsteren Umständen ganze Systeme kaskadenförmig zusammenbrechen. Mithilfe der Dominosteine können Ingenieure und Wissenschaftler die Abläufe besser verstehen, Unfälle vorhersehen und sie möglicherweise verhindern oder zumindest den Schaden begrenzen.

Dominoeffekte sind an den unglaublichsten Orten zu beobachten. Zum Beispiel beim Passwortdiebstahl. Stellen Sie sich vor, ein Hacker dringt in einen schlecht geschützten Server eines Unternehmens ein und findet dort einige Passwörter. Weil die jeweiligen Nutzer dieselben Passwörter auch in anderen Systemen benutzen, kann der Hacker in andere, stärker gesicherte Systeme eindringen, wo er möglicherweise neue Passwörter findet, und so weiter.

Die einfachste Schutzmaßnahme besteht darin, für jedes System ein anderes Passwort zu verwenden, um die Kette zu unterbrechen – wie Bob Speca, der einige Steine entfernte, um die zweite Dominowelle aufzuhalten. Diese Lösung lässt sich auch auf andere Lebensbereiche übertragen. Beim Autofahren können wir beispielsweise Massenkarambolagen vermeiden, wenn wir ausreichend Abstand zum Vordermann halten.

Ähnliche künstliche Lücken werden eingebaut, um einen Unfall zu verhindern, wie er sich 1989 in einem Industriegebiet der texanischen Stadt Houston ereignete, wo ein Leck in einer Polyethylen-Anlage zu einer Großexplosion führte. Das wäre an sich schon schlimm genug gewesen, doch diese Explosion löste weitere aus (in einem Isobuten-Tank und einem Polyethylen-Reaktor), und diese wiederum verursachten sieben weitere Explosionen in nahe gelegenen Chemiefabriken.

Das Problem war, dass die empfindlichen Anlagen des Industriegebiets nicht genug Abstand zueinander hatten. Mit nur einer einzigen Lücke wäre der Dominoeffekt ausgeblieben. Beim Bau neuer Industriegebiete (und der Umstrukturierung bestehender) werden heute solche Lücken eingeplant, um Unfällen wie diesem vorzubeugen. Nach demselben Prinzip funktionieren auch die Feuerschneisen, die in der Nähe meines Heimatorts in Australien in den Busch geschlagen werden.

Der Dominoeffekt lässt sich natürlich auch unterbrechen, indem man einfach einen Stein am Boden festklebt. Das funktioniert vor allem dann, wenn es darum geht, den Einsturz von Brücken oder Gebäuden zu verhindern. Wenn die Ingenieure der ersten Tay Bridge beispielsweise stärkere Querverstrebungen eingebaut hätten, dann wäre nach dem Materialversagen eines Verbindungsstücks nicht gleich die gesamte Brücke eingestürzt.

Das archetypische Beispiel für diese Art Einsturz ist die vorletzte Szene des Films *Alexis Sorbas*. Sorbas hat mit einigen klapprigen Holzstützen eine Art Seilbahn gebaut, mit der er Baumstämme den Berg hinuntertransportieren will. Als der erste Baumstamm den Berg herunterkommt, wackelt das Gerüst bedrohlich, doch der optimistische Sorbas lässt den zweiten nachkommen. Als dieser ins Bild kommt, bricht die erste Stütze unter dem Gewicht zusammen. Nun muss die zweite das gesamte Gewicht tragen und bricht ebenfalls zusammen, und so klappt das gesamte Gerüst zusammen wie eine Reihe Dominosteine.

In diesem Fall hat der Sorbas-Effekt keine ernsteren Folgen als die berühmte Tanzszene am Strand am Ende des Films. Im wirklichen Leben können die Konsequenzen allerdings sehr viel gravierender sein. Als am 1. August 2007 die Mississippi-Brücke von Minneapolis unvermittelt einstürzte, starben 13 Menschen, und 145 wurden verletzt. Der Einsturz wurde von einer Sicherheitskamera aufgezeichnet. Als Ursache benannten Experten später den Bruch von unterdimensionierten Knotenblechen, an denen die Träger befestigt waren, der wiederum durch eine ungewöhnliche Belastung durch Baumaschinen und -material auf der Brücke ausgelöst wurde. Als die Knotenbleche brachen, verlagerte sich das Gewicht auf nahe gelegene Punkte in der Brücke, die in rascher Folge ebenfalls nachgaben. Die Konsequenz war der spektakuläre Einsturz der gesamten Brücke.

Der sukzessive Einsturz von Gebäuden folgt einem ähnlichen Muster. Als im Jahr 1968 in einer Wohnung im 18. Stock des Ronan Point Towers in London ein Gasofen explodierte, riss die Druckwelle eine Tragwand in einer Ecke des Gebäudes heraus, auf der die darüberliegenden vier Wohnungen aufgelegen hatten. Diese Wohnungen stürzten auf die darunterliegenden und lösten einen Dominoeffekt aus: Eine Wohnung krachte auf die nächste, bis die gesamte Ecke des Gebäudes eingestürzt war. Erstaunlicherweise überlebte die Besitzerin des Gasofens den Unfall nicht nur, sondern sie ließ das Gerät reparieren und nahm es in ihre neue Wohnung mit!

Dominoeffekte spielen bei der Verstaatlichung der Ölindustrie genauso eine Rolle wie bei der Gletscherschmelze in der Arktis, dem Zusammenbruch von Banken, Regierungen und Märkten oder dem Windbruch in Wäldern. Sie sind bei Hormontherapien während der Menopause genauso zu beobachten wie beim Verlauf von Gerichtsprozessen. Aber Dominoeffekte sind noch lange nicht die gefährlichsten unkontrollierten Prozesse.

Die Dominosteine fallen mit einer relativ konstanten Geschwindigkeit um. Wenn es uns gelingt, die Welle zu überholen, können wir Maßnahmen ergreifen, um die Zerstörung zu unterbrechen. Das trifft auch auf dominoartige Abläufe im wirklichen Leben zu, vorausgesetzt, dass ein Ereignis wirklich nur zu einem einzelnen anderen Ereignis führt und so weiter. Wenn sich die Welle dagegen teilt, stehen wir vor einem anderen Problem. Dann sprechen wir von einer Kettenreaktion, und die kann sich mit beängstigender Geschwindigkeit entwickeln.

Kettenreaktion

In einer Kettenreaktion stößt ein Ereignis nicht nur ein weiteres an, sondern gleich mehrere, und jedes von diesen löst wiederum mehrere aus und so weiter. Kettenreaktionen werden auch als Schneeballeffekt bezeichnet: Sie fangen mit einem kleinen Schneeball an, der einen schneebedeckten Hang hinunterrollt und immer mehr Schnee einsammelt, dadurch eine immer größere Oberfläche bekommt, an der noch mehr Schnee kleben bleibt und so weiter, bis eine ganze Lawine den Berg hinunterdonnert.

Ein anderes klassisches Beispiel für eine Kettenreaktion ist eine Atomexplosion: Neutronen und andere umherfliegende Bruchstücke eines zerfallenden Atomkerns zerschlagen benachbarte Atomkerne, und deren Bruchstücke treffen auf weitere Atomkerne und zerschlagen diese, und so weiter, wobei immer mehr Energie frei wird. (Wenn Sie sich ansehen wollen, wie das funktioniert, können Sie unter http://www.loncapa.org/~mmp/applist/chain/chain.htm selbst eine Kettenreaktion lostreten.)

Atomexplosionen sind aber bei Weitem nicht die einzigen Kettenreaktionen mit katastrophalen Auswirkungen. Infektionskrankheiten haben weit mehr Todesopfer gefordert als die Atombombe und verbreiten sich ebenfalls über eine Kettenreaktion: Jede infizierte Person steckt mehrere weitere an.

Atomare Kettenreaktionen lassen sich kontrollieren und in Atomreaktoren zur Stromerzeugung nutzen, wenn in das spaltbare Material Kontrollstäbe eingelassen werden. Diese Stäbe nehmen so viele Neutronen auf, dass jeder zerfallende Atomkern im Durchschnitt weniger als einen weiteren Atomkern zum Zerfallen bringt. Dabei wird immer noch Energie freigesetzt, aber in kontrollierbarem Ausmaß.

Auf ähnliche Weise lassen sich auch Epidemien verhindern. Hier sind die »Kontrollstäbe« die geimpften Menschen, die die Krankheit absorbieren und nicht an andere weitergeben. Wenn ein ausreichend großer Teil der Bevölkerung geimpft wird, lässt sich die Kettenreaktion der Ansteckung kontrollieren, und wenn die Krankheit eine geimpfte Person erreicht, bleibt selbst ein einfacher Dominoeffekt aus. In einem Notfall ließe sich die geografische und gesellschaftliche Verteilung der Impfung planen, um die Effektivität der »Kontrollstäbe« zu maximieren.

Das zeigt, dass Impfung weniger eine Frage der persönlichen Entscheidung als vielmehr der gesellschaftlichen Verantwortung ist. Mit einer Impfung schützen wir nicht nur uns selbst, sondern auch andere. Wir tragen dazu bei, dass die Ausbreitung einer ansteckenden Krankheit unterhalb einer kritischen Schwelle bleibt und nicht etwa vom Dominoeffekt in eine Kettenreaktion übergeht.

Bei vielen Kettenreaktionen spielt die Nähe eine entscheidende Rolle. Und zwar nicht nur bei der Verbreitung von ansteckenden Krankheiten, sondern auch von Gelächter. Ich habe das einmal ausprobiert und auf einer gut besuchten Party einer Freundin in einer Ecke des Raums ein Video von einem lachenden Baby gezeigt. Als sie anfing zu lachen, lachten plötzlich einige Gäste in ihrer Nähe, und Menschen in deren Nähe reagierten ebenfalls mit Gelächter. Es dauerte nicht lange, und alle Gäste im Raum lachten, aber wer weit genug von der Quelle entfernt war, hatte keine Ahnung, warum.

Positive Rückkopplung

Zur Berechnung einer atomaren Kettenreaktion oder einer Epidemie verwendet man im Grunde dieselben mathematischen Modelle wie zur Berechnung der Ausbreitung von Gelächter, Moden und Gerüchten. Oft beginnen solche Kettenreaktionen mit kritischen Übergängen, aber es gibt einen weiteren Prozess, der noch stärker ist. Das ist die positive Rückkopplung, ein unkontrollierter Prozess, der auf der Verstärkung von Veränderungen basiert. Mit zunehmender Veränderung wird die Verstärkung selbst immer größer, weshalb sich selbst eine scheinbar unbedeutende anfängliche Veränderung zu einer Katastrophe auswachsen kann. Niemand beschreibt diesen Selbstverstärkungseffekt besser als Douglas Adams in seinem satirischen Science-Fiction-Roman *Das Restaurant am Ende des Universums*, in dem er das tragische Schicksal der Schuhgeschäfte auf Frogstar B beschreibt:

> Vor vielen Jahren war Frogstar B ein quirliger, glücklicher Planet – Frösche, Städte, Geschäfte, eine ganz normale Welt. Man hätte bestenfalls bemerken können, dass es in den Einkaufsstraßen vielleicht etwas mehr Schuhläden gab, als nötig gewesen wären. Es ist ein altbekanntes, aber immer wieder tragisches Phänomen. Je mehr Schuhgeschäfte es gab, desto mehr Schuhe mussten hergestellt wer-

den, und desto schlechter wurden sie. Und je schlechter sie wurden, desto mehr Schuhe mussten die Menschen kaufen, um nicht barfuß gehen zu müssen, und umso mehr Schuhgeschäfte schossen aus dem Boden. Irgendwann überschritt der gesamte Planet einen kritischen Schuh-Ereignis-Horizont (so nennt man das, glaube ich), und es wurde wirtschaftlich unmöglich, irgendetwas anderes zu eröffnen als einen Schuhladen. Das Ergebnis: Kollaps, Untergang, Hungersnöte.

Die positive Rückkopplung kann zwar auch ihre komischen Seiten haben, wie in Adams' Beschreibung, aber im wirklichen Leben ist sie meist alles andere als witzig. Als ich einem befreundeten Koch den Prozess beschrieb, fiel dem spontan ein zusammenfallendes Soufflé ein: Eine platzende Dampfblase sorgt dafür, dass in der Umgebung weitere Blasen platzen. Ich wies ihn darauf hin, dass es sich hier eigentlich um eine Kettenreaktion handelte, aber er hörte mir nicht mehr zu und machte ein finsteres Gesicht. »Ich habe ein besseres Beispiel für dich«, sagte er dann. »Es ist wie Alkoholismus.« Er wusste, wovon er sprach. Er war selbst Alkoholiker gewesen, und für ihn bedeutete der Selbstverstärkungseffekt, je mehr man trinkt, umso mehr will man trinken.

Familienstreitigkeiten sind ein anderes Beispiel. Ich erinnere mich an ein Weihnachtsfest in meiner Kindheit, an dem meine Eltern der Familie ein Monopoly-Spiel geschenkt hatten. Wir Kinder hatten unser Geld schnell verspielt, genau wie meine Mutter. Das Spiel lief auf ein Duell zwischen meinem Vater und meinem Großvater hinaus. Die beiden versuchten, einander in den Ruin zu treiben, indem sie immer mehr Häuser und Hotels kauften und auf ihren Straßen auftürmten. Jedes Mal, wenn einer der beiden auf einer Straße des anderen landete, wurde das Triumphgeheul lauter und die Gesichter röter, und die Gewinne wurden sofort wieder in neue Häuser und Hotels investiert.

Das Spiel zog sich bis drei Uhr morgens hin und endete erst, als meine Mutter in ihrer Verzweiflung das Brett umkippte. Danach war es still im Haus, und mein Vater und mein Großvater sprachen drei Tage lang nicht mehr miteinander. Die positive Rückkopplung hatte einen kritischen Übergang von fröhlicher Unterhaltung zu finsterem Schweigen provoziert.

Positive Rückkopplungen können viele Situationen zum Kippen bringen und sind die wichtigste Kraft hinter kritischen Übergängen. Andere Beispiele sind Massenpaniken, ein Run auf eine Bank, eine Schneelawine, der galoppierende Zusammenbruch eines Ökosystems, ein Rüstungswettlauf oder ein internationaler Konflikt. Die Beispiele lassen sich endlos fortsetzen, und einige davon werden wir uns in den folgenden Kapiteln ansehen. Aber gibt es etwas, das wir oder die Natur dagegen tun könnten? Dazu benötigen wir einen Mechanismus, der das Gleichgewicht hält, einer davon ist die negative Rückkopplung. Im nächsten Kapitel sehen wir uns an, wie solche Mechanismen in Natur und Gesellschaft zustande kommen. Wir werden verstehen, wie sich im Zusammenspiel von positiven und negativen Rückkopplungen eine Vielfalt von Möglichkeiten ergeben. Scheinbare Stabilität kann am Anfang eines dramatischen Übergangs stehen. Wir müssen also lernen, die Warnsignale, die einer Katastrophe vorausgehen, zu lesen und zu beachten.

6. Das Gleichgewicht der Natur

Leider sorgt das Gleichgewicht der Natur dafür,
dass wir einen Überfluss an Träumen
mit einem zunehmenden
Potenzial für Albträume bezahlen.

PETER USTINOV

Der Mann mit dem Backenbart legte sich kräftig in die Riemen und bahnte seinem kleinen Ruderboot einen Weg durch den dichten Teppich aus Schlingpflanzen auf dem flachen See in Illinois. Es war ein kalter Februartag, doch er schwitzte in seinem schwarzen Mantel. Hin und wieder hielt er inne, sammelte ein paar Pflanzen ein und beobachtete interessiert die kleinen Schnecken auf den Blättern. Er zog ein Netz hinter dem Boot her, mit dem er die mobilen Seebewohner einfing: einen Kürbiskernbarsch, dessen leuchtend orangefarbene und gelbe Schuppen von grünen, roten und violetten Punkten durchbrochen waren, ein paar Sonnenbarsche, zwei verschiedene Schwarzbarsche, einen Karpfen und ein paar andere Arten.

Die Fische waren gekommen, um sich von den Tieren zu ernähren, die zwischen den Wasserpflanzen lebten. Und der Mann war gekommen, weil er die Beziehung zwischen den verschiedenen Seebewohnern verstehen wollte. Er sollte das Gewässer später als »Gleichgewicht des organischen Lebens« beschreiben, in dem jede Art ihre Rolle hatte. Heute würde man »Ökosystem« dazu sagen. Er war einer der Ersten, der die Natur auf diese Weise sah.

Der Mann hieß Stephen Alfred Forbes, seines Zeichens autodidaktischer Naturwissenschaftler und oberster Insektenforscher von Illinois. Seine bahnbrechenden Untersuchungen, die er in den 1880er-Jahren in den Seen des amerikanischen Bundesstaates durchführte, sollten ihm den Ruhm als Vater der modernen Ökologie einbringen. Er lieferte die erste wissenschaftliche Erklärung dessen, was heute als Gleichgewicht der Natur bezeichnet wird – die Vorstellung, dass sich Systeme über eingebaute Kontrollmechanismen selbst regulieren und langfristig ihre eigene Stabilität herstellen, solange sich niemand von außen einmischt.

Nach Ansicht von Forbes wurde die Stabilität natürlicher Systeme wie seiner Seen durch ein »harmonisches Gleichgewicht widerstreitender Interessen« erhalten. Hier entstand eine Ordnung, »die man als die bestmögliche bezeichnen kann, solange keine völlige Veränderung der Bedingungen selbst eintritt. Es wurde ein Gleichgewicht geschaffen und erhalten, das für alle Beteiligten das Beste erreicht, das unter den gegebenen Umständen erreicht werden kann.«

Forbes wollte verstehen, wie ein solches Gleichgewicht zwischen den Arten allein durch natürliche Prozesse entstehen kann. Wie konnte beispielsweise die Gemeinschaft in diesem kleinen See angesichts des Konkurrenzkampfs um Futter, Überleben und Fortpflanzung ihr Gleichgewicht erhalten? Warum fraßen die Räuber nicht einfach alle Beutetiere auf und starben dann wegen Nahrungsmangel aus?

Der Wissenschaftler sah die Antwort in den unterschiedlichen Fortpflanzungsgeschwindigkeiten der verschiedenen Arten. Beutetiere »müssen regelmäßig einen Überschuss an Individuen hervorbringen, die gefressen werden, sonst würde ihre Population rasch abnehmen und verschwinden«. Die Räuber dürfen dagegen »im Durchschnitt nicht mehr als diesen Überschuss ihrer Beutetiere fressen, da sie andernfalls ihren eigenen Nahrungsvorrat zerstören und sich indirekt selbst auslöschen«.

Mit anderen Worten, die Räuber müssen ihre Population an das vorhandene Nahrungsvorkommen anpassen. Räuber und Beute überleben am ehesten, wenn beide ihre Geburtenrate nicht nur nach ihren eigenen Bedürfnissen ausrichteten, sondern auch nach denen der jeweils anderen Art.

Forbes war nicht der Erste, der auf diesen Gedanken kam. Diese Ehre gebührt dem griechischen Historiker Herodot, der schon vor zweieinhalb Jahrtausenden erkannte: »Scheue Tiere, die von anderen gefressen werden, vermehren sich in großer Zahl, um zu verhindern, dass die Art aufgefressen wird und verschwindet. Wilde und gefährliche Tiere sind dagegen wenig fruchtbar.«

Herodot meinte, die unterschiedliche Fruchtbarkeit sei das Produkt einer gütigen göttlichen Vorsehung. Forbes war dagegen ein Rationalist und Agnostiker, der zwar die Möglichkeit einer Vorsehung nicht ausschließen wollte, aber lieber nach einer irdischen Erklärung suchte. Er fand sie im Schlagwort vom »Überleben des Stärkeren«, das Charles Darwin in der fünften Ausgabe seines Buchs *Über die Entstehung der Arten* eingeführt hatte.

Geprägt hatte das Schlagwort der Philosoph Herbert Spencer nach der Lektüre der ersten Ausgabe von Darwins Buch. Darwin gefiel es gut, weil es seine Vorstellung von der natürlichen Auslese zu treffen schien, weshalb er es in den späteren Ausgaben übernahm. Es hätte ihm vermutlich weniger gut gefallen, wenn er geahnt hätte, welch Schindluder mit diesem Begriff getrieben wurde und noch wird – allen voran die Behauptung, dass die Starken auf Kosten der Schwachen überleben und diese beherrschen. Mit dieser irregeleiteten Interpretation wurden Verfolgungen, Kriege und selbst Völkermorde gerechtfertigt. Diese Auslegung hat jedoch nichts mit Darwins Verwendung des Begriffs zu tun – wenn er wüsste, wie dieses Schlagwort missbraucht wird, würde er sich vermutlich im Grab umdrehen.

Forbes benutzte den Begriff vom »Überleben des Stärkeren« in Darwins ursprünglichem Sinne und meinte damit die Vorstellung, dass diejenigen Individuen mit der größten Wahrscheinlichkeit überleben und sich fortpflanzen, die am besten an ihre Umgebung angepasst sind. Forbes ging noch einen Schritt weiter und sprach davon, dass sich unterschiedliche Arten gemeinsam anpassen und auf diese Weise ein Gleichgewicht aus Räuber und Beute entsteht.

Nach Ansicht von Forbes waren diejenigen Individuen der Beutetiere am besten angepasst, die so viele Junge zur Welt brachten, dass einige überlebten und selbst Nachwuchs bekamen. Wer zu wenige Nachkommen zeugte, verschwand rasch aus dem Genpool, weil die Jungen gefressen wurden, bevor sie sich selbst vermehren konnten. Wer zu viel Nachwuchs zeugte, war jedoch ebenfalls im Nachteil, weil die Jungen die vorhandene Nahrung auffraßen und verhungerten, ehe sie ins reproduktionsfähige Alter kamen.

Dasselbe galt für Räuber, nur unter umgekehrten Vorzeichen. Hier waren diejenigen Individuen am besten angepasst, die so wenige Jungen bekamen wie möglich, um sich zwar einerseits fortzupflanzen, aber andererseits die Beutebestände nicht zu gefährden.

In den Begriffen der modernen Genetik waren also in beiden Fällen diejenigen Individuen am besten angepasst, die mit der größten Wahrscheinlichkeit das Erwachsenenalter erreichten und ihre Gene an die nächste Generation weitergeben konnten. Ihr genetisches Erbe dominierte schließlich die ganze Art. Oder wie Forbes schrieb: »Die Macht der natürlichen Auslese sorgt für diejenige Anpassung der Sterbe- und Geburtenraten der verschiedenen Arten, die ihrem gemeinsamen Interesse am ehesten entspricht.«

Forbes fasste seine Ideen in einem Aufsatz zusammen, den er am Abend des 25. Februar 1887 vor der Peoria Scientific Association präsentierte. Der Artikel mit dem Titel »The Lake as a Microcosm« gilt heute zu Recht als Klassiker. Auf diejenigen seiner Zuhörer, die nach dem anderthalbstündigen Vortrag noch wach waren, müssen Forbes' Schlussfolgerungen wie eine Bombe gewirkt haben.

Viele der Menschen im Publikum hatten dieselbe puritanische Erziehung genossen wie Forbes und teilten seine ganzheitliche Sicht der Natur. Forbes gab diesem Weltbild ein wissenschaftliches Fundament und erklärte zudem den Mechanismus, der in natürlichen Gemeinschaften langfristig ein Gleichgewicht herstellt. Dieser Mechanismus wiederum basierte auf dem damals bereits bekannten Prinzip der negativen Rückkopplung, auch wenn Forbes diese Bezeichnung nie verwendete, weil er damals fast ausschließlich in der Physik gebraucht wurde. Es sollte noch ein halbes Jahrhundert dauern, ehe die negative Rückkopplung auch in der Biologie die zentrale Position einnahm, die sie bis heute innehat.

Negative Rückkopplung: Von Klospülungen und Balanceakten

Wenn es darum geht, ein Gleichgewicht herzustellen, ist kaum ein Mechanismus so gut geeignet wie die negative Rückkopplung. Sie führt ein System wieder zurück in seinen Ausgangszustand, und zwar umso entschiedener, je weiter sich das System von diesem entfernt hat.

Praktische Beispiele finden Sie überall. Beim Fahren beispielsweise benutzen Sie das Prinzip dauernd: Sobald das Auto von der gewünschten Linie abweicht, lenken Sie in die Gegenrichtung, um den Kurs zu korrigieren. Je weiter das Auto abweicht, umso stärker steuern Sie gegen.

Einer, der das nie lernte, war Stephen Forbes selbst. Bei Forbes' Beerdigung erinnerte sich sein Sohn, der Vater sei in seiner Heimatstadt Urbana für seine zahlreichen kleineren Autounfälle bekannt gewesen, »was daran lag, dass das Auto erst gegen Ende seiner körperlichen Anpassungsfähigkeit aufkam und er während des Fahrens tief in seinen Gedanken versunken war«.

Zum Glück ist zur negativen Rückkopplung oft kein bewusstes Denken erforderlich. Meist handelt es sich um eine eingebaute Eigenschaft des Systems, die automatisch aktiviert wird. Ein einfaches Beispiel ist der Magnetkompass, dessen Nadel immer wieder nach Norden zurückschwingt, wenn sie gestört wurde. Ein anderes Beispiel ist der Fliehkraftregler, den James Watt 1788 erfand, um die Geschwindigkeit seiner Dampfmaschine zu regulieren. Das Gerät besteht aus zwei Kugeln, die durch die Zentrifugalkraft nach außen gedrückt werden. Je schneller sich der Motor dreht, desto weiter fliegen sie nach außen und betätigen dabei eine Drosselklappe, die den Motor wieder verlangsamt.

Der Thermostat an Ihrem Heizkörper funktioniert nach einem ganz ähnlichen Prinzip. Wenn die Temperatur unter den gewünschten Punkt sinkt, wird ein Sensor im Thermostat betätigt, der den Warmwasserzufluss öffnet. Und wenn die gewünschte Temperatur erreicht ist, schaltet der Sensor die Heizung wieder ab.

Ein weniger offensichtlicher Fall einer negativen Rückkopplung ist die Toilettenspülung. Sie hat ihren Ursprung in einer Wasseruhr, die ein Grieche namens Ctesibius schon 270 Jahre vor unserer Zeitrechnung erfand. Wenn der Spülkasten voll ist, drückt der Schwimmer einen Hebel nach oben und das Wasserventil ist verschlossen. Wenn Sie die Spülung betätigen und der Wasserstand im Kasten sinkt, folgt der Schwimmer, der Hebel wird nach unten gedrückt und der Wasserzufluss öffnet sich. Je weiter der Hebel nach unten gedrückt wird, desto stärker fließt das Wasser nach. Während der Wasserstand seinen Gleichgewichtszustand erreicht, schließt sich das Ventil allmählich wieder.

Auch Ihr Körper benutzt die verschiedensten Arten der negativen Rückkopplung. Wenn es Ihnen warm wird, schwitzen Sie stärker, und wenn der zusätzliche Schweiß verdunstet, kühlt er Ihren Körper ab. In Ihrem Körper spielen sich buchstäblich Tausende negativer Rückkopplungen ab, um das gesamte System – angefangen von Ihrem Herzschlag bis zur chemischen Zusammensetzung Ihres Bluts – im Gleichgewicht zu halten.

Wir lernen die negative Rückkopplung schon als Kinder kennen, wenn wir versuchen, Gegenstände zu balancieren. Haben Sie jemals versucht, einen Stock aufrecht auf der Hand zu balancieren? Wenn der Stock zu kippen beginnt, müssen Sie Ihre Hand in die Gegenrichtung bewegen, um ihn wieder in die aufrechte Position und ins Gleichgewicht zu bringen. Irgendwann haben Sie den Bogen raus und die erforderliche Hand-Auge-Koordination erworben. Beim Laufenlernen haben Sie einen ähnlichen Lernprozess durchgemacht. Wie mein Vater immer sagte: »Jeder Schritt ist ein Sturz, der rechtzeitig aufgefangen wird.« (Bei jedem Schritt stehen wir einen Moment lang auf einem Bein und kippen in Richtung eines Ungleichgewichts, doch ehe wir auf die Nase fallen, setzen wir den zweiten Fuß auf den Boden. Dabei handelt es sich um eine negative Rückkopplung, die vermutlich nicht angeboren, sondern erlernt ist.)

Negative Rückkopplung ist nicht unbedingt ein aktiver Prozess. Bei vielen Materialien handelt es sich um eine eingebaute Eigenschaft, die im Hookeschen Gesetz beschrieben wird. Werden diese Materialien gebogen, gedehnt, gedreht oder zusammengedrückt, wirkt eine Gegenkraft, die umso größer wird, je größer die Verformung ist. Wenn sich ein Stuhl verformt, weil wir uns auf ihn setzen, oder ein Balken nachgibt, weil er eine Brücke trägt, dann sind auch dies Beispiele einer negativen Rückkopplung.

Stabil oder instabil: Stühle, Schildkröten und Gömböcs

Die negative Rückkopplung sorgt für ein stabiles Gleichgewicht. Eine der Botschaften dieses Buchs ist, dass dieses Gleichgewicht zerstört werden und es zu Katastrophen kommen kann, wenn unkontrollierte Prozesse einsetzen. Um solche Katastrophen im Voraus erkennen und mit ihnen umgehen zu können, müssen wir den Punkt vorhersehen können, an dem ein System kippt. Physiker und Ingenieure bezeichnen diesen Punkt als instabiles Gleichgewicht – einen Moment, an dem winzige Veränderungen darüber entscheiden, in welcher Richtung es weitergeht. Das musste ich einmal schmerzhaft erfahren, als ich auf meinem Stuhl kippelte und einen kurzen Moment lang nicht aufpasste.

Solange ich mich nicht zu weit zurücklehnte, befand ich mich in einem stabilen Gleichgewicht – dank der negativen Rückkopplung, die sich quasi als Nebenprodukt der Newtonschen Bewegungsgesetze einstellt.

Mein Gewicht wirkte durch meinen Schwerpunkt nach unten. Nach dem Reaktionsgesetz drückt der Boden mit derselben Kraft nach oben: Der Boden gibt unter meinem Gewicht ein wenig nach und erzeugt über das Hookesche Gesetz eine Spannung und damit die erforderliche Gegenkraft.

Buchstäblich der Dreh ist, dass die nach oben und die nach unten wirkende Kraft nicht auf derselben Linie wirken. Die beiden Kräfte sind räumlich versetzt – es handelt sich um zwei parallele Kräfte, die in entgegengesetzten Richtungen wirken und gemeinsam ein Objekt drehen. Solange ich mich nicht allzu weit zurücklehnte, zogen die Kräfte den Stuhl wieder mit seinen vier Beinen zurück auf den Boden und damit in seinen Gleichgewichtszustand (Abbildung 6.1a).

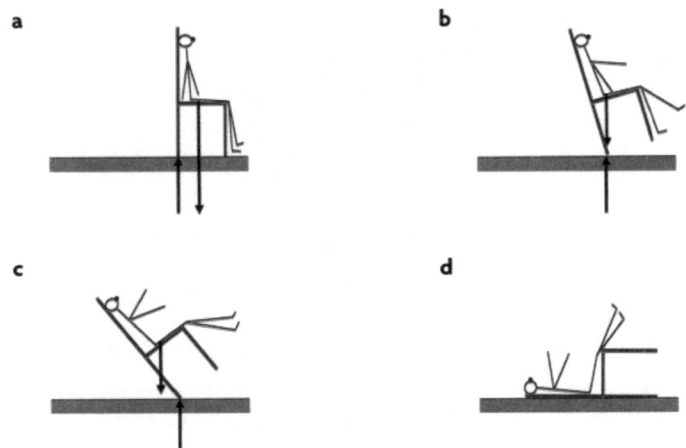

Abbildung 6.1 *Gleichgewicht: a) stabil, b) instabil, c) verloren, d) ein neues Gleichgewicht.*

Dieses Phänomen wird als Drehmoment bezeichnet. Als unser Physiklehrer in der Schule das Prinzip erklärte, fand er eine wunderbare Möglichkeit, unsere pubertierenden Instinkte anzusprechen: Je näher das Paar, desto geringer das Drehmoment, das auf den Hals wirkt.

Je weiter ich jedoch nach hinten kippelte, desto geringer wurde das Drehmoment, das das Gleichgewicht wiederherstellte. Irgendwann erreichte ich ein instabiles Gleichgewicht, in dem die nach oben und die nach unten wirkende Kraft auf einer Linie zusammenfielen (Abbildung 6.1b). Ahnungslos kippelte ich noch ein wenig weiter zurück. Nun bahnte sich eine Katastrophe an. Das Drehmoment wirkte nun in die andere Richtung und damit weiter weg vom ursprünglichen Gleichgewicht (Abbildung 6.1c)! Die positive Rückkopplung sorgte dafür, dass sich die Drehgeschwindigkeit erhöhte – je weiter ich nach hinten kippte, desto größer wurde das Drehmoment.

Viel zu schnell erreichte ich einen neuen Gleichgewichtszustand: auf dem Rücken liegend und mit Armen und Beinen rudernd wie eine umgedrehte Schildkröte (Abbildung 6.1d). Es gibt

Abbildung 6.2 *Der Gömböc. Das Material ist überall gleich dicht, das heißt, das Gleichgewicht wird nicht dadurch wiederhergestellt, dass irgendwo ein verborgenes Gewicht wirkt (links). Die Indische Sternschildkröte (rechts).*

allerdings Schildkröten, die sehr viel schneller und würdevoller wieder auf die Beine gekommen wären als ich, und zwar dank der ungewöhnlichen Form ihres Panzers. Eine davon ist die Indische Sternschildkröte, deren Panzer gewisse Ähnlichkeit mit einem unlängst entdeckten geometrischen Körper namens Gömböc hat. Dieser Gömböc ist ein Objekt mit konvexen Flächen, das sich aus fast jeder beliebigen Position selbst wieder »aufrichtet« und seinen Gleichgewichtszustand wiederherstellt (Abbildung 6.2).

Wenn Sie einen Gömböc auf eine waagrechte Fläche setzen, wackelt er so lange hin und her, bis er sein Gleichgewicht erreicht hat. (Ein Video dazu finden Sie unter http://www.youtube.com/watch?v=pn8iiyIALPw. Dort können Sie sich auch ansehen, wie die Schildkröte wieder auf die Beine kommt.) Der Gömböc richtet sich selbst wieder auf, weil dank seiner cleveren Form die Gewichtskraft immer seitlich versetzt zu ihrer Gegenkraft ist und ein Drehmoment wirkt, das den Körper wieder ins Gleichgewicht bringt. Wie Sie ihn auch hinlegen, aufgrund der negativen Rückkopplung richtet er sich immer wieder selbst auf. Genau wie die Schildkröte mit ihrem gömböcartigen Panzer.

Geistige Starre

Negative Rückkopplung ist allerdings nicht die einzige Möglichkeit, ein Gleichgewicht wiederherzustellen. Eine andere Möglichkeit besteht darin, eine starre Struktur zu schaffen, die kaum von ihrer ursprünglichen Position abweichen kann, wie die Brücke mit ihren starken Stützpfeilern, wie sie der schottische Verseschmied McGonagall empfahl. Oder der Bürostuhl eines meiner Kollegen im Labor, den wir am Boden festklebten, während er im Urlaub war.

Moderne Ingenieure schaffen nahezu starre Strukturen mithilfe von Gestängen, die ein Gleichgewicht zwischen Zug und Druck herstellen. Strukturen wie der Eiffelturm oder die geodätischen Kuppeln von Buckminster Fuller (Abbildung 6.3) können zwar auf spektakuläre Weise in sich zusammenfallen, wenn die Belastung zu groß wird, aber üblicherweise sind sie bemerkenswert stabil.

In Kapitel 8 vergleiche ich starre physische Strukturen mit dem Versuch mancher Gesellschaften, Stabilität durch ein Festhalten am Status quo zu gewährleisten. Dieses Phänomen lässt sich auch in der Wirtschaft und in Ökosystemen beobachten, doch der Ansatz hat seine Tücken. Lokal können sich nämlich Spannungen aufbauen und an unerwarteten Stellen Risse und Brüche bilden. Das konnte ich selbst feststellen, als ich einen Trick des berühmten Strafverteidigers Clarence Darrow nachmachen wollte.

Als der Staatsanwalt sein Plädoyer vor den Geschworenen hielt, sah es ganz so aus, als sollte Darrow seinen Fall verlieren. »An der Argumentation des Staatsanwalts gab es nichts zu rütteln«, erinnerte sich Oberrichter Louis B. Heller.

Als der Staatsanwalt mit seinem Plädoyer begann, zündete sich Darrow eine Zigarre an, in die er einen Draht gesteckt hatte. Von Zeit zu Zeit zog er daran, aber er streifte die Glut nie ab.

Die Asche wurde immer länger, und die Geschworenen starrten die ganze Zeit fasziniert auf seine Zigarre und warteten darauf, dass die Asche abfallen würde. Sie vergaßen den Staatsanwalt und konzentrierten sich nur noch auf Darrow. Natürlich fiel die Asche nie herunter, und Darrows Ablenkungsmanöver glückte.

Abbildung 6.3 *Eiffelturm, Paris (links). Blick auf die geodätischen Kuppeln des Eden Project, eines groß angelegten Botanischen Gartens und Umweltkomplexes in der Nähe von St. Austell in Cornwall (rechts).*

Als ich diesen Trick auf einer Party nachmachen wollte, wurde die Asche zwar durch den Draht am Herunterfallen gehindert, aber als sie länger wurde, brach sie auseinander, und zwischen den Röllchen kam der Draht zum Vorschein. Damit war mein Trick aufgeflogen. Später werden wir sehen, dass Märkte, Gesellschaften und Ökosysteme, die ihre Stabilität mit ähnlich rigiden Methoden aufrechterhalten wollen, genauso Schiffbruch erleiden können. Wenn es darum geht, langfristige Stabilität herzustellen, ist strenge Kontrolle nicht unbedingt das beste Rezept.

Umgekehrte Schwerkraft

Eine andere Idee stammt aus dem Ingenieurwesen: das künstliche Gleichgewicht. Anders als die negative Rückkopplung funktioniert es sogar, wenn es kein stabiles Gleichgewicht gibt. Es steckt hinter der modernen Variante des indischen Seiltricks.

Ich lernte das Phänomen kennen, als ich eine wissenschaftliche Radiosendung moderierte. Für diese Sendung surfte ich auf einem Tsunami, untersuchte, wie man am besten einen Ball schießt oder schlägt und ging der Frage nach, wie Gebäude in Erdbebengebieten gebaut sein müssen. Außerdem sah ich mir an, wie flexible Objekte wie Ketten, Seile oder umgekehrte Pendel in scheinbarem Widerspruch zu den Gesetzen der Schwerkraft stabil auf einem Ende aufgestellt werden können.

Ein Wissenschaftler namens A. Stephenson hatte bereits 1908 eine Lösung gefunden. Mehr weiß man offenbar nicht über den Mann. Er veröffentlichte einen Aufsatz im Jahrbuch der Literarischen und Philosophischen Gesellschaft von Manchester. Die Gesellschaft existiert nach wie vor, und ich fragte den gegenwärtigen Vorsitzenden, ob dieser A. Stephenson vielleicht ein entfernter Verwandter des Erfinders der Dampfmaschine sein könnte, aber das war leider nicht der Fall. Er tauchte nicht einmal in den Mitgliederlisten der Gesellschaft auf.

Dieser geheimnisvolle A. Stephenson fand heraus, dass sich eine Metallkette auf einem Ende balancieren lässt, wenn man den Untergrund mithilfe einer »erzwungenen Schwingung« zum Vibrieren bringt. Wenn man den Trick erst mal verstanden hat, ist er sonnenklar. Die Ursache ist eine »umgekehrte Schwerkraft« – der vibrierende Untergrund schafft eine vertikal nach oben gerichtete Kraft, die der Schwerkraft entgegenwirkt und größer ist als diese. Ein gutes Jahrhundert später setzte der Physiker Tom Mullin das Prinzip mit lose verbundenen Stäben um und führte es in meiner Radiosendung vor (Abbildung 6.4).

Der echte indische Seiltrick verlangt, dass ein flexibler Gegenstand, zum Beispiel ein Seil, aufrecht stehenbleibt. Wie das geht, führte Tom später mit einem Kabel vor (Abbildung 6.4 Mitte und rechts).

Das künstliche Gleichgewicht ist zwar ein kluger Trick, aber in der Praxis kaum umsetzbar, weil die Stärke und Geschwindigkeit der Vibration sowie die Länge und das Gewicht der Stäbe genau aufeinander abgestimmt sein müssen. Zur Stabilisierung großer physischer Strukturen lässt sich dieses Verfahren daher nicht einsetzen. Ich erwähne es hier auch nur der Vollständigkeit halber,

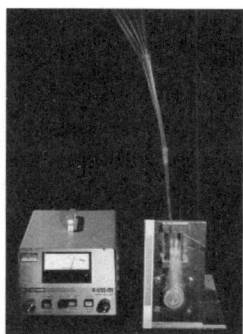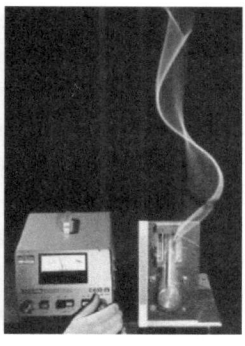

Abbildung 6.4 *Drei lose miteinander verbundene Stäbe bleiben aufgrund der vertikalen Vibration des Untergrunds aufrecht stehen (links). So sieht das Kabel aus, wenn der Apparat abgeschaltet ist (Mitte). Nun ist der Apparat eingeschaltet, der Untergrund vibriert vertikal und das Kabel steht aufrecht (rechts).*

weil es witzig ist und weil ich meine (wie wir in Kapitel 8 sehen werden), dass wir mit ähnlichen Prozessen einige Probleme der Stabilität in unseren komplexen Gesellschaften lösen könnten.

Das Gleichgewicht halten

Wenn wir das Gleichgewicht halten wollen, ist die negative Rückkopplung in der Regel die beste Wahl. Aber sie muss rasch erfolgen. Wenn Sie einen Stock auf der Handfläche balancieren, stellen Sie schnell fest, dass sich das Gleichgewicht eher halten lässt, wenn Sie immer wieder kleine Korrekturen vornehmen, statt zu warten, bis eine große Korrektur nötig ist, denn dann ist es meistens schon zu spät. Diese Erkenntnis liegt auch der Kontrolltheorie zugrunde, die der schottische Physiker James Clerk Maxwell 1868 aufstellte und die heute dank schneller Computer in vielen Bereichen zum Einsatz kommt.

Ein Beispiel ist der Tempomat in Ihrem Auto. Ein Sensor teilt Ihrem Bordcomputer mit, wie schnell Sie fahren. Der Computer vergleicht diesen Wert mit der eingegebenen Idealgeschwindigkeit und berechnet aufgrund der Differenz, ob er mehr oder weniger Benzin in den Motor einspritzen muss. Der letzte Schritt ist ein Signal des Computers an die Benzinpumpe, die beschleunigt oder gedrosselt wird, je nachdem, ob das Auto schneller oder langsamer werden soll. Dieser Regelkreis wird mehrmals pro Sekunde wiederholt, um eine ruckelfreie Fahrt zu gewährleisten. Weltraumingenieure verwenden ähnliche Schleifen, um ihre Raketen auf Kurs zu halten, und Fabriken benutzen das Prinzip, um die Leistung ihrer Fließbänder zu optimieren.

Eine beeindruckende Anwendung des Regelkreises ist das scheinbar unmögliche Gerät namens Segway – eine Art elektrischer Roller, der scheinbar alle Gesetze der Schwerkraft außer Kraft setzt und aufrecht fährt (Abbildung 6.5).

Aus wissenschaftlicher Sicht ist der Segway ein Pendel, das auf dem Kopf steht. Er fällt nicht um, weil ein Kreiselinstrument jede Abweichung von der Vertikalen sofort registriert und ein Signal an den eingebauten Computer schickt, der wiederum den Motor informiert. Dieser schließlich steuert die Räder so, dass das Gerät aufrecht stehen bleibt.

Segway-Hersteller Jimi Heselden kam bei einem unglücklichen Unfall ums Leben, als er bei der Erprobung seines neuesten Modells von einer Klippe stürzte. Daraufhin spekulierte die Presse, ob das Gerät vielleicht doch nicht so zuverlässig funktionierte wie versprochen. Tatsache ist, dass es fast unmöglich ist, mit einem Segway umzukippen. Das gelang nur George W. Bush. Auf YouTube ist ein Video dieses denkwürdigen Moments zu sehen, gleich neben dem Video eines Schimpansen, der problemlos mit dem Gerät umgeht. Aber es ging weniger um den Gleichgewichtssinn der beiden Hominiden. Offenbar hatte der damalige amerikanische Präsident einfach nicht begriffen, dass man das Gerät auch einschalten muss, damit es funktioniert.

Es würde dieses Buch sprengen, wenn ich die mathematischen und elektronischen Prinzipien der Regelkreise darstellen wollte, die im Segway verwendet werden. Doch ihre unsichtbare Hand stabilisiert viele Prozesse der modernen Welt, von Thermostaten

Abbildung 6.5 *Eine Reihe von Segways.*

in unseren Kühlschränken über die Verstärker unserer Stereoanlagen bis zu den Signalen unserer Fernsehsender. Das Prinzip ist immer dasselbe: Ein Signal wird gemessen, mit dem gewünschten Wert verglichen, die Differenz wird ermittelt und in eine Korrektur übertragen.

Mikrokosmos

Der Regelkreis erinnert stark an das Prinzip der negativen Rückkopplung, mit dem Forbes das Gleichgewicht der Natur erklärte. Der große Unterschied besteht darin, dass wir mithilfe der Kontrolltheorie das gewünschte Gleichgewicht selbst einstellen können, während das Gleichgewicht in der Natur durch die Rückkopplung selbst zustande kommt.

Für Forbes war der See eine Art menschliche Gesellschaft im Kleinen, die sich seiner Ansicht nach durch ähnliche eingebaute Prozesse der Selbstregulierung stabilisierte. Bereits mehr als ein Jahrhundert zuvor hatte der berühmte schottische Wirtschaftstheoretiker Adam Smith einen ähnlichen Gedanken, als er die Theorie aufstellte, dass auch kapitalistische Märkte ein natürliches, sich selbst regulierendes und optimales Gleichgewicht hätten, das durch die »unsichtbare Hand« der Konkurrenz aufrechterhalten würde.

Smith wandte diese Vorstellung auch auf die Demokratie und die freie Gesellschaft an und beschrieb das Eigeninteresse als entscheidende Kraft hinter der Stabilität: »Die jeweiligen Eigeninteressen der Einzelnen in der Gesellschaft interagieren und kontrollieren einander auf eine Weise, die der Gesellschaft als Ganzes nutzt ... und ein sensibles Gleichgewicht schafft.« Der Dichter Bernard de Mandeville kam schon zweihundert Jahre früher auf einen ähnlichen Gedanken und schrieb in seiner *Bienenfabel* zu Beginn des 18. Jahrhunderts : »Privates Laster ist gemeinschaftlicher Nutzen.«

Auf den ersten Blick klingen diese Theorien überzeugend. Sie erklären, wie komplexe Ökosysteme, Märkte und Gesellschaften dank der negativen Rückkopplungen über lange Zeiträume hinweg stabil bleiben. Das »private Laster« ist nichts anderes als angewandte Kontrolltheorie: Immer wenn wir feststellen, dass uns die Umstände vom erwünschten Gleichgewicht wegführen, stellen wir dieses wieder her. Auch Adam Smiths »unsichtbare Hand« funktioniert über negative Rückkopplungen, das Gleichgewicht zwischen Angebot und Nachfrage bestimmt den Preis, genauso wie der Fliehkraftregler die Geschwindigkeit von James Watts Dampfmaschine reguliert.

Aber lässt sich über diese Prozesse ein ideales Gleichgewicht herstellen, wie Smith und Forbes meinten und wie einige Leute bis heute behaupten? Einer davon ist *Newsweek*-Herausgeber Jon Meacham, der schrieb: »Die Demokratie ist ein vertrackter Prozess, doch die Geschichte lässt den Schluss zu, dass wir nach zahlreichen Fehlversuchen schließlich die richtige Antwort finden.«

Falsch. Die Geschichte lässt keinen solchen Schluss zu.

Die Geschichte lässt vielmehr den Schluss zu, dass die Entwicklung von Gesellschaften und Ökosystemen ein komplexer Prozess ist, der in gelegentlichen Schüben verläuft, und dass Phasen der Stabilität immer wieder von plötzlichen, dramatischen und unvorhergesehenen Übergängen in einen anderen Zustand beendet werden. Der Historiker Arnold Toynbee meinte daher, die Entwicklung von Gesellschaften verliefe im Siebenachteltakt. In vielen Zivilisationen werde eine erste Wachstumsphase durch ein »Ereig-

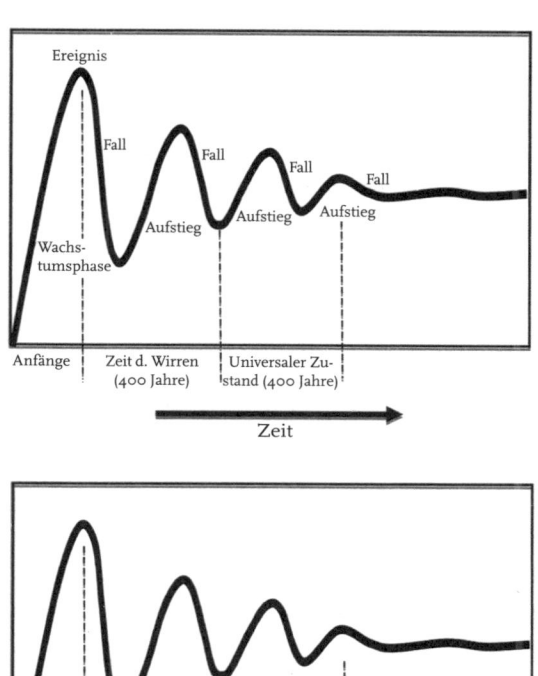

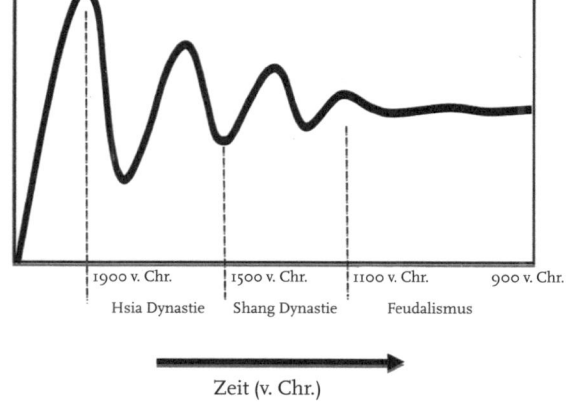

Abbildung 6.6 *Schematische Darstellung des Siebenachteltakts der Entwicklung von Zivilisationen (oben) und der Geschichte der chinesischen Zivilisationen am Gelben Fluss (unten). In beiden Fällen stellt die vertikale Achse den Entwicklungsgrad der Gesellschaft dar, gemessen an einer Reihe von Indikatoren.*

nis« beendet. Darauf beginne besagter Tanz im Siebenachteltakt, der ein Jahrtausend dauern kann: Fall ... Aufstieg ... Fall ... Aufstieg ... Fall ... Aufstieg ... Untergang (Abbildung 6.6).

Ähnliche Muster lassen sich in Finanzmärkten, Volkswirtschaften, zwischenmenschlichen Beziehungen und dem globalen Wetter beobachten, aber auch in der Entwicklung und Verbreitung von Arten und sogar Ideen. Sie gehen jedoch nicht allein auf die negative Rückkopplung zurück, sondern auf eine Mischung aus negativer Rückkopplung und unkontrollierten Prozessen wie positiver Rückkopplung. Dabei hält die negative Rückkopplung ein instabiles Gleichgewicht so lange aufrecht, bis die Umstände einen kritischen Übergang erreichen, ab dem die unkontrollierten Prozesse das Geschehen bestimmen.

Ein besonders dramatisches Beispiel für einen solchen kritischen Übergang war der Ausbruch des isländischen Vulkans Eyjafjallajökull am 14. April 2010, der den europäischen Flugverkehr zum Erliegen brachte. Im flüssigen Magma des Untergrunds hatte sich über einen langen Zeitraum hinweg Druck aufgebaut, bis ein Punkt erreicht war, an dem nur noch ein kleiner zusätzlicher Anstieg ausreichte, um den Deckel zu sprengen. Dieser Deckel bestand aus einem 500 Meter dicken Gletscher, und als dieser teilweise zu schmelzen begann und verdunstete, wurde der Wasserdampf zusammen mit dem feinen Glasstaub des Magmas als riesige Wolke über ganz Europa verteilt.

Der Vulkanausbruch war jedoch nicht der einzige kritische Übergang, der Island und seinen Nachbarn in jüngster Zeit zu schaffen machte. Am 9. Oktober 2008 brach die isländische Krone zusammen, die Banken des Landes erklärten sich für zahlungsunfähig, und Island war bankrott. Die Ursache waren zunehmende Zweifel der Anleger, dass die isländischen Banken das Geld würden zurückzahlen können, das sie mit hohen Zinsen ins Land gelockt hatten. Dieses Geld hatten die Banken auf Grundlage von optimistischen Prognosen weiterverliehen und keine ausreichenden Sicherheiten verlangt. Nun sollten sie zurückzahlen, wie so viele andere Banken während der Finanzkrise. Die Folge war ein eskalierendes Misstrauen und schließlich ein unkontrollierter Zusammenbruch.

Diese kritischen Übergänge haben erstaunliche Parallelen zu denen, die der Ökologe Marten Scheffer und seine Kollegen in flachen Seen beobachteten. Auch dort reicht eine winzige Veränderung der Bedingungen aus, damit der See von einem klaren in einen trüben Zustand umkippt. Diese Veränderung lässt sich nicht einfach rückgängig machen. Der ursprüngliche Zustand lässt sich nur durch einen neuen kritischen Übergang, also durch eine plötzliche Veränderung in die andere Richtung, wiederherstellen.

Ein ähnliches Phänomen lässt sich wieder und wieder in den verschiedensten Märkten beobachten. Wirtschaftswissenschaftler sprechen vom »Konjunkturzyklus« und neigen dazu, diesen als relativ ruhige Angelegenheit zu beschreiben. Meist handelt es sich jedoch eher um eine sogenannte punktualistische Entwicklung, wie sie die Paläontologen Niles Elredge und Steve Gould für die Evolution postulieren: Lange Phasen relativer Stabilität und allmählicher Veränderungen werden immer wieder durch kurze Phasen plötzlicher und dramatischer Veränderungen durchbrochen.

Der Artikel aus dem Jahr 1972, in dem Gould und Elredge diesen Begriff einführen, ist heute ein Klassiker. Umso weniger erfreut war Gould, als ich ihn nach einem Vortrag in London darauf hinwies, dass der englische Schriftsteller G.K. Chesterton den Terminus schon ein gutes Jahrhundert früher verwendet hatte.

Chesterton erfand seinen Begriff in einer Detektivgeschichte um seinen berühmten Helden Father Brown. Die Geschichte trägt den Titel »Das eigentümliche Verbrechen von John Boulnois« und weist in der Tat erstaunliche Ähnlichkeiten mit Goulds Entdeckung auf. Die Geschichte handelt von einem Professor der Universität Oxford, der »einige Schwachpunkte in der Evolutionstheorie« entdeckte und eine eigene Theorie namens »Katastrophismus« aufstellte, die »in Oxford für kurze Zeit Mode wurde«.

In Wirklichkeit hatte Chesterton nicht die geringste Ahnung von Naturwissenschaften und hatte sich die Theorie einfach aus dem Ärmel geschüttelt. Umso witziger fand ich die Parallelen zu Goulds Theorie, doch Gould konnte offenbar überhaupt nicht darüber lachen. Ich schickte ihm eine Kopie der Kurzgeschichte und hörte nie mehr von ihm.

Die Theorie des Punktualismus von Elredge und Gould sollte zu einem wichtigen Strang der Evolutionstheorie werden. Auch die Sozialwissenschaften erklären mit ihrer Hilfe Phänomene wie Wandel in Unternehmen, die Verbreitung neuer Technologien und die Dynamik der Umweltpolitik. Aber wieso stellt sich dieses »punktualistische Gleichgewicht« in der Natur und der Gesellschaft so häufig ein? Woher kommen die plötzlichen Sprünge?

Man muss kein Genie sein, um zu dem Schluss zu kommen, dass diese Sprünge an dem Punkt einsetzen, an dem unkontrollierte Prozesse wie die positive Rückkopplung überhandnehmen. Aber wie kommt es dazu? Wie sieht das Zusammenspiel von positiven und negativen Rückkopplungen in komplexen Systemen aus? Wichtiger noch, wie können wir vorhersagen, wann diese positiven Rückkopplungen, die so oft in eine Katastrophe münden, stärker werden als die ausgleichenden negativen Rückkopplungen, die uns die beruhigende Illusion einer langfristigen Stabilität vermitteln?

Die ersten Antworten fanden Physiker und Mathematiker Anfang der 1970er-Jahre, als sie ihr Augenmerk auf die großen Probleme in der Biologie richteten und das Gleichgewicht beziehungsweise den Zusammenbruch von Ökosystemen untersuchten. Dabei stellte sich heraus, dass die Antwort selbst in den einfachsten Fällen alles andere als einfach war. Ich stieß auf das Thema durch einen sonderbaren Artikel in der renommierten Fachzeitschrift *Nature*, der sich mit der Ökologie von Drachen beschäftigte.

Teil 3

Die Wissenschaft
der Vorhersage

7. Die chaotische Ökologie der Drachen

> Misch dich nicht in die Angelegenheiten von Drachen ein,
> denn du bist knusprig und schmeckst mit Ketchup lecker.
>
> ANONYME WARNUNG

Mit seinen verschmitzten Anspielungen auf aktuelle Umwelt- und Artenschutzprobleme wurde der Artikel »The Ecology of Dragons« unter Ökologen zum Kultklassiker. Der Autor wollte in seinem Artikel zeigen, wie eine Art erst zur Weltherrschaft aufstieg, nur um dann mit einem Mal zu verschwinden. Staunend las ich, dass Drachen derselben Gattung angehören wie Zentauren und Engel; dass sie bis zu zehntausend Jahre alt wurden; dass einer der Drachen, den Papst Sylvester um das Jahr 350 hielt, täglich bis zu 6000 Menschen verspeiste und dass das Chaos, das die Drachen anrichteten, schließlich im 18. Jahrhundert in eine Katastrophe mündete, nach der sie ausstarben.

Der Autor mutmaßte, die Drachen könnten durch kommerzielle Ausbeutung zugrunde gegangen und möglicherweise ein Opfer der Pharmaindustrie geworden sein. Vor allem Drachenköpfe waren besonders gesucht, weil sie Drakonite enthielten – Edelsteine, die Epilepsie heilten, das Leben verlängerten, unbesiegbar machten und nebenbei noch als Feuerwerkskörper verwendet werden konnten. Auch das Drachenblut war sehr gesucht, da man Gold darin auflösen und es in heißen Klimaten als Kühlflüssigkeit verwenden konnte.

Daher wurden die Drachen in großer Zahl getötet. Auf der Insel Rhodos galten sie jedoch als geschützte Art, hier erließ der

König im Jahr 1345 ein Gesetz, das es Rittern ausdrücklich verbot, einen der einheimischen Drachen zu töten (Beobachter meinen allerdings, dieses Gesetz könne eher zum Schutz der Ritter als dem der Drachen erlassen worden sein).

Als andere mögliche Erklärung für das Aussterben der Drachen führte der Autor an, dass der Nachschub an mittelalterlichen Rittern, der wichtigsten Nahrungsquelle der Drachen, versiegte. Nach dem Ausbleiben der Ritter verhungerten die Drachen schließlich. (Man liest oft, Drachen fingen und fraßen Jungfrauen, doch das ist falsch. Wie Holger Jannasch vom Ozeanografischen Institut Woods Hole klarmacht, fraßen Drachen nur wenige der gefangenen Jungfrauen, sondern legten sie vielmehr als Köder für die Ritter aus, die ihre eigentliche Lieblingsnahrung waren.)

Der Autor dieses Artikels war kein anderer als mein früherer Bridgepartner Robert May (heute Lord Robert), der in unseren Zockertagen der aufsteigende Stern am Himmel der Physikalischen Fakultät der Universität von Sydney gewesen war. Ich war beeindruckt, dass er sich inzwischen zum Professor für Zoologie in Princeton gemausert hatte – allerdings nicht aufgrund seiner Drachenforschung, sondern weil er als einer der Ersten zeigte, wie sich ökologische Fragestellungen mithilfe von mathematischen Modellen verstehen ließen.

Die Lektüre seines Artikels machte mich neugierig, und damit ging es mir wie vielen anderen. Fasziniert las ich, wie May mithilfe der Mathematik eine Frage beantworten wollte, die Stephen Forbes aus dem Bauch heraus angegangen war: Was ist das langfristige Ergebnis einer dynamischen Interaktion zwischen verschiedenen Populationen von Organismen in einem Ökosystem? Ließ sich das Verhältnis zwischen Drachen und Rittern mit mathematischen Mitteln darstellen? Ließ sich beispielsweise ein Szenario beschreiben, in dem die Ritter alle Drachen ausrotteten? Oder die Drachen alle Ritter auffraßen und an Nahrungsmangel starben? Oder beide Populationen in einem langfristigen Gleichgewicht nebeneinanderher existierten?

Dem ging vor zwei Jahrhunderten Hochwürden Thomas Malthus nach, der als englischer Landpfarrer Zeit und Muße hatte, sich mit der Frage zu beschäftigen, was passierte, wenn die Menschheit immer weiter wuchs. Da er in Cambridge Mathematik studiert hatte, fiel ihm die Antwort nicht schwer: Da die Bevölkerung schneller wuchs als die Nahrungsvorkommen, war das unvermeidliche Schicksal der Hungertod.

Malthus fasste seine Überlegungen in einem Aufsatz mit dem Titel »Das Bevölkerungsgesetz« zusammen, den er 1798 veröffentlichte. Wie jeder gute Mathematiker stellte er seine Annahmen voran: »Ich denke, ich kann mit Sicherheit zwei Dinge postulieren. Erstens, dass Nahrungsmittel für das Leben der Menschheit unerlässlich sind. Und zweitens, dass die Leidenschaft zwischen den Geschlechtern notwendig ist und fortbestehen wird.«

Damit ging er zum mathematischen Teil über: »Wenn die Bevölkerung nicht kontrolliert wird, wächst sie exponentiell. Die Nahrungsvorkommen nehmen dagegen nur linear zu. Wer auch nur in Grundzügen mit der Mathematik vertraut ist, erkennt den gewaltigen Unterschied zwischen der ersten und der zweiten Wachstumsrate.« Daher kam er zu dem Schluss: »Das Bevölkerungswachstum übersteigt die Kapazität der Erde, den Menschen zu ernähren, um ein Vielfaches.«

Das Malthussche Gesetz beschreibt, was passiert, wenn die Bevölkerung von Jahr zu Jahr und von Generation zu Generation um denselben Faktor wächst. Für Malthus und seine Anhänger bedeutete dieses Gesetz, dass der Menschheit eine Katastrophe bevorstand, da das Bevölkerungswachstum mit jeder Generation immer größer und die Wachstumskurve immer steiler wird, wie wir in Abbildung 7.1 sehen können.

Diese Kurve wird als exponentielle Wachstumskurve bezeichnet. Sie beschreibt den Prozess einer unkontrollierten positiven Rückkopplung, in dem die Wachstumsrate von der Größe der Bevölkerung abhängt: Je größer die Bevölkerung, umso schneller wächst sie.

Die Nahrungsvorkommen konnten nach Ansicht von Malthus nicht mit diesem Wachstum mithalten. Daher kam er zu dem deprimierenden Schluss, dass die Bevölkerung so lange wachsen werde, bis die Geburtenrate gleich der Sterberate durch Verhungern war.

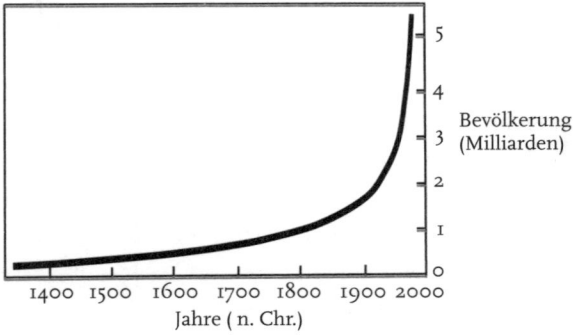

Abbildung 7.1 *Bevölkerungswachstum in den vergangenen sechs Jahrhunderten.*

Wenn wir das Wachstum der Bevölkerung nicht freiwillig einschränken, so Malthus, dann wächst sie so lange weiter, bis sie einen Punkt erreicht, an dem die Menschheit nicht mehr ernährt werden kann. An diesem Punkt wirken die Kräfte der Natur dahin, die Bevölkerung wieder zu reduzieren, und diese Kräfte werden umso stärker, je größer der Bevölkerungsüberschuss wird. Mathematisch gesprochen handelt es sich bei diesem Prozess um eine negative Rückkopplung.

Das Bevölkerungswachstum wird also durch eine Mischung aus positiven und negativen Rückkopplungen kontrolliert. Die Auswirkungen dieser Prozesse können prinzipiell dazu verwendet werden, in die Zukunft zu blicken und mögliche Katastrophen zu erkennen.

In seiner Gleichung verwendete Malthus nur die positive Rückkopplung. Der belgische Mathematiker Pierre François Verhulst fügte dieser Gleichung 1838 ein Element der negativen Rückkopplung hinzu und stellte eine Gleichung auf, die heute unter dem Namen »logistische Differentialgleichung« bekannt ist. (Mathematiker bezeichnen diese Art der Gleichung als »nichtlinear«. Ich habe diesen Begriff im Text vermieden, doch für Wissenschaftler ist genau hier der Knackpunkt, da sich die Variablen der Gleichung nicht einfach proportional zueinander verändern. Wie wir gleich noch sehen werden, können die sonderbarsten Dinge passieren.)

Diese Gleichung lässt sich als einfache Formel aufstellen. Die größte zu ernährende Population wird als p_{max} bezeichnet. Die Bevölkerung wächst so lange, bis sie diesen Punkt erreicht. Wenn p_n die n-te Generation ist und p_{n+1} die jeweils folgende, dann sieht Verhulsts Gleichung so aus:

$$(p_{n+1}/p_{max}) = r \times (p_n/p_{max}) \times (1-p_n/p_{max})$$

Dabei ist r die Wachstumsrate der Bevölkerung (wenn sich die Bevölkerung beispielsweise jede Generation verdoppelt, ist $r = 2$).

So lange die Bevölkerung, also p_n, klein ist, bleibt das Ergebnis der letzten Klammer (die die negative Rückkopplung darstellt) ungefähr bei 1, und die Gleichung reduziert sich auf:

$$(p_{n+1}/p_{max}) = r \times (p_n/p_{max})$$

Das ist die algebraische Darstellung des exponentiellen Wachstums, von dem Malthus sprach. Wenn sich die Bevölkerung jedoch der Obergrenze nähert, geht $(1-p_n/p_{max})$ immer weiter gegen null, das Wachstum verlangsamt sich mit jeder nachfolgenden Generation, und die Bevölkerung pendelt sich bei dieser Obergrenze ein. Dank der negativen Rückkopplung ist aus der exponentiellen Wachstumskurve eine elegante, einfache und vor allem verständliche Sigmoidkurve geworden (Abbildung 7.2).

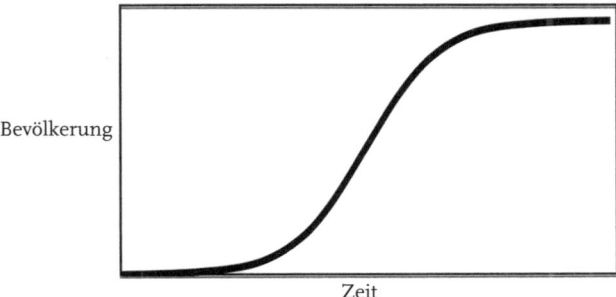

Abbildung 7.2 *Klassische Sigmoidkurve der Bevölkerungsentwicklung.*

Organisiertes Chaos

Doch die Einfachheit trügt, wie Robert May Anfang der 1970er-Jahre herausfand, als er die Gleichung durchrechnete. Je größer der Wert war, den er für die Wachstumsrate r einsetzte, umso steiler wurde die Kurve. Wenn sich die Bevölkerung von Generation zu Generation verdoppelte, wurde sie steil, und wenn die Bevölkerung sich verdreifachte, sehr steil. Aber als die Wachstumsrate r größer wurde als 3, spuckte die vermeintlich so einfache Gleichung plötzlich verrückte Ergebnisse aus. Wie in Abbildung 7.3 zu sehen, ergab sich nun nicht *ein* stabiles Gleichgewicht, sondern *zwei*, zwischen denen die Ergebnisse hin und her sprangen.

Die Gleichung sagte mit anderen Worten eine Folge von »Boom-and-Bust«-Zyklen vorher, wie sie in der Natur so oft zu beobachten sind. Üblicherweise werden diese Zyklen durch die Einwirkung von äußeren Faktoren erklärt, zum Beispiel durch Veränderungen in der Umwelt oder in der Verfügbarkeit von Nahrung. Diese Gleichung lässt jedoch vermuten, dass die Dynamik des Bevölkerungswachstums diese »Boom-and-Bust«-Zyklen bereits eingebaut hat. Eine wachsende Population könnte so erfolgreich sein, dass ihr Untergang bereits vorprogrammiert ist. Aber zum Glück war zumindest in dieser Formel im Fall auch schon der neue Aufstieg angelegt.

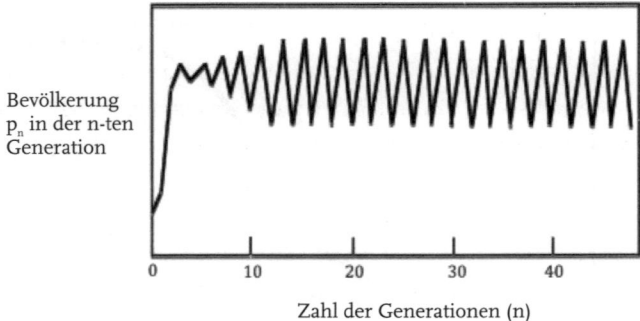

Abbildung 7.3 *Ausschläge der Maximalbevölkerung zwischen aufeinanderfolgenden Generationen für r = 3,3.*

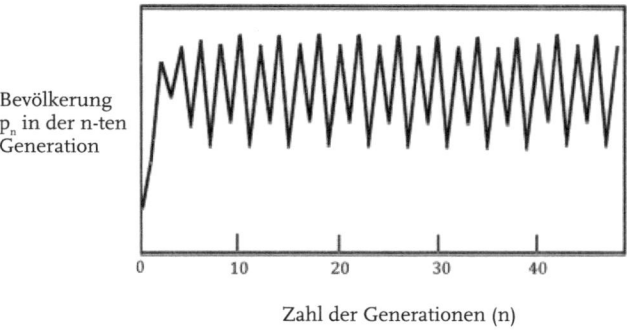

Bevölkerung p_n in der n-ten Generation

0   10   20   30   40

Zahl der Generationen (n)

Abbildung 7.4 *Bevölkerungsausschläge für r = 3,5.*

Doch es kam noch schlimmer. Als May die hypothetische Wachstumsrate weiter steigerte, sprang die Population plötzlich zwischen vier Werten hin und her (Abbildung 7.4) und schließlich zwischen acht.

Ab einer Wachstumsrate von rund 3,5699 (dem sogenannten Häufungspunkt) sprangen die Werte derart chaotisch hin und her, dass May eine verzweifelte Nachricht am Schwarzen Brett der Physikalischen Fakultät aufhängte: »Was zum Teufel passiert, wenn Lambda [ein mathematisches Maß der Stabilität, das ich hier als r bezeichnet habe] größer wird als der Häufungspunkt?« Ganz einfach. May hatte entdeckt, wie aus ganz einfachen Regeln Chaos entstehen kann – eine Schlussfolgerung, die er in einem bahnbrechenden Artikel darstellte.

Der Artikel löste eine Revolution aus und war eine der wichtigsten mathematischen Grundlagen für die Chaostheorie. May machte klar, dass sich mit Gleichungen wie dieser auch das Verhältnis von Warenangebot und Preis, Konjunkturzyklen, die Ausbreitung von Krankheiten oder Lernprozesse darstellen ließen. Tatsächlich kam sie in diesen Bereichen zur Anwendung. Die größten Auswirkungen hatte sie jedoch auf die Ökologie, und seither wird die Mathematik vermehrt zur Beschreibung von ökologischen Problemen herangezogen.

Verhulsts Bevölkerungsgleichung war erst der Anfang. Es war

eine denkbar einfache nichtlineare Gleichung, in der eine positive und eine negative Rückkopplung im Tandem wirken. Mays Artikel wies auf ein Problem hin, das Theoretiker bis heute nicht in den Griff bekommen haben: Wenn derart einfache Gleichungen derart komplizierte Lösungen haben und derart sensibel auf Ausgangsbedingungen reagieren, wie können wir dann im wirklichen Leben, wenn zahlreiche positive und negative Rückkopplungen wirken, jemals zuverlässige Vorhersagen treffen?

Eines war klar: Die richtige Gleichung zu finden war erst der Anfang. Die Vorhersage der Interaktionen war der kompliziertere Teil. Glücklicherweise hatte das Zeitalter der Computer begonnen. Bei der Vorhersage sind Computersimulationen heute unentbehrlich geworden.

Ein erstes überraschendes Ergebnis der Simulationen war, dass natürliche Ökosysteme nicht nur *einen* stabilen Zustand einnehmen können, wie Forbes meinte, sondern mehrere. Die Simulationen zeigten außerdem, dass ein System in jeden dieser Zustände übergehen kann und dass die Entscheidung für den einen oder anderen offenbar eher eine Frage des Zufalls war.

John Sutherland von den Meereslabors der Duke University in Beaufort Inlet in North Carolina war einer der ersten Wissenschaftler, der diese Annahme in realen Ökosystemen bestätigte. An der Küste in der Nähe seines Labors wachsen Polypen, Manteltiere, Moostierchen und Schwämme. Sie gedeihen dort auf den Felsen und dem Wrack von *Queen Anne's Revenge,* dem Flaggschiff des Piraten Blackbeard, das vor Fort Macon in 7 Meter Tiefe liegt.

Um zu untersuchen, wie diese Gemeinschaften entstanden, erfand Sutherland ein elegantes Experiment. Er hängte einige nicht glasierte Keramikfliesen in dreißig Zentimeter Tiefe unter dem Steg des Labors auf und wartete. Schon bald entdeckten die Larven verschiedener Arten die Fliesen, hafteten sich fest und wuchsen. Auf einigen Fliesen ließen sich zunächst ausschließlich Manteltiere nieder, auf anderen nur Schwämme. Schließlich wurden alle von einer Mischung von Arten besiedelt, die im Laufe der Zeit ein zahlenmäßig stabiles Verhältnis einnahmen.

Dieses Verhältnis war jedoch auf jeder Fliese ein anderes, obwohl die Umweltbedingungen mehr oder weniger identisch waren. Das endgültige Verhältnis hing in jedem Fall davon ab, welche Larven als Erste angekommen waren. Die Fliesen näherten sich keinem Verhältnis an, das allen gemeinsam gewesen wäre. Wenn es tatsächlich so etwas geben sollte wie ein »Gleichgewicht der Natur«, dann muss es offenbar mehrere davon geben.

Stellen Sie sich einen Flipperautomaten mit einem welligen Untergrund mit vielen Tälern und Hügeln vor. Wenn Sie die Kugel einschießen, wird sie erst willkürlich durch den Raum katapultiert (die »Zufälle der Geschichte«), rollt die Hügel hinauf und hinunter und bleibt schließlich in einem der Täler liegen (von denen jedes ein mögliches Gleichgewicht darstellt). Wenn Sie gegen den Flipper schlagen (eine kleine Störung des Gleichgewichts), rollt die Kugel ein wenig hin und her, aber sie bleibt in ihrem Tal. Wenn Sie den Flipper kippen (was zum Beispiel einer Naturkatastrophe entsprechen würde), dann entkommt die Kugel, rollt weiter und landet in einem anderen Tal.

Dieser Vergleich ist nicht allzu wörtlich zu verstehen, er soll lediglich das Verständnis erleichtern. Wissenschaftler bezeichnen die Täler als »stabile Zustände«. Die Obergrenze der Bevölkerung, wie sie Verhulsts Gleichung vorhersieht (Abbildung 7.2), ist ein Beispiel für einen solchen stabilen Zustand.

Mathematiker wiederum sprechen von »Attraktoren«, was naheliegt, da das System zu ihnen hingezogen wird. Komplexe Systeme wie Märkte, Gesellschaften und Ökosysteme können mehrere solcher Attraktoren haben. Kritische Übergänge ereignen sich unter Bedingungen, in denen das System leicht von einem zum anderen Attraktor wechselt und von einem stabilen Zustand in einen anderen übergeht. In unserem Flipper sind diese Bedingungen gegeben, wenn die Kugel auf einem Hügel oder in einem Sattel zwischen zwei Hügeln liegt.

In der wirklichen Welt reicht manchmal schon ein ganz einfaches Ereignis aus, um den Übergang von einem stabilen Zustand in einen anderen anzustoßen – zum Beispiel ein Blick in den Spiegel. Als meine Tochter noch ein Kind war, hatte sie als Haustier einen Pfau, dessen dauerndes Gekreische uns an den

Rand des Wahnsinns trieb. Irgendwann schenkten wir den Pfau unserem Nachbarn – in Wirklichkeit handelte es sich nicht um ein Geschenk, sondern um eine Rache für eine längst vergessene Kränkung. Doch die erwünschte Wirkung blieb aus. Unser Nachbar setzte dem Pfau einen Spiegel vor und schaffte so den Übergang von einem schreienden in einen stillen Zustand – der Vogel betrachtete sich nun den ganzen Tag im Spiegel.

Auch in anderen Situationen können Spiegel wahre Wunder bewirken. In Gefangenschaft brüten Flamingos nur, wenn ihre Zahl und Dichte eine kritische Schwelle überschreiten. Vor einigen Jahren sank die Zahl der Tiere im Taronga Zoo von Sydney unter diese Schwelle, und es sah ganz so aus, als wären sie zum Aussterben verdammt. Dann hatte einer der Wärter eine Idee. Er stellte um das Flamingogehege große Spiegel auf, um den Tieren einen großen Schwarm vorzugaukeln. Die Vögel fielen darauf herein, vermehrten sich, und schon bald waren die Spiegel nicht mehr nötig.

Die Situation der Flamingos wird als Allee-Effekt bezeichnet: Eine Population wächst, solange sie sich oberhalb einer kritischen Schwelle befindet, aber sobald sie darunter liegt, bricht sie zusammen. Dieser Effekt ist nicht nur im Tierreich bekannt. Er trifft auch auf Regenwälder zu, auf Pflanzen in einer unwirtlichen Umwelt (wo die kritische Dichte nötig sein kann, um das erforderliche Mikroklima herzustellen) und selbst auf Wissenschaftler, die auf die Zusammenarbeit mit Kollegen angewiesen sind. (Die Architekten des neuen Physiklabors in Cambridge hatten offenbar vor, mit ihrer Planung dem Allee-Effekt zu begegnen. Die Räume und Gänge sind so angeordnet, dass Wissenschaftler ständig mit ihren Kollegen zusammenrempeln, wenn sie aus der Tür ihres Büros oder Labors kommen.)

Im Falle des Allee-Effekts sind die beiden stabilen Zustände Vermehrung und Aussterben. Ähnlich extrem sind die Alternativen bei der sogenannten Eis-Albedo-Rückkopplung und deren Auswirkungen auf die Oberflächentemperatur der Erde, die weitgehend davon bestimmt wird, welcher Anteil der Wärmestrahlung der Sonne absorbiert und welcher wieder ins All zurückgeworfen wird. Das hängt nämlich davon ab, wie hell die Erdoberfläche ist. Je mehr von Eis und Schnee bedeckt ist, umso mehr Sonnenstrahlung wird ins All zurückreflektiert, und umso kälter wird die Oberfläche, was zur Bildung von mehr Eis und Schnee führt. Wenn andersherum Eis und Schnee schmelzen, wird die Erdoberfläche dunkler, nimmt mehr Wärme auf und erwärmt sich, was zu weiterer Schmelze führt. Das ist nur einer der Prozesse, der unser Klima beeinflusst (siehe Kapitel 10), und ein gutes Beispiel für den Allee-Effekt mit seinen beiden möglichen stabilen Zuständen.

Wenn wir zum Beispiel mit dem Flipperautomaten zurückkommen, ist der Allee-Effekt eine Situation, in der die Kugel auf einem Hügel liegt und durch einen leichten Stoß in eines der beiden Täler rollen kann. Dieser Vergleich hat jedoch seine Grenzen: Das Tal könnte nämlich nicht nur ein einfacher Attraktor sein (indem die Kugel einfach ins Tal rollt und dort liegen bleibt), sondern ein »seltsamer Attraktor« (das heißt, die Kugel würde im Tal hin und her rollen und nie an einem Punkt liegen bleiben). Dieses Bild trifft schon eher auf Ökosysteme zu, deren »Stabilität« eine dynamische Entwicklung durch eine Reihe ähnlicher, aber nicht identischer Zustände ist.

Zum Glück sind derart komplizierte Vergleiche (und die damit einhergehende Mathematik) gar nicht nötig, um das Grundprinzip der Vorhersage von kritischen Übergängen zu verstehen. Wir müssen nur wissen, wo sich im wirklichen Leben die Hügel befinden. Einer meiner persönlichen Hügel war die Begegnung mit meiner Frau, die ich durch eine Reihe glücklicher Umstände bei einem Vortrag in England kennenlernte. Danach boten sich uns zwei mögliche stabile Zustände an: Wir hatten die Wahl, entweder in England oder in Australien zu leben. Aufgrund kleinerer Zufälle entschieden wir uns zunächst für England, aber heute springen wir zwischen beiden Ländern hin und her.

Diese Geschichte unterstreicht ein weiteres Manko des Flipper-Vergleichs: Die Maschine hat eine fest vorgegebene Landschaft, aber Ökosysteme, Märkte oder Gesellschaften sind natürlich nicht statisch. Ihr Profil verändert sich im Laufe der Zeit, und wo eben noch ein tiefes Tal war, kann jetzt schon ein Berg sein. Eine Kugel, die sicher in einer Talsohle ruhte, kann plötzlich auf einem Hügel liegen, und ein kleiner Schubs kann schon genügen, um sie in eines der benachbarten Täler zu befördern. Wie der Allee-Effekt zeigt, kann eines dieser Täler ein angenehmes Gleichgewicht darstellen und ein anderes eine Katastrophe.

Wie können wir vorhersehen, wann wir einem solchen Übergang gefährlich nahe kommen? Die Antwort sind Modelle – vereinfachte Bilder, die uns helfen, das Wesentliche einer Situation zu erfassen und die Komplexität zu verstehen. Was wir sehen, hängt jedoch von der Art des Modells ab, das wir verwenden. In den folgenden drei Kapiteln wollen wir uns drei Ansätze ansehen: die *Katastrophentheorie*, die unserer Vorstellungskraft durch Bilder auf die Sprünge hilft; *Computermodelle*, die uns helfen, die Entwicklung komplexer Situationen zu verstehen; und die *Früherkennung kritischer Übergänge*, wodurch wir wie die Kröten bevorstehende Katastrophen erkennen und auf sie reagieren können. Diese drei Ansätze haben Vieles gemeinsam, aber sie lassen sich vereinfacht so beschreiben:

Die Katastrophentheorie ist die Wissenschaft des Flipperautomaten mit dem welligen Untergrund. Es handelt sich im Grunde um eine mathematische Theorie, doch sie findet auch außerhalb der Mathematik ihre Anwendung, weil sie Bilder liefert, mit deren Hilfe wir das Eintreten und die Folgen von kritischen Übergängen intuitiv verstehen können. In Kapitel 8 sehen wir uns an, wie wir mithilfe dieser Bilder Erscheinungen wie die Hassliebe, exzessiven Alkoholkonsum und eine Reihe anderer Phänomene verstehen können.

Computermodelle ermöglichen Experten, die Entwicklung der verschiedensten Situationen zu prognostizieren, angefangen von zwischenmenschlichen Beziehungen über die wirtschaftliche Konjunktur bis hin zur Zukunft des globalen Ökosystems. Einige dieser Modelle gehen von der Katastrophentheorie aus, aber das ist keineswegs der einzige Ansatz. In Kapitel 9 sehen wir uns an, wie diese Modelle funktionieren und wie wir geniale Vorhersagen von Scharlatanerie unterscheiden können.

Die *Früherkennung kritischer Übergänge* hat ihren Ursprung wiederum in Computermodellen, aber im Grunde benötigen wir dazu keine Computer. In Kapitel 10 sehen wir uns an, welche Warnsignale erkannt wurden und wie wir diese Erkenntnisse im Alltag anwenden können. Irgendwann sind wir mit ihrer Hilfe vielleicht in der Lage, Katastrophen fast so gut vorherzusagen wie die Kröten.

8. Am Rande des Abgrunds

Alles, was einer stetigen Veränderung unterliegt,
sei es in der Geschichte oder der Natur,
bewegt sich auf eine Katastrophe zu.

SUSAN SONTAG, *Aids und seine Metaphern* (1990)

Die Katastrophentheorie bietet eine Möglichkeit, Katastrophen in verschiedene Kategorien einzuteilen und bildhaft darzustellen. Damit hilft sie uns, die Eigenschaften von Katastrophen besser zu verstehen, ein Gespür für ihre Entstehung und ihre Ursachen zu bekommen und über Lösungen nachzudenken. Nachdem die Theorie Anfang der 1970er-Jahre von dem französischen Mathematiker René Thom aufgestellt worden war, weckte sie ähnlich gewaltiges Interesse wie Einsteins Relativitätstheorie Anfang des 20. Jahrhunderts. Wie diese nahm sie sich einer großen Frage an, bot eine neue, originelle Antwort und machte einen gewaltigen intellektuellen Sprung. Wie im Falle der Relativitätstheorie schien die Botschaft bereits im vielsagenden Namen zu stecken. Und wie im Falle von Einsteins Theorie führte der Name aufs Glatteis.

Laien meinen bis heute, die Relativitätstheorie besage, dass alles relativ sei. In Wirklichkeit handelt es sich nicht um eine, sondern um zwei Theorien – die spezielle und die allgemeine Relativitätstheorie –, aber keine von beiden kommt zu diesem Schluss. Die spezielle Relativitätstheorie besagt, dass wir die Geschwindigkeit des Lichts immer gleich wahrnehmen, egal wie schnell wir uns von der Lichtquelle weg- oder auf sie zubewegen. Und die allgemeine Relativitätstheorie beschreibt die Schwerkraft als eine Funktion der Raumzeit.

Die Schlussfolgerungen aus beiden Theorien der Relativität haben unser Bild der Welt erheblich verändert, vor allem die philosophische Vorstellung der Gleichzeitigkeit und, etwas praktischer, unser Verständnis des Zusammenhangs von Masse und Energie, was schließlich die Entwicklung der Atombombe erst ermöglichte. Um die Art von Katastrophe, wie sie ein Atomkrieg bedeuten würde, geht es in der Katastrophentheorie jedoch nicht.

Die Katastrophentheorie beschäftigt sich nämlich nicht nur mit Katastrophen, sondern vor allem mit den kritischen Übergängen, wie wir sie in diesem Buch kennengelernt haben. Dazu gehören zwar auch Ereignisse, die wir umgangssprachlich als Katastrophen bezeichnen, aber eben nicht nur. Thoms Theorie erlaubt uns, diese kritischen Übergänge grafisch darzustellen, und diese Grafiken lassen sich auch verstehen, wenn man keine Ahnung von der zugrunde liegenden Mathematik hat.

Die mathematische Erklärung ist tief in Thoms Buch *Stabilité structurelle et morphogénèse* vergraben. Ich habe mir das Buch sofort gekauft, als es 1975 in englischer Übersetzung erschien. Die Katastrophentheorie erschien mir damals als die Avantgarde der Wissenschaft. Ich wollte dabei sein, zumal Thom verkündete, sein Buch sei der geistige Nachfolger von D'Arcy Thompsons *Über Wachstum und Form* aus dem Jahr 1917. Thompsons Buch war ein Klassiker und ein unentbehrliches Nachschlagewerk für alle, die sich mit dem Verhältnis von Form und Funktion bei biologischen Organismen beschäftigten. Ich hoffte, in Thoms Buch neue Antworten zu finden.

Doch als ich mit der Lektüre begann, verstand ich nur Bahnhof. Das Buch zog alle mathematischen Register, aber mir war schleierhaft, was es mit der Biologie zu tun haben sollte. Ich war allerdings nicht der Einzige, dem es so ging. Auch Francis Crick, der immerhin den Nobelpreis gewann und bei seiner Entschlüsselung der DNA-Struktur tief in die mathematische Trickkiste griff, hatte dieselben Schwierigkeiten wie ich. In seiner Autobiografie aus dem Jahr 1988 schrieb er: »In meinen Augen war René Thom ein guter, aber vor allem ein arroganter Mathematiker, dem es zuwider war, seine Ideen so darzustellen, dass sie auch ein Nichtmathematiker

Abbildung 8.1 *Spitze auf der Oberfläche von Milch in einem Topf.*

verstand [...] Er hatte seine eigenen Vorstellungen von der Biologie, und ich fürchte, dass er mit seinen biologischen Gedanken vollständig danebenlag.«

Glücklicherweise war der englische Mathematiker Christopher Zeeman zur Stelle, um Licht ins Dunkel zu bringen und die wahre Bedeutung der Katastrophentheorie zu erklären. Die Ausführungen zu Wachstum und Formen in der Biologie entsprangen zwar weitgehend der Fantasie Thoms, doch Zeeman arbeitete die eigentliche Bedeutung seines Buchs heraus. Thom zeigte, dass sich alle Katastrophen (selbst hochgradig komplexe) in sieben Grundtypen einteilen und grafisch darstellen lassen. Faltungs-, Spitzen-, Schmetterlings- und Schwalbenschwanzkatastrophe waren Namen, die sich unmittelbar in Bilder übersetzen ließen. (Salvador Dalís letztes Gemälde, *Der Schwalbenschwanz*, basiert auf der gleichnamigen Katastrophe.) Daneben gibt es noch die drei Nabelkatastrophen, deren Namen zwar auch vielsagend sind, aber nur für Mathematiker.

Die sieben Typen sind ästhetisch unmittelbar ansprechend, und Faltung und Spitze sind nicht nur das – sie haben eine direkte Beziehung zu unserem Alltag. Die Spitze ist schier überall zu beobachten, zum Beispiel an der Oberfläche von Milch in einem Topf (Abbildung 8.1) oder von Kaffee in einer Tasse. Darüber hinaus haben Faltung und Spitze eine besondere Bedeutung bei der Vorhersage von Katastrophen.

Faltung, die Zweite

Eine Faltungskatastrophe kennt zwei stabile Zustände. Die beiden sind jedoch nicht durch einen einfachen Weg miteinander verbunden, sondern über eine Art kritischen Übergang. Nehmen wir die Armutsfalle, die sich aus einem Zusammenspiel von gesellschaftlichen und wirtschaftlichen Prozessen ergibt, wie in Abbildung 8.2 dargestellt. Die Grafik ist natürlich eine Vereinfachung, aber sie bietet ein recht anschauliches Bild für das, was sich im wirklichen Leben abspielt.

An der Form der Grafik ist leicht zu erkennen, woher die Katastrophe ihren Namen hat. Sie sollte jedoch nicht mit einer klassischen mathematischen Grafik verwechselt werden. Die durchge-

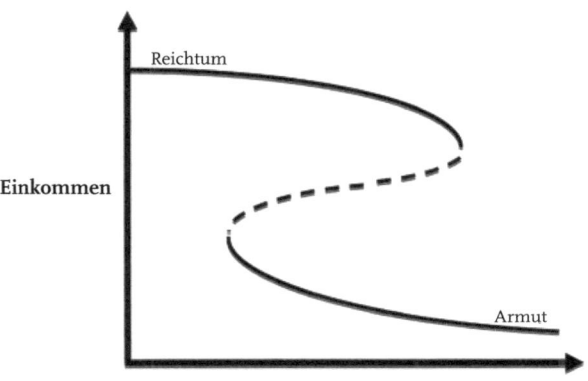

Abbildung 8.2 *Die Armutsfalle als ein Paar von Faltungskatastrophen.*

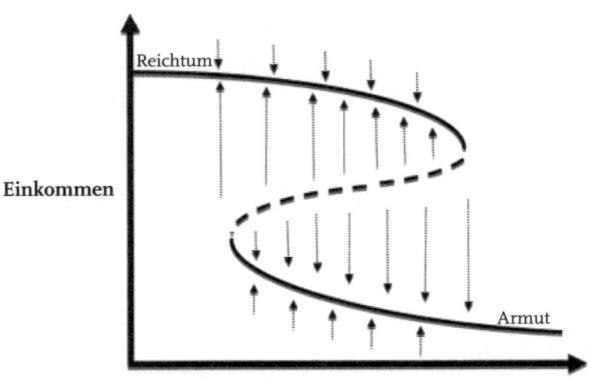

besser ← **wirtschaftliche/soziale Bedingungen** → schlechter

Abbildung 8.3 *Attraktoren für Armut und Reichtum.*

zogenen Linien für »Reichtum« und »Armut« sind alternative stabile Zustände. Wie die Täler in unserem Flipper sind sie Attraktoren und spiegeln die sehr reale Situation wider, die in vielen Ländern existiert, wo bittere Armut und großer Reichtum nebeneinander existieren können.

Die Rolle der durchgezogenen Linie als Attraktor wird in der Abbildung 8.3 erkennbar.

Zur Verdeutlichung könnten Sie sich zum Beispiel vorstellen, Sie schauen von einem Hubschrauber aus in zwei parallele Täler. Die durchgezogenen Linien sind Flüsse in den Talsohlen, und die Pfeile zeigen, wie das Wasser von den Hängen zu beiden Seiten hinunter in das jeweilige Tal fließt. Diese Pfeile sind im Grunde nichts anderes als der bildliche Beweis für die Volksweisheit »Die Reichen werden immer reicher und die Armen immer ärmer«. Wer über ein ausreichendes Einkommen, Startkapital oder eine gute gesellschaftliche Position verfügt, der wird durch die herrschenden wirtschaftlichen und gesellschaftlichen Prozesse zur Linie »Reichtum« gezogen. Und wer nicht über diese Vorteile verfügt, der landet unvermeidlich in der Armut.

Die Trennlinie ist die gestrichelte Linie zwischen beiden, sozusagen der Bergkamm zwischen den Tälern. Wenn Sie sich auf

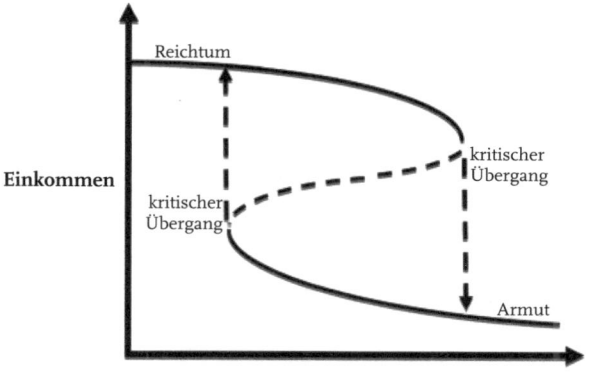

Abbildung 8.4 *Kritische Übergänge zwischen Armut und Reichtum.*

dieser Linie befinden, ist Ihre Situation kritisch und instabil, und eine kleine Veränderung kann ausreichen, um Sie in das eine oder das andere Tal zu befördern. Mit einer kleinen Lohnerhöhung oder Zinssenkung können Sie Ihren Kredit schneller zurückzahlen und ein wenig Geld auf die hohe Kante legen. Eine Entlassung oder Zinserhöhung kann jedoch bedeuten, dass Ihr Haus zwangsversteigert wird und Sie in der Armutsfalle landen, wo Sie Miete zahlen und nicht mehr dazu kommen, Geld zu sparen und ein Haus zu kaufen. Viele Menschen leben gefährlich nahe an dieser Linie.

An beiden Enden der gestrichelten Linie befinden sich kritische Übergänge (Abbildung 8.4):

Ein wohlhabender Mann könnte durch Glücksspiel oder einen plötzlichen Kurssturz am Aktienmarkt (was auf dasselbe hinausläuft) sein Vermögen verlieren und durch den kritischen Übergang auf der rechten Seite der Grafik in die Armut abstürzen. Und eine Frau, die über kein Vermögen verfügt, könnte Glück haben oder sich hocharbeiten und an den Punkt des kritischen Übergangs auf der linken Seite kommen, an dem Selbstverstärkungsprozesse einsetzen und sie die Schwelle zum Reichtum überwindet.

Es gibt eine weitere Möglichkeit, auch ohne kritischen Übergang

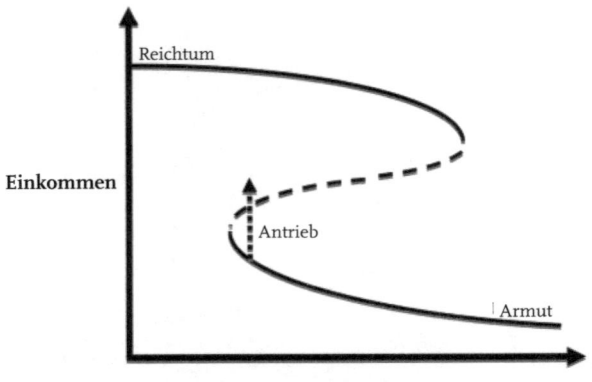

besser ← **wirtschaftliche/soziale Bedingungen** → schlechter

Abbildung 8.5 »*Stochastischer Antrieb*«.

von einem stabilen Zustand in den anderen zu wechseln. Diese Möglichkeit nennt sich »stochastischer Antrieb« (Abbildung 8.5).

Ein Antrieb nach oben wäre zum Beispiel eine Kapital- oder Bildungsspritze oder ein anderer sozialer Vorteil, der ausreicht, um eine Person oder auch eine ganze Nation von einer Seite der kritischen Instabilität auf die andere zu hieven. Dieser Gedanke liegt der Arbeit des Wirtschaftsnobelpreisträgers Muhammad Yunus aus Bangladesch zugrunde, der den Mikrokredit erfand. Mithilfe der Mikrokredite sollen arme Menschen ausreichend Kapital erhalten, um ihr eigenes Kleinunternehmen zu gründen. Das Prinzip erwies sich als ungemein erfolgreich, und heute wenden Wirtschaftswissenschaftler ähnliche Ideen bei der Rettung krisengeschüttelter Nationen an.

Was nicht heißen soll, dass die Katastrophentheorie auf alles eine Antwort hat. In den meisten Fällen ist sie bestenfalls eine Unterstützung. Das Modell hilft uns, vor lauter Bäumen den Wald nicht aus den Augen zu verlieren, aber natürlich müssen wir irgendwann auch wieder die Bäume in den Blick nehmen, um realistische Fortschritte zu erzielen. In diesem Sinne erwies sich das Modell der Faltungskatastrophe in vielen Fällen als nützlicher Ausgangspunkt. Es hilft Ökologen zu verstehen, wie Ökosysteme plötzlich

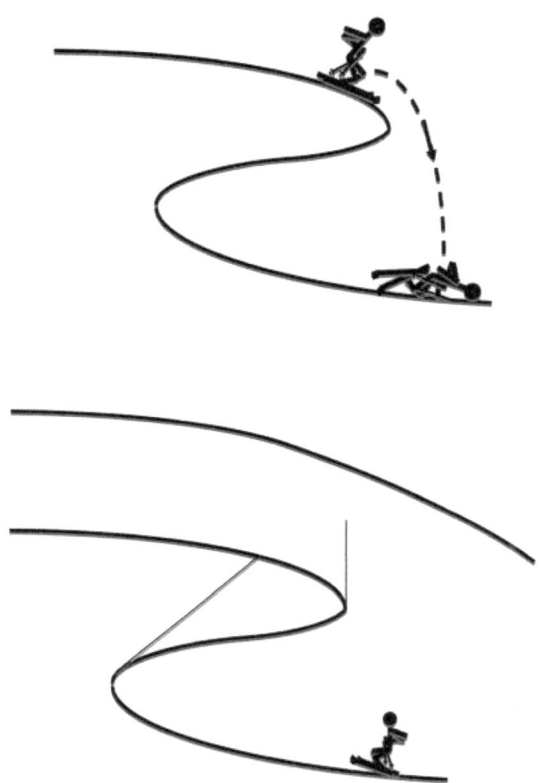

Abbildung 8.6 *Skiunfall: Faltungskatastrophe (oben),*
Spitzenkatastrophe (unten).

von einem Zustand in einen anderen springen können, etwa wenn
ein klarer, flacher See, wie ihn Forbes untersuchte, mit einem Mal
umkippt und trüb wird. Psychologen verwenden das Modell, um
Stimmungsschwankungen zu verstehen. Es wurde sogar verwendet, um irrational unflexible Verhaltensweisen oder den Untergang
früherer Zivilisationen zu erklären.

Wenn wir dem Modell eine dritte Dimension hinzufügen, erhalten wir weitere Einblicke. Das fand ein Freund durch einen Skiunfall in den australischen Alpen heraus. Nach einem langen Tag
auf dem Gletscher fuhr Jan hinunter zur Skihütte, als plötzlich

Nebel aufzog. Unbeirrt fuhr er weiter den Hang hinunter, in der Gewissheit, dass er sich schon nicht verfahren werde. Diese Gewissheit schwand, als er feststellte, dass er plötzlich beschleunigte, doch das war nichts im Vergleich mit dem Schrecken, den er bekam, als er bemerkte, dass er keinen Boden mehr unter den Skiern hatte.

Er hatte noch Glück. Er stürzte nur drei Meter tief und brach sich nichts. Als sich der Nebel verzogen hatte, sah er, dass er einen Felsvorsprung hinuntergestürzt war, dessen Profil ihn an eine Faltungskatastrophe erinnerte (Abbildung 8.6 oben).

Wie bei der Faltungskatastrophe führte kein direkter Weg zurück zu seinem Ausgangspunkt, doch als er den Felsen entlang sah, stellte er fest, dass dieser immer niedriger wurde und schließlich verschwand. Also gab es doch einen Rückweg (Abbildung 8.6 unten). Diese Konstellation erinnert ein wenig an eine Spitzenkatastrophe, die beschreibt was passiert, wenn ein zweiter Faktor die Höhe und Breite der Faltung beeinflusst.

Meine Lieblingsanwendung der Spitzenkatastrophe ist die Beschreibung der Hassliebe durch den Psychiater Robert Galatzer-Levy (Abbildung 8.7). Keine Angst, die Grafik ist nicht so kompliziert, wie sie auf den ersten Blick aussieht. Und sie ist bei Weitem nicht so kompliziert wie eine echte Hassliebe, da sie nur die einfachen Grundlagen demonstriert, die unser Verhalten gegenüber einem Menschen beeinflussen, wenn wir zwischen Hass und Liebe schwanken.

Diese drei Begriffe – Liebe, Hass und Verhalten – bezeichnen drei Achsen, die zueinander senkrecht stehen wie die drei Kanten eines Würfels. Diese drei Achsen (die Linien mit den Pfeilen) sind dreidimensional im Hintergrund der Abbildung zu sehen.

Stellen wir uns nun irgendwo auf die waagrechte Hass-Liebe-Ebene und zeichnen eine senkrechte Linie nach oben (die Richtung des Verhaltenspfeils), um unsere Reaktion auf einen anderen Menschen zu beschreiben. Wir können unsere eigenen Regeln aufstellen, was ein langer oder kurzer Pfeil bedeutet. In unserer Grafik bedeutet ein sehr kurzer Pfeil Zärtlichkeit, ein sehr langer Feindseligkeit und ein mittellanger ein neutrales Verhalten.

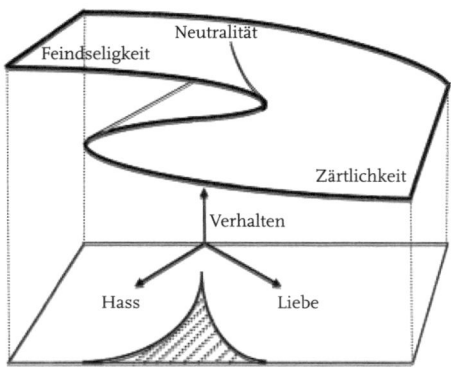

Abbildung 8.7 *Hassliebe als Spitzenkatastrophe.*

Wenn wir uns nun auf der Hass-Liebe-Ebene (die technisch als Kontrollebene bezeichnet wird) hin und her bewegen, wird unser senkrechter Verhaltenspfeil unterschiedlich lang. Wenn wir nach links kommen, wo der Hass überwiegt und wir uns feindselig verhalten, wird er länger. Und wenn wir uns nach rechts bewegen, wo die Liebe stärker ist und unser zärtliches Verhalten überwiegt, wird er kürzer. Die unterschiedliche Höhe der vertikalen Linie ergibt eine Verhaltensebene, die ein bisschen an den Abhang erinnert, den Jan hinunterstürzte.

In der Mitte der Ebene wirft sich eine Falte auf. An dieser Stelle passiert die Verhaltenslinie drei Punkte in der Verhaltensebene. Einer dieser Punkte steht für zärtliches, einer für feindseliges Verhalten und der dritte für den unwahrscheinlichen Fall, dass beide Verhaltensweisen gleichzeitig auftreten; dieser Punkt, an dem das Verhalten je nach Situation in eine der beiden Richtungen gehen kann, entspricht der gestrichelten Linie der Instabilität in den Abbildungen 8.2 bis 8.5.

Mit der Faltung kommt der kritische Übergang. Wenn wir von vorn auf die obere Ebene der Grafik schauen (wo Liebe und Hass groß sind), ist die Faltung offensichtlich. Wenn wir uns von Liebe zu Hass bewegen, kommen wir irgendwann an einen Punkt, an dem die Kurve zurückgefaltet wird und unsere Zärtlichkeit plötz-

lich und dramatisch über einen kritischen Übergang in Feindseligkeit umschlägt. Und wenn wir einmal auf dieser feindseligen
Ebene angekommen sind, müssen wir ein ganzes Stück vom Hass
in Richtung der Liebe gehen, ehe sich die Kurve erneut zurückfal-
tet und unser zärtliches Verhalten wiederhergestellt ist.

Kommt Ihnen das irgendwie bekannt vor? Mir schon.

Die dritte Dimension bietet jedoch eine Alternative, da sie zu-
lässt, dass Liebe und Hass unterschiedlich intensiv sein können.
Wenn beide schwach genug sind, verschwindet die Faltung sogar.
Sie können sich das bildhaft klarmachen, wenn Sie sich vorstellen,
dass eine Lichtquelle senkrecht von oben auf die Verhaltensebene
scheint und die Faltung einen spitzen Schatten auf die Kontrollebene wirft, wie in Abbildung 8.7 zu sehen. Wenn wir uns über der
Spitze befinden, verschwindet der kritische Übergang. Manchmal
entkommen wir unseren Schatten, wenn wir unsere Gefühle ein
wenig beruhigen.

Zugegeben, das Modell der Spitzenkatastrophe ist nicht ganz
so einfach nachzuvollziehen wie das der Faltungskatastrophe. Aber
es ist eine unschätzbare Hilfe, wenn wir die Umstände verstehen
und vorhersehen wollen, in denen ein Verhalten plötzlich umschlagen kann, weil zwei widersprüchliche Emotionen aufeinan-
dertreffen. Eines der ersten Beispiele dafür fand der Verhaltensforscher Konrad Lorenz, der Hunde in Situationen beobachtete, in
denen sie sowohl Angst als auch Aggression empfanden. Er stellte
fest, dass die Tiere ohne Vorwarnung und durch einen kritischen
Übergang von Unterwürfigkeit auf Angriff umschalten können.
Terence Oliva und Alvin Burns benutzten die Spitzentheorie, um
ein relativ ähnliches Verhalten von Konsumenten zu beschreiben,
die vor der Wahl stehen, sich entweder zu beschweren oder eine
Situation schweigend hinzunehmen.

Die Psychologen Kelly Smerz und Stephen Guastello haben die
Spitzenkatastrophe verwendet, um die widersprüchlichen Emotionen beim exzessiven Alkoholkonsum unter Studierenden zu verstehen (Abbildung 8.8).

Diese Grafik bietet allerdings nicht nur einen ungefähren Eindruck und eine Verständnishilfe, sondern basiert auf der sorgfälti-

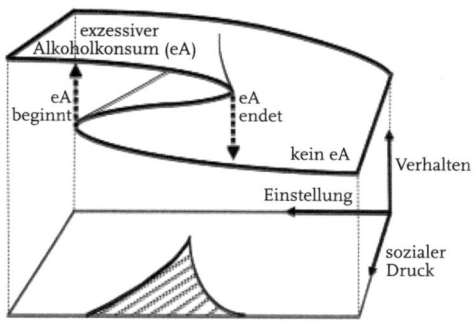

exzessiver
Alkoholkonsum (eA)

eA
beginnt

eA
endet

kein eA

Verhalten

Einstellung

sozialer
Druck

Abbildung 8.8 *Exzessiver Alkoholkonsum als Spitzenkatastrophe.*

gen Auswertung von Statistiken. Das Bild, das sie vom exzessiven Alkoholkonsum zeichnet, unterscheidet sich radikal von dem, das sich Psychologen bislang von diesem Phänomen gemacht haben.

Frühere Modelle gingen davon aus, dass sich entscheidende Faktoren wie die Einstellung zum Alkoholgenuss oder die Beeinflussbarkeit durch Freunde einfach »addierten« und sich daraus ableiten lasse, inwieweit jemand zum exzessiven Alkoholkonsum neige. Mathematiker bezeichnen diese Art Modell als linear, das heißt, wenn sich der Reiz verdoppelt, verdoppelt sich die Reaktion.

Abbildung 8.8, die auf dem realen Verhalten von Studierenden basiert, zeigt ein anderes, nichtlineares Bild. Hier können wir beispielsweise erkennen, dass starker sozialer Druck und eine allmählich schwächer werdende Ablehnung gegenüber dem exzessiven Alkoholkonsum (von rechts nach links auf der unteren Achse) keineswegs automatisch dazu führt, dass die betreffende Person sich an den Alkoholgelagen beteiligt. Erst wenn ein kritischer Punkt erreicht ist, steigt diese Wahrscheinlichkeit sprunghaft an. Wann dieser Sprung einsetzt, hängt von der Stärke des sozialen Drucks ab; ist dieser gering, gibt es gar keinen Sprung, und der Übergang ist fließend.

Ein weiterer Unterschied zu dem aus mathematischer und psychologischer Sicht naiven linearen Bild ist die Erkenntnis, dass die

Einstellung zum exzessiven Alkoholkonsum sich nicht so ohne Weiteres umkehren lässt (Mathematiker sprechen von »Hysterese«). Sobald die Studierenden mit dem exzessiven Alkoholkonsum beginnen, ist eine große Veränderung nötig, um dieses Verhalten wieder einzustellen.

Das scheint irgendwie offensichtlich, und vielleicht ist es das auch. Aber allein die Tatsache, dass Psychologen lange an der naiven linearen Vorstellung des exzessiven Alkoholkonsums festhielten, macht klar, wie viel wir aus einem Bild lernen können, das uns eine kompliziertere Realität eröffnet, vor allem wenn es uns ermöglicht, wirkungsvollere Maßnahmen zu ergreifen.

Die Bilder der Katastrophentheorie helfen uns zu verstehen, was genau in Situationen mit kritischen Übergängen vorgeht. Kurz nach der Veröffentlichung der Theorie meinten einige Leute in ihrer Begeisterung, sie könnten beinahe alles damit erklären, was ihrem Ruf eine Zeit lang eher geschadet hat.

Doch inzwischen sehen wir etwas klarer. Unter den geeigneten Umständen kann die Theorie quantitative Informationen liefern. Ökologen nutzen sie heute, um kritische Übergänge in relativ einfachen Ökosystemen, zum Beispiel flachen Seen, zu verstehen. Und selbst wenn sich keine quantitativen Informationen gewinnen lassen, ermöglicht die Theorie mit ihren Bildern Erkenntnisse, auf die man spontan nicht käme – vorausgesetzt, die Bilder werden klug eingesetzt.

Aber wenn es darum geht, konkrete Maßnahmen zu ergreifen oder einen Politikwechsel zu forcieren, um absehbare Katastrophen abzuwenden, benötigen wir in der Regel konkretere Informationen. In diesem Fall wenden wir uns an Mathematiker und ihre Computersimulationen. Diese können zwar auf der Katastrophentheorie aufbauen, müssen aber nicht, wie wir im folgenden Kapitel sehen werden.

9. Modelle und Supermodelle

So mancher sagt, die Welt vergeht im Feuer,
So mancher sagt, im Eis.
Nach dem, was ich von der Lust gekostet,
Halt ich es mit dem Feuer.
Doch müsst sie zweimal untergehen,
Kenn ich den Hass wohl gut genug,
zu wissen, dass für die Zerstörung Eis
auch bestens ist
und sicher reicht.

ROBERT FROST, *Feuer und Eis*

Robert Frosts Bild von der Zukunft spricht viele von uns unmittelbar an, zumal wenn wir uns Sorgen machen, in welcher Welt unsere Kinder leben werden. Viele Computermodelle gehen davon aus, dass wir auf dem besten Weg ins Feuer der globalen Erwärmung sind. Und andere Simulationen zeigen, dass sich die Erde langfristig in einen »Schneeball« verwandeln könnte.

Was hat es mit diesen Modellen auf sich? Wie funktionieren sie? Wie können wir sie beurteilen? Welche sind nichts als eine Kopfgeburt von Wissenschaftlern, und nach welchen sollten wir uns besser richten? Ich schreibe dieses Buch unter anderem deshalb, um Antworten auf diese Fragen zu finden, sodass wir Computersimulationen über plötzliche und zum Teil katastrophale Veränderungen besser beurteilen können.

Modelle sind Metaphern für die Wirklichkeit. Sie erlauben uns, die wichtigen Aspekte des Problems zu erkennen und in den Vordergrund zu rücken. So helfen sie uns, das Problem aus einem

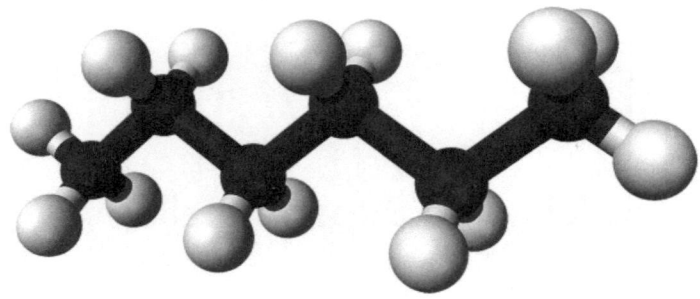

Abbildung 9.1 »*Kugelstabmodell« eines Hexanmoleküls: sechs in einer Reihe angeordnete Kohlenstoffatome (schwarz), mit denen jeweils mehrere Wasserstoffatome (weiß) verbunden sind.*

neuen Blickwinkel zu betrachten, genau wie die Metaphern in der Literatur.

Räumliche Modelle

Die einfachsten Modelle liefern ein räumliches Bild, wie die »Kugelstabmodelle«, die Chemiker verwenden, um sich die dreidimensionale Form von Molekülen vorzustellen (Abbildung 9.1).

Ich habe gelegentlich von diesen Modellen geträumt, aber leider nie mit dem Erfolg, den der deutsche Chemiker August Kekulé hatte, als er einmal vor einem Feuer einschlief. Damals versuchte er, herauszufinden, wie die sechs Kohlenstoffatome eines Benzolmoleküls miteinander verbunden sind.

In einem Vortrag berichtete er später, er habe im Traum verschiedene Figuren und Formen gesehen: »Kleinere Gruppen hielten sich bescheiden im Hintergrund [...] Lange, dichtere Reihen traten hinzu, alles war in Bewegung, drehte und wand sich, wie es Schlangen tun. Halt, was war das? Eine Schlange fasste sich selbst am Schwanz, und spöttisch wirbelte diese Gestalt vor meinem Auge herum.« Danach hatte er einen Geistesblitz. Durch das Bild der Schlange, die sich selbst in den Schwanz beißt, kam er darauf,

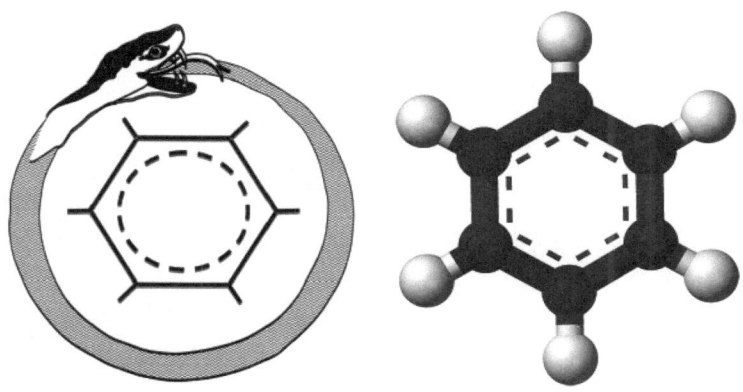

Abbildung 9.2 *Links: Kekulés Traum. Rechts: »Kugelstabmodell«*
eines Benzolmoleküls.

dass sich die sechs Atome zu einem Ring formen ließen (Abbildung 9.2). Auf diesen Gedanken war vor ihm noch niemand gekommen, und die Erkenntnis war ein entscheidender Durchbruch beim Verständnis des Moleküls.

Das Benzolmolekül ist natürlich keine Schlange. Das Tier bot lediglich ein greifbares Bild, genau wie die Pappstücke, mit denen Jim Watson und Francis Crick nach der Struktur der DNA suchten. Ihr Problem bestand darin, vier flache Moleküle namens »Basen« zur dreidimensionalen Struktur der Doppelhelix zusammenzufügen. Kristallforscher durchleuchteten das Molekül mit Röntgenstrahlen auf der Suche nach einer Antwort. Watson nahm eine Abkürzung und bastelte sich Pappmodelle der vier Basen und schob sie so lange auf seinem Schreibtisch hin und her, bis sie zusammenpassten (Abbildung 9.3). Einen ähnlichen Weg gehen moderne Pharmazeuten bei der Entwicklung neuer Medikamente, auch wenn sie heute Computer dazu verwenden.

In etwas größerem Maßstab vollbrachte Alfred Wegener eine ähnliche Leistung, als er feststellte, dass sich die Kontinente auf der Erdoberfläche ineinanderfügten wie die Teile eines Puzzles. Damit stieß er auf das Phänomen der Kontinentaldrift, eine Entdeckung, die mindestens genauso wichtig war wie die der DNA-Struktur.

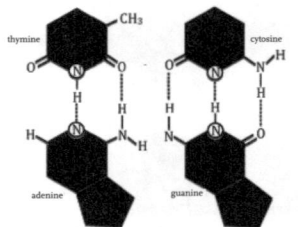

Abbildung 9.3 *Links: Modelle der vier DNA-Basen (Adenin, Cytosin, Guanin und Thymin), die vereinfacht wurden, um ihre Form und Bindung in Paaren (Adenin-Cytosin und Guanin-Thymin) zu betonen. Jedes der verbundenen Paare (die durch die gestrichelten Wasserstoffverbindungen zusammenhängen) hat dieselbe Form. So ließen sich die vier unterschiedlich geformten Basen zur Doppelhelix des Gens zusammenfügen. Rechts: Rekonstruktion des ursprünglichen Modells der Doppelhelix von Watson und Crick; die flachen Metallsechsecke sind die Basen.*

Watson hatte eine prägnante Rechtfertigung für die Verwendung eines einfachen Pappmodells für einen komplizierten Zusammenhang: »Wer es sich schwer macht, kommt nicht weit.« Er hätte noch hinzufügen können, dass einfache Modelle auch deshalb so fruchtbar sind, weil sich mit ihrer Hilfe Vorhersagen überprüfen lassen. (Für die Struktur der DNA wurden viele Bilder vorgeschlagen, und inzwischen ist sie selbst eine Metapher geworden. Es gibt sogar Bücher über die DNA der Führung, der Innovation oder des Konsums. Diese Metaphern basieren auf der Vorstellung von der DNA als Motor, der alles antreibt. Diese Modelle lassen sich allerdings nicht überprüfen – sie bieten ein griffiges und vielleicht hilfreiches Bild, aber mehr auch nicht.) Das Modell von Watson und Crick sah beispielsweise vorher, dass sich die Basen wie Tellerpaare auf der Innenseite der Helix stapelten, und diese Vorhersage bestätigte sich, als sie ein gut zwei Meter großes Modell aus Metall bauten (Abbildung 9.3 rechts).

Aber nicht nur in den Naturwissenschaften werden räumliche Modelle verwendet, sondern auch in der Psychologie. Ein Beispiel dafür ist die sogenannte »Bedürfnispyramide«, die Abraham Maslow 1943 erfand, um die Hierarchie der menschlichen Bedürfnisse in ein Bild zu fassen (Abbildung 9.4).

Maslows Modell wurde als »eine der wirklich guten Ideen der Psychologie« bezeichnet. Andere kritisierten es jedoch, weil es ethnozentrisch sei, einen psychologischen Realismus vertrete und die Sexualität überbetone. (Maslows Modell sieht beispielsweise vorher, dass in einem Konflikt zwischen Sexualität und Liebe die Sexualität die Überhand behält. Aufgrund dieser Kritik ordneten andere Autoren die Sexualität in einer Ebene oberhalb der Liebe ein.) Maslow revidierte sein Modell später, doch das Bild der Pyramide ist bis heute anschaulich. Deshalb wird es in der Betriebswirtschaft gelehrt und von Unternehmensberatern eingesetzt; es wurde sogar verwendet, um das Design chinesischer Möbel zu erklären.

Diese Beispiele verdeutlichen, welche Überzeugungskraft räumliche Modelle haben können. Genau deshalb lassen sie sich jedoch leicht missbrauchen. Maslows Modell wurde beispielsweise angeführt um zu »erklären«, warum sich heute so viele Menschen wegen des Klimawandels Sorgen machen. Ein Skeptiker behauptete: »Je höher wir uns auf der Maslowschen Pyramide befinden, umso größer wird unser Bedürfnis nach erfundenen künftigen ›Katastrophen‹. Der ›Klimawandel‹ ist also nichts anderes als das klassische Bedürfnis einer Generation, die alles hat. Heute kehren wir zur Realität zurück und benötigen diese ›Katastrophe‹ nicht mehr zur Befriedigung unserer psychologischen Bedürfnisse.«

Diese Einschätzung stammt von einer Gruppe von Wirtschaftswissenschaftlern, die in erster Linie Angst zu haben scheinen, dass ihre Profite ein bisschen kleiner ausfallen, wenn Maßnahmen gegen den Klimawandel ergriffen werden. Wenn wir uns Maslows

Abbildung 9.4 *Die Maslowsche Bedürfnispyramide.*

Bedürfnispyramide ansehen, lässt sich die Sorge um den Klimawandel jedoch ganz anders verstehen: Der Klimawandel bedroht unsere körperlichen Grundbedürfnisse wie Nahrung, Wasser und Wohnraum und wird *deshalb* von so vielen Menschen als Gefahr wahrgenommen.

Mathematische Modelle

Wenn man etwas messen und in Zahlen fassen kann,
dann weiß man etwas darüber.
Aber wenn man es nicht messen und nicht in Zahlen fassen kann,
bleibt das Wissen dürftig und unbefriedigend.

WILLIAM THOMSON (LORD KELVIN)

Der Begriff »globale Erwärmung« beschwört Bilder von überschwemmten Städten, extremen Wetterbedingungen und zerstörten Ökosystemen herauf. Das Bild vom Treibhauseffekt hilft uns zu verstehen, was passieren könnte: Die Wärme trifft auf die Erde und kann nicht mehr entkommen, weil die immer höher werdende Konzentration von Kohlendioxid, Methan und anderen Treibhausgasen dies verhindert. Um zu verstehen, ob dies tatsächlich eintreten wird, müssen wir allerdings Berechnungen anstellen, das heißt, wir brauchen ein mathematisches Modell.

Mathematische Modelle basieren in der Regel auf räumlichen Bildern, auch wenn die Verbindung oft eher lose ist. Ein Modell für die Strömungen in einem Fluss könnte beispielsweise Gleichungen enthalten, in denen die Veränderung der Fließgeschwindigkeit des Wassers durch die wechselnde Tiefe und Breite des Flussbetts oder durch Hindernisse zum Ausdruck kommt; diese lassen sich einfach bildlich darstellen. Ein Modell für die Geldströme in einer Gesellschaft könnte ganz ähnliche Gleichungen enthalten, aber nun haben »Breite«, »Tiefe« und »Hindernisse« keine räumlichen Entsprechungen mehr. Es handelt sich um Metaphern. Ein Hindernis könnte beispielsweise ein Gesetz sein, das den freien Geldfluss behindert, und mit Breite und Tiefe könnte die Zahl der Beteiligten und die Tiefe ihrer Taschen gemeint sein.

Wirkliche Wirtschaftsmodelle sind natürlich sehr viel komplizierter als mein hausgemachtes Beispiel. Damit wollte ich lediglich verdeutlichen, dass die Entwicklung von mathematischen Modellen in der Regel in drei Schritten erfolgt.

Der erste Schritt ist die Suche nach einem Bild für ein bestimmtes Geschehen. Das kann ein räumliches Bild sein, aber auch ein mathematisches. Handelt es sich um ein räumliches Bild (ob real oder eine Metapher), muss dies in eine Reihe von Gleichungen übersetzt werden. Ereignisse, die wir in den Begriffen einer Faltungskatastrophe darstellen können – wie das Schicksal des Skifahrers in Abbildung 7.1 –, lassen sich beispielsweise mithilfe mathematischer Gleichungen als Mischung aus positiven und negativen Rückkopplungen erfassen, die den Kurs des Skifahrers bestimmen.

Im zweiten Schritt gilt es, diese Gleichungen zu lösen, in der Regel mit realen Daten, die in Computer eingespeist werden. Die Gleichungen werden in ein Programm umgeschrieben und die Ausgangsbedingungen eingegeben – zum Beispiel die Position des Skifahrers oben am Hang. Dann drücken wir den Knopf und sehen uns an, was passiert. Im Fall des Skifahrers könnte das Ergebnis beispielsweise Positionen und Geschwindigkeiten zu bestimmten Zeitpunkten beinhalten.

Im dritten Schritt schließlich müssen die Ergebnisse ausgewertet werden. Im Skifahrerbeispiel ist das nicht weiter schwer, aber es wird bedeutend kniffliger, wenn es um die Entwicklung eines Ökosystems oder einer Volkswirtschaft geht und wir herausfinden wollen, wie sich diese unter verschiedenen Bedingungen verändert. Um Katastrophen vorhersehen zu können, müssen wir Szenarien identifizieren, die zu kritischen Übergängen führen könnten.

Ein Beispiel ist der Bau von Gebäuden in erdbebengefährdeten Gebieten. Als ich eine Radiosendung zu diesem Thema machte, fand ich zu meiner Überraschung heraus, dass Architekturstudenten dazu Modelle aus rohen Spaghetti bauen. Die Modelle kommen auf einen »Schütteltisch«, der seitlich vibriert und die Belastung bei einem Erdbeben simuliert. Dabei lernen die Studenten unter anderem, dass ein Gewicht auf dem Dach helfen kann, den Einsturz zu verhindern, weil die Trägheit die Pendelbewegung des Gebäudes dämpft. Deshalb haben Fünfsternehotels in Tokio oder San Francisco oft einen Swimmingpool auf der Dachterrasse.

Ein räumliches Modell verdeutlicht die Prinzipien und hilft beim Entwurf, doch um die tatsächlichen Belastungen zu berechnen, benötigen Ingenieure mathematische Modelle. Diese basieren auf den Newtonschen Bewegungsgesetzen zur Berechnung der Kräfte, dem Hookeschen Elastizitätsgesetz zur Berechnung der Verformung in Reaktion auf diese Kräfte sowie einigen Modifizierungen und Anpassungen, mit denen die Ingenieure den komplexen Eigenschaften des jeweils verwendeten Baumaterials Rechnung tragen.

Wie Augustin-Louis Cauchy schon im 19. Jahrhundert zeigte, wirken an jedem Punkt der Struktur andere Kräfte. Um diese zu berechnen, verwenden Ingenieure einen Prozess namens »Finite-Elemente-Methode«. Sie teilen die Struktur in kleine Flächen oder Volumen (die »finiten Elemente«) ein und berechnen die Kräfte, als existierten diese Segmente unabhängig voneinander. Dieses Ergebnis ist lediglich eine Annäherung, da es die Wechselwirkungen zwischen Elementen zunächst vernachlässigt. Dann werden die

Ergebnisse zusammengefügt, die Effekte der benachbarten Segmente eingerechnet, und die Berechnungen beginnen von Neuem. Dieser Prozess wird so lange wiederholt, bis die Ergebnisse in sich stimmig sind. Heute gibt es kommerzielle Computerprogramme, die diese Aufgabe übernehmen.

Derart detaillierte Berechnungen sind natürlich erst seit der Entwicklung leistungsstarker Computer möglich – zwischen ihnen und den intuitiven Entwürfen eines Gustave Eiffel oder Benjamin Baker liegen Welten. Diese Berechnungen sind jedoch noch ein Kinderspiel im Vergleich mit den Aufgaben, die Modelle für die Vorausberechnung komplexerer Situationen bewältigen müssen.

Eine Schwierigkeit besteht in der Zunahme der Variablen. Bei der Wettervorhersage beispielsweise ist der Ausgangspunkt der Input verschiedener Wetterstationen zu Temperatur, Windgeschwindigkeit, Luftfeuchtigkeit, Niederschlagsmenge und eine ganze Reihe anderer Werte. Die physikalischen Gesetze, denen diese Prozesse unterliegen, sind zwar bestens bekannt, doch das Wechselspiel von positiven und negativen Rückkopplungen kann höchst komplizierte Szenarien schaffen. Deshalb sind Wetterprognosen extrem schwierig, vor allem in der Nähe von kritischen Übergängen. Trotzdem sind unsere Computermodelle zunehmend realistisch, und die Wettervorhersage verbessert sich mit einer Geschwindigkeit von rund einem Tag pro Jahrzehnt. Das heißt, heute ist eine Vorhersage für die nächsten sechs Tage in etwa so verlässlich wie vor einem Jahrzehnt eine Vorhersage über fünf Tage.

Bei der Vorhersage menschlichen Verhaltens sind die Regeln noch weitaus unklarer, weshalb Computermodelle dafür entsprechend weniger geeignet sind. Trotzdem gibt es einige Regeln, mit denen Wissenschaftler arbeiten können, zum Beispiel aus der Spieltheorie. Diese nutzt strenge mathematische Formeln zur Vorhersage von menschlichen Entscheidungen, deren Logik dem Eigeninteresse unterliegt.

Einige Kritiker werfen der Spieltheorie vor, ihr Ansatz gehe von einer eingeschränkten (um nicht zu sagen zynischen) Sicht der menschlichen Motivation aus. Der Spieltheoretiker Bruce Bueno de Mesquita behauptet beispielsweise, mit seinen computergestützten Prognosen in 90 Prozent der Fälle richtig zu liegen, was die Vermutung nahelegt, dass der Zynismus oft gerechtfertigt sein könnte. Andere Experimente zeigen jedoch, dass wir oft weniger rational und gelegentlich uneigennütziger handeln, als Spieltheoretiker annehmen, weshalb ihre Vorhersagen nicht ganz so verlässlich sind.

Auch Wettervorhersagen sind nicht verlässlich. Sie werden zwar besser, doch die Wetterfrösche liegen auch oft genug daneben. Aber wenn schon der Wetterbericht unzuverlässig ist und wenn dann auch noch die menschliche Unberechenbarkeit mit ins Spiel kommt – wie sehr können wir dann komplexen Computermodellen vertrauen, mit denen die Zukunft des Planeten vorausberechnet werden soll?

Die Ergebnisse dieser Prognosen über die Zukunft unserer Erde wurden von einer großen Expertengruppe ausgewertet. Die Wissenschaftler stellten eine Liste von neun potenziellen Problemfeldern auf und ermittelten mithilfe von Computermodellen, wo wir heute in jedem dieser Felder stehen. Einige der Ergebnisse machen Mut. Andere sind erschreckend. Und wieder andere können einem richtig Angst machen.

Die Wissenschaftler haben diese Ergebnisse in einem »sicheren Operationsradius für die Menschheit« zusammengefasst (Abbildung 9.5):

Sie weisen darauf hin, dass sich die Erde seit rund zehntausend Jahren – also seit Beginn der menschlichen Zivilisation – in einem relativ stabilen Zustand befindet. In dieser Zeit bewegten sich die Durchschnittstemperatur, die Verfügbarkeit von Trinkwasser, die biologische Vielfalt und andere Indikatoren einer stabilen Umwelt in einem mehr oder minder schmalen Fenster. Doch aufgrund der Eingriffe des Menschen – vor allem durch die Verbrennung von fossilen Brennstoffen und die Industrialisierung der Landwirtschaft – schlagen einige dieser Indikatoren heute plötzlich aus.

Was bedeutet das für unsere Zukunft? Die Wissenschaftler suchen nach Modellen für die Widerstandsfähigkeit und »Elastizität« der Erde, um zu erkennen, inwieweit sie in der Lage ist, sich von kleineren Veränderungen zu erholen, wie sie es in den vergange-

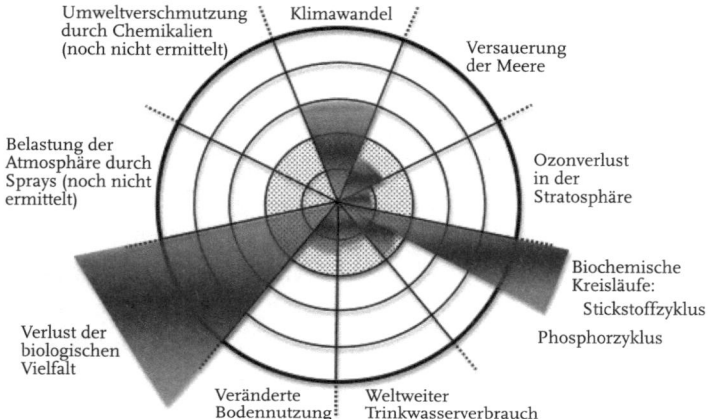

Umweltverschmutzung
durch Chemikalien
(noch nicht ermittelt)

Klimawandel

Versauerung
der Meere

Belastung der
Atmosphäre durch
Sprays (noch nicht
ermittelt)

Ozonverlust
in der
Stratosphäre

Biochemische
Kreisläufe:
Stickstoffzyklus
Phosphorzyklus

Verlust der
biologischen
Vielfalt

Veränderte
Bodennutzung

Weltweiter
Trinkwasserverbrauch

Abbildung 9.5 *Ein sicherer Operationsradius für die Menschheit.
Die beiden inneren Ringe (hellgrau) sind der Radius, in dem wir uns
sicher bewegen können. Die dunkelgrauen Tortenstücke zeigen die
tatsächliche Situation, insofern sie messbar ist. In drei Fällen
(Klimawandel, Stickstoffkreislauf und biologische Vielfalt) haben
wir den sicheren Radius längst überschritten.*

nen Jahrtausenden so oft getan hat. Dazu wird sie auch weiterhin
in der Lage sein, solange wir bestimmte kritische Schwellen nicht
überschreiten, die von den Wissenschaftlern in ihrem Bericht als
»Grenzen des Planeten« bezeichnet werden. Wenn wir diese
Schwellen überschreiten, könnten unkontrollierte Prozesse einsetzen, und es könnte rasch zu sehr unangenehmen Veränderungen
kommen. Die Autoren dieses Berichts haben die besten verfüg-
baren Daten verwendet um herauszufinden, wie nahe wir diesen
Grenzen heute schon kommen oder ob wir sie vielleicht sogar
schon überschritten haben.

Der Bericht enthält durchaus auch einige positive Überraschungen. Die Modelle zeigen, dass wir bezüglich des Ozonver-
lusts, der Trinkwasserversorgung und der veränderten Bodennutzung noch einigermaßen im sicheren Bereich sind. Nicht mehr
sicher sind wir dagegen hinsichtlich des Klimawandels (wo wir
möglicherweise bereits eine kritische Schwelle überschritten ha-

ben), des Stickstoffzyklus (wo wir diese Grenze weit hinter uns gelassen haben) und der biologischen Vielfalt (wo die Katastrophe schon ihren Lauf nimmt).

Aber warum ist das wichtig? Wenn wir der Gaia-Theorie (ebenfalls ein Modell) von James Lovelock folgen, dann können wir den Planeten Erde als einen riesigen Organismus verstehen. Dieser Organismus reagiert mithilfe von selbstregulierenden Prozessen auf unser Handeln und stellt immer wieder ein Gleichgewicht her. Wenn Lovelocks Theorie stimmt, dann könnte dieser Organismus beispielsweise sein Gleichgewicht wiederherstellen, indem er sich seiner Plagegeister entledigt. Und wenn die Erde uns als einen dieser Plagegeister behandelt, dann sollten wir uns in der Tat Sorgen machen.

Wie die vielen Beispiele in diesem Buch zeigen, kann dieses friedliche Gleichgewicht, in dem Veränderungen gemächlich vor sich gehen, sehr plötzlich in eine Situation umschlagen, in der Veränderungen abrupt erfolgen, dramatische Ausmaße annehmen und vielleicht unumkehrbar sind. Wenn die »Grenzen des Planeten« in Abbildung 9.5 real sind, dann wären wir gut beraten, sie zu respektieren.

Aber woher sollen wir wissen, ob wir den Computermodellen und ihren Berechnungen vertrauen können? Ob die Vorhersagen vernünftig sind oder ob sie auf falschen Annahmen und Berechnungsfehlern basieren? Welche Prognosen pure Scharlatanerie sind und nach welchen wir handeln sollten, vor allem wenn sie Katastrophen vorhersehen, die unsere Wirtschaft, unsere Gesellschaft oder den ganzen Planeten betreffen? Wie können wir uns ein informiertes Urteil bilden, wenn so viel von diesem Urteil abhängt und wenn Skeptiker uns drängen, die Warnsignale zu ignorieren?

Als Wissenschaftler würde ich zu angewandter Skepsis raten. Im folgenden Kapitel schlage ich einige Tests vor, die wir anwenden können, um die Seriosität von Vorhersagen aus Computermodellen zu beurteilen.

10. Vorsicht vor Mathematikern

> Hüte dich vor Mathematikern und all denen,
> die leere Vorhersagen treffen.
>
> HL. AUGUSTINUS (354–430)

Der heilige Augustinus, Schutzpatron der Brauer, Drucker, Theologen und Augenkranken, hatte seine Zweifel an den Vorhersagen von Astrologen. (Der heilige Augustinus war übrigens nicht immer sonderlich heilig. In seiner Jugend hatte er zahlreiche Liebschaften und sprach ein berühmtes Gebet: *Da mihi castitatem et continentiam, sed noli modo* – Herr, gib mir Keuschheit und Enthaltsamkeit, aber noch nicht gleich.) Diese wurden damals als *mathematici* bezeichnet, da sie mathematische Methoden verwendeten, um Beziehungen herzustellen und Vorhersagen zu treffen. Die Methoden der modernen *mathematici* mit ihren Computern erinnern gelegentlich verdächtig an diese. Sollten wir also wie der heilige Augustinus diese Vorhersagen lieber mit Vorsicht genießen? Ich schlage vier Tests vor, um die Spreu vom Weizen zu trennen:

1. Sind die Daten verlässlich?
2. Ist das Modell verlässlich?
3. Sind die Berechnungen verlässlich?
4. Sind die Menschen verlässlich?

Sie können die Nützlichkeit dieser Tests beurteilen, indem Sie ihn auf die folgende Anekdote anwenden, die mir ein katholischer Priester genüsslich erzählte:

Das Telefon klingt, und Father O'Malley hebt ab.

»Hallo! Spricht da Father O'Malley?«

»Ja, das tut er!«

»Hier ist das Finanzamt. Können Sie uns helfen?«

»Ja, das kann ich!«

»Kennen Sie einen Ted Houlihan?«

»Ja, den kenne ich!«

»Ist er Mitglied in Ihrer Gemeinde?«

»Ja, das ist er!«

»Hat er Ihrer Kirche 10 000 Dollar gespendet?«

»Ja, das wird er!«

Diese Vorhersage hält allen vier Prüfungen stand. In diesem Kapitel sehen wir uns an, ob ernstere und computergestützte Modelle und Vorhersagen dieselben Tests bestehen. Natürlich überschneiden sich die vier Kriterien gelegentlich, aber ich habe mein Bestes getan, sie auseinanderzudividieren.

Test 1: Sind die Daten verlässlich?

Wenn Sie den Daten nicht trauen können, dann können Sie auch keine verlässlichen Schlüsse aus ihnen ziehen. Viele Programmierer und Anwender beherzigen selbst diese einfache Regel nicht. Daher die Warnung des IBM-Programmierers George Fuechsel, wo Müll eingegeben wird, kommt auch nur Müll raus, kurz: »Müll rein, Müll raus«. In Zeiten der zunehmenden Computergläubigkeit heißt dieser Satz auch »Garbage in, Gospel out«: »Müll rein, Gottes Wort raus«, der Output wird gerne auch als göttliche Vorhersehung gewertet.

Diese Warnung bezieht sich vor allem auf Fälle, in denen eine scheinbar unfehlbare Logik falsche Ergebnisse produziert, weil der Computer mit Datenschrott gefüttert wurde. Ein spektakulärer Fall war der unerwartet kurze Jungfernflug der Trägerrakete *Ariane 5* am 4. Juni 1996. Rund 45 Sekunden nach dem Start kam die Rakete vom Kurs ab, zerbrach und explodierte. Wie sich herausstellte, hatten die Ingenieure die Daten für die Flugbahn kurzerhand von der *Ariane 4* übernommen, die allerdings eine ganz andere Bahn geflogen war.

Es braucht keinen Computer, um Inputdaten zu vermasseln. Menschen können das auch ziemlich gut, und zwar nicht nur weil sie Fehler machen (die lassen sich ja noch korrigieren), sondern weil sie selektiv vorgehen. Als beispielsweise 1992 die Kabeljaufischerei vor der Küste von Neufundland eingestellt werden musste, hatten Fischer und Wissenschaftler den bevorstehenden Kollaps schon seit Jahren vorhergesehen. Die Öffentlichkeit und die Entscheidungsträger jedoch waren nicht im Bilde, da es Anreize für die Fischer gab, ihren Beifang falsch zu beziffern, und die zuständigen Behörden mit ihren Praktiken die Beweise verschleierten.

Ein weiteres Beispiel sind die Berichte, die Truppen aus Kriegsgebieten nach Hause schicken. Diese sind oft übertrieben optimistisch und werden bewusst oder unbewusst so formuliert, dass sie die Leistungen der Truppe in ein positives Licht rücken, statt die tatsächliche Situation wiederzugeben. Das erklärt auch, warum Firmen Unternehmensberatern gutes Geld dafür bezahlen, damit sie mithilfe von Computermodellen die unternehmerische Leistung beurteilen, nur um den Beratern dann handverlesene Informationen zur Verfügung zu stellen, weil sie sicherstellen wollen, dass die Vorhersagen den Aktionären und Aufsichtsräten gefallen.

Selbst akademische Einrichtungen sind nicht gegen diese Datenspielchen gefeit. Eine Gruppe zorniger arbeitsloser Anwälte behauptete beispielsweise, private juristische Fakultäten schönten das zu erwartende Einkommen ihrer Absolventen, indem sie gut bezahlte, aber zeitlich befristete Anstellungen von Abgängern mit einrechneten, die keine feste Stelle fanden.

Das selektive Vorgehen kann allerdings auch von Vorteil sein. Der Politikwissenschaftler Nolan McCarthy begründet beispielsweise den Erfolg der Vorhersagen des Spieltheoretikers Bruce Bueno de Mesquitas mit dessen sorgfältiger Auswahl seines Inputs. De Mesquita behauptet gar nicht, dass er mit seinen Modellen künftige Entwicklungen am Aktienmarkt oder den Beginn einer Wirtschaftskrise vorhersagen kann, bei denen jeweils eine große Zahl von Akteuren beteiligt ist. Er beschränkt seine Prognosen vielmehr auf Situationen mit wenigen Beteiligten und konsultiert Experten, um eine Situation im Detail zu verstehen. Er ist außerdem selbst ein erfahrener Politikwissenschaftler mit einem ausgeprägten Gespür für mögliche Verhandlungsstrategien der Beteiligten. Diese Strategien legt er seinem Modell zugrunde. Das soll seine außergewöhnliche Erfolgsquote keineswegs schmälern, sondern im Gegenteil zeigen, welchen Unterschied gute Daten machen.

Jüngste Untersuchungen zur Wissenschaft der Vorhersage haben erstaunlicherweise ergeben, dass weniger Daten oft bessere Ergebnisse liefern, vorausgesetzt, dass die signifikantesten Daten ausgewählt werden. Wenn wir bergeweise irrelevanten Input verwenden, kann es uns passieren, dass wir vor lauter Bäumen den Wald nicht mehr sehen und Trends entdecken, wo es gar keine gibt. Dieses Prinzip lässt sich bei Wirtschaftsprognosen genauso beobachten wie bei der Vorhersage gesellschaftlicher Entwicklungen oder des Wetters. (In meinem Buch *Schwarmintelligenz* beschreibe ich mehrere solcher Fälle.)

Unter bestimmten Umständen ist es schlicht unmöglich, auch nur alle *relevanten* Daten zu berücksichtigen. Stellen Sie sich die armen Physiker vor, die herausfinden wollen, wie sich ein ganz bestimmtes Molekül unter dem Einfluss von Abermilliarden anderen Molekülen in einer Flüssigkeit bewegt. Selbst wenn sie nur ein Dutzend Moleküle in der unmittelbaren Umgebung einbeziehen, mit denen es relativ intensiv interagiert, müssen sie ein durchschnittliches »Kräftefeld« für die zwischen diesen Molekülen wirkenden Kräfte aufstellen.

Ökologen haben bei ihren Prognosen ein ähnliches Problem. In komplexen Situationen gibt es in der Regel eine Unmenge signifikanter Größen, die sich nicht messen lassen, sondern geschätzt werden müssen. Sie können eben nicht einfach einen Durchschnitt bilden wie die Physiker bei der Beobachtung eines Moleküls. Sie müssen die fehlenden Werte vielmehr schätzen, indem sie die Vorhersagen des Modells auf beobachtete Daten anpassen. In diesem Fall spricht man von »Abgleich«.

Das wäre ja noch schön und gut, wenn es nur jeweils einen Schätzwert für die fehlenden Parameter gäbe. Leider gibt es meist eine Menge unterschiedlicher Schätzwerte, die gleich gut in das Modell passen würden. Die Wissenschaftler laufen leicht Gefahr, die falschen zu wählen, und das Ergebnis erinnert dann wieder an die Formel: »Garbage in, Gospel out«.

Glücklicherweise gibt es eine Alternative. Statt ein Modell immer komplexer zu machen und immer mehr Variablen einzubeziehen, können Ökologen einen minimalistischen Ansatz verwenden und die Komplexität ihrer Modelle so weit reduzieren, dass nur die Eingabe der bekannten Parameter erforderlich ist und keine Mischung aus Zahlen und Schätzwerten. Die Experimente des Entscheidungstheoretikers Gerd Gigerenzer zeigen, dass Prognosen aus minimalistischen Entscheidungsmodellen recht zuverlässig sein können.

Der wirkliche Test für die Verlässlichkeit ist, ob es sich bei den verwendeten Zahlen um Messungen oder Schätzungen handelt. Und wenn es sich um Schätzwerte handelt, stellt sich die Frage, ob diese aufgrund von Beweisen vorgenommen oder aus dem Modell erschlossen wurden (mit allen Gefahren, die damit einhergehen).

Die meisten Modelle, die zur Vorhersage der globalen Zukunft entwickelt wurden, bestehen diesen ersten Test. Ihre Eingabedaten wurden unabhängig von dem Modell gewonnen. Das ist ein guter Anfang, aber das reicht noch nicht, um sich auf die Vorhersagen eines Modells verlassen zu können. Ein zweiter Aspekt ist die Verlässlichkeit oder zumindest die Glaubwürdigkeit des Modells selbst.

Test 2: Ist das Modell verlässlich? Ist es glaubwürdig?

Der Puddingtest

Die verlässlichsten Modelle lassen sich anhand ihrer Resultate überprüfen. Wenn die Messungen den Vorhersagen entsprechen, dann haben wir Grund zu der Annahme, dass wir auf dem richtigen Weg sind.

Newtons Bewegungsgesetze sind das beste Beispiel: Sie bieten ein Modell für die Bewegung und Interaktion von Körpern, das jeder Überprüfung standgehalten hat und weiter standhält, außer wenn sich die Objekte mit annähernder Lichtgeschwindigkeit bewegen und Einsteins Relativitätsgesetze greifen. Bei niedrigeren Geschwindigkeiten benutzt die NASA sie nach wie vor, um zum Beispiel die Flugbahn von Raketen durch das Sonnensystem zu berechnen, Einstein hin oder her.

Das erste Weltmodell, das von drei Wissenschaftlern des Massachusetts Institute of Technology entwickelt und 1972 vom Club of Rome in dem bahnbrechenden Buch *Die Grenzen des Wachstums* veröffentlicht wurde, hat ähnliche Tests bestanden. Es war das erste integrierte globale Modell, das einen Zusammenhang zwischen der Entwicklung der Weltwirtschaft und der Umwelt herstellte. Seine Vorhersagen erregten weltweite Aufmerksamkeit und bieten bis heute eine Plattform für die Debatten um Umwelt und Nachhaltigkeit. Diese Vorhersagen betrafen acht Schlüsselbereiche: Weltbevölkerung, Geburtenrate, Sterberate, Lebensmittelverbrauch pro Kopf, Industrieproduktion pro Kopf, Dienstleistungen pro Kopf, nicht erneuerbare Ressourcen und Umweltverschmutzung.

Das Modell wurde wegen seiner »Weltuntergangsprophezeiungen« kritisiert, obwohl selbst die Autoren eine solche Überinterpretation ihrer Ergebnisse ablehnten. Sie erkannten die Grenzen des Modells und erklärten, es sei nur »in einem sehr begrenzten Sinne zur Vorhersage geeignet. Die Grafiken stellen keine exakten Prognosen für ein bestimmtes Jahr dar, sondern zeigen lediglich Tendenzen im Verhalten des Systems.« Trotzdem erwiesen sich die Prognosen als erstaunlich zuverlässig.

Die Vorhersagen basierten auf einem einfachen Modell der Wachstumsdynamik, das sich im Grunde nicht allzu sehr vom Malthusschen Bevölkerungsgesetz unterschied, wenn man einmal davon absieht, dass die Gleichungen des Weltmodells mit echten Daten zu Ausgangsbedingungen und Entwicklungen gefüttert wurden. Ein großer Unterschied zum Malthusschen Modell war jedoch die Erkenntnis, dass sich die verschiedenen Faktoren im Modell gegenseitig beeinflussen können; dies wurde in Form von

Rückkopplungen in die Gleichungen eingebaut, und ähnliche Mechanismen wurden von da an in allen nachfolgenden Modellen verwendet.

Trotz seiner Einschränkungen war das Modell erstaunlich erfolgreich. Der australische Analytiker Graham Turner meinte: »Die Daten, die in den drei Jahrzehnten seit der Veröffentlichung gesammelt wurden, stimmen weitgehend mit dem Business-as-usual-Szenario [einem der drei möglichen Szenarien des Berichts, das davon ausgeht, dass keine Maßnahmen ergriffen werden] überein. Nach diesem Szenario würde das globale System Mitte des 21. Jahrhunderts kollabieren.«

Wenn das nicht nachdenklich stimmt, dann weiß ich nicht, worauf wir noch warten. Aber das Weltmodell ist nicht das einzige Modell, das in diese Richtung weist. Viele nachfolgende Modelle, darunter Überarbeitungen des Weltmodells durch die Autoren selbst, sind zu ähnlichen Ergebnissen gekommen.

Unabhängige Überprüfung

Die Tatsache, dass andere Modelle zu demselben Schluss kommen, ist ein zweiter Test für die Glaubwürdigkeit eines mathematischen Modells. Es war ein Test, wie ihn auch die Mathematiker dringend brauchten, als es um den Beweis des berühmten Vier-Farben-Satzes ging. Dieser Satz besagt, dass vier Farben ausreichen, um eine beliebige Landkarte so einzufärben, dass nie zwei Länder mit derselben Farbe aneinanderstoßen.

Es wurden zahlreiche Versuche unternommen, um diese Vermutung zu beweisen, aber bis dahin ohne Erfolg. Der Mathematik-Kolumnist Martin Gardner behauptete einmal, er habe den Satz widerlegt, und veröffentlichte im *Scientific American* vom April 1975 sein Gegenbeispiel. Ein Mathematik-Tutor, der das Erscheinungsdatum 1. April übersehen hatte, präsentierte seinem Kurs diesen vermeintlichen Gegenbeweis triumphierend als jüngste wichtige Entdeckung der Mathematik. Am nächsten Tag brachte einer seiner Studenten die fein säuberlich eingefärbte Karte in den Kurs – in vier Farben.

Im Jahr 1976 erbrachten Kenneth Appel und Wolfgang Haken

von der University of Illinois einen ersten Beweis, indem sie das Problem auf eine große, aber endliche Zahl von Möglichkeiten reduzierten und einen Computer überprüfen ließen, dass keine dieser Möglichkeiten mehr als vier Farben benötigte. Als die Nachricht bekannt wurde, brannten Mathematikstudenten in Illinois angeblich ein Feuerwerk ab, stürzten Autos um und feierten auf der Straße. Andere Mathematiker waren weniger glücklich mit diesem holperigen Beweis, der allein auf der Rechenleistung eines Computers beruhte. Die einzige Möglichkeit zu überprüfen, ob sich das Programm verrechnet hatte, wäre ein weiteres, noch komplizierteres Programm gewesen, das seinerseits einen winzigen Fehler haben könnte.

Die Zweifel wurden zum Schweigen gebracht, als andere Programme auf anderen Wegen zu demselben Schluss kamen. Inzwischen gibt es mehrere solcher Beweise, und Mathematiker sind sich einig, dass diese Programme zusammengenommen die Richtigkeit des Theorems überzeugend demonstrieren.

Spielen nach den Regeln: der Faktor Mensch

Wenn ein Modell auf Regeln basiert, die bekanntermaßen funktionieren, ist dies ein weiteres Argument für seine Glaubwürdigkeit. Das Modell des »Sicheren Operationsradius für die Menschheit« legt bei der Berechnung der Versauerung der Meere und der Abnahme der Ozonschicht physikalische Prozesse zugrunde, die wir heute gut verstehen. (Die Tatsache, dass sich die Ozonschicht heute wieder erholt, ist zumindest zum Teil dem Buch *Die Grenzen des Wachstums* zu verdanken. Es stieß Forschungen an, die schließlich dafür sorgten, dass 1987 das Montrealer Protokoll unterzeichnet und die Produktion von Fluorchlorkohlenwasserstoffen weltweit verboten wurde.)

Aber trifft das auch auf das menschliche Verhalten zu, das die Ursache für viele unserer globalen Umweltprobleme ist? Gibt es so etwas wie ein soziologisches Gegenstück zu Newtons Gesetzen, mit dem wir die künftigen Entwicklungen der menschlichen Gesellschaft vorhersehen können?

Der Science-Fiction-Autor Isaac Asimov erfand ein solches

Gesetz in seinem »Foundation«-Zyklus mit der fiktiven Wissenschaft der Psychohistorik, einem »Zweig der Mathematik, der sich mit den Reaktionen menschlicher Zusammenschlüsse auf bestimmte gesellschaftliche und wirtschaftliche Reize beschäftigt«. Angesichts unseres Hangs zu Irrationalität (ganz zu schweigen von Entscheidungsparadoxa wie dem bekannten »Gefangenendilemma«) ist wohl kaum zu erwarten, dass sich das menschliche Verhalten jemals auf diese Weise vorhersehen lässt. Aber das hat Mathematiker nicht daran gehindert, es trotzdem zu versuchen.

Ein Versuch ist die sogenannte »soziale Thermodynamik« – die Suche nach gesellschaftlichen Entsprechungen zu physikalischen Größen wie Temperatur und Entropie. Manchmal sind die Ergebnisse durchaus hilfreich, aber gelegentlich sind sie einfach zum Totlachen. Zum Beispiel kam ein Autor nach seitenlangen, hochkomplexen Berechnungen zu dem Schluss, dass die gesellschaftliche Organisation in seinem Heimatland im Grunde perfekt war.

In etwas ernster zu nehmenden Untersuchungen suchen Wissenschaftler nach einer Antwort darauf, wie gesellschaftliche Strukturen entstehen und funktionieren, indem sie diese als komplexe anpassungsfähige Systeme behandeln (grob gesagt, Systeme mit »emergentem« Verhalten, die also spontan neue Strukturen herausbilden und deren Ganzes größer ist als die Summe ihrer Teile). Oft fließen auch Erkenntnisse aus den Neurowissenschaften und der Evolutionspsychologie mit ein, doch diese Forschungen stehen nach wie vor am Anfang und eignen sich noch nicht für seriöse Prognosemodelle.

Wenn wir das menschliche Verhalten in unsere Modelle einbauen wollen, bleiben uns damit nur zwei Möglichkeiten. Entweder beschränken wir uns auf die messbaren Auswirkungen des menschlichen Verhaltens, etwa die Produktivität, Umweltverschmutzung, Bodennutzung, Emission von Treibhausgasen und so weiter. Diesen Weg gehen die meisten Modelle, darunter auch die Berichte des Weltklimarats der Vereinten Nationen oder die umfassenderen Weltmodelle sowie jene zur Ermittlung der »Grenzen des Planeten«.

Die andere Möglichkeit wäre, sich Methoden und Erkenntnisse aus einer Disziplin zu borgen und sie in einer anderen anzuwenden. Ökologen verwenden beispielsweise die Bilder der Katastrophentheorie, um realistische Computersimulationen für die Interaktion von positiven und negativen Rückkopplungen in Ökosystemen zu erstellen. Die Tatsache, dass sich in Wirtschaft und Gesellschaft im Grunde ähnliche Prozesse abspielen (zumindest aus mathematischer Sicht), lässt vermuten, dass Prognosen auf diesen Gebieten von den Modellen der Ökologen lernen können und umgekehrt.

Ökologie für Banker

Die Notenbank des Bundesstaats New York unternahm einen ersten Schritt in diese Richtung, als sie im Mai 2006 gemeinsam mit verschiedenen Wissenschaftsakademien und dem Nationalen Forschungsrat der Vereinigten Staaten Angehörige unterschiedlicher Disziplinen zu einer Konferenz einlud, »um neues Denken zu systemischen Risiken« anzuregen. Robert May und seine Kollegen Simon Levin und George Sugihara fassten das Ergebnis in einem Artikel zusammen, den sie mit »Ecology for Bankers« überschrieben.

Der Artikel hatte nichts mit Mays Artikel über die Ökologie der Drachen zu tun, doch die Motivation war im Grunde dieselbe: Er sollte einen Denkabstoß liefern. Diesmal ging es um die Vorstellung, »dass die Analyse von Finanz- und Ökosystemen vieles gemein hat, allem voran die Notwendigkeit, Situationen zu erkennen, in denen ein System aus der scheinbaren Stabilität in einen anderen, weniger positiven Zustand gestoßen wird«.

Nach Ansicht der Autoren hängen katastrophale Veränderungen eines Systems letztlich mit der Organisation dieses Systems selbst zusammen. Die Veränderungen entstehen aus Rückkopplungen innerhalb des Systems und aus latenten, oft unbekannten Verbindungen. Das Entscheidende ist, dass dieselben Prinzipien gelten, egal ob es sich um ein Ökosystem, ein Finanzsystem, ein gesellschaftliches System, ein Stromnetz oder das Internet handelt. Wie die Autoren schreiben:

Katastrophale Veränderungen können durch ein offensichtliches
äußeres Ereignis wie einen Krieg ausgelöst werden, doch häufiger
ist die Ursache ein scheinbar unbedeutender Umstand oder sogar
ein haltloses Gerücht. Kommen die Veränderungen erst einmal in
Gang, können sie explosiv verlaufen und weisen in der Regel die
Form einer Hysterese auf, weshalb die Erholung sehr viel mehr Zeit
in Anspruch nimmt als der Zusammenbruch. Im Extremfall sind
die Veränderungen unumkehrbar.

Mit anderen Worten, wenn ein System aus komplexen Vernetzun-
gen besteht, gibt es immer die Möglichkeit, dass ein scheinbar
unbedeutendes Ereignis eine katastrophale Folge von Ereignissen
anstößt. Einige Ökosysteme sind auf diese Weise rasant zusam-
mengebrochen. Andere haben dagegen über schier endlose Zeiträume hinweg überlebt. Was ist ihr Geheimnis? Und wie lässt es
sich auf andere komplexe Ökosysteme übertragen?

Die Konferenz des Jahres 2006 kam zu dem Ergebnis, dass der
Schlüssel die »Widerstandsfähigkeit gegen Erschütterungen« war.
»Ökosysteme sind robust dank ihres langen Bestehens«, schreibt
May. »Wenn wir die strukturellen Gemeinsamkeiten von Systemen erkennen, die seltene, das ganze System erfassende Ereignisse überlebt haben oder aus diesen hervorgegangen sind, dann
könnten wir Hinweise darauf finden, welche Eigenschaften komplexer Systeme mit einem hohen Grad an Widerstandsfähigkeit
einhergehen.«

Daraus zog ein weiterer Autor den Schluss, die Banken der Zukunft sollten nicht mit Starökonomen und Wunderkindern besetzt
werden, sondern mit Ökologen. Es sind jedoch interdisziplinäre
Anstrengungen nötig, um die strukturellen Faktoren zu erkennen,
die ein System elastisch machen, und die Grenzen zu ermitteln, an
denen die Elastizität überdehnt wird.

Aber genauso wichtig ist der politische Wille, die Bedeutung
dieses Themas anzuerkennen und die nötigen Maßnahmen zu ergreifen. In diesem Buch geht es mir unter anderem darum, das
Verständnis zu erleichtern und auf Material hinzuweisen, das die
Interessierten und Willigen benötigen. Hier kann ich leider nicht

mehr als darauf verweisen – vor allem auf die Tatsache, dass unabhängig vom Detail sämtliche Modelle für unsere Zukunft zu demselben einfachen Schluss kommen: Es gibt Grenzen, die wir nicht überschreiten können, ohne uns selbst in Gefahr zu bringen, und es gibt Dinge, die wir tun können, um die wirtschaftliche, ökologische und gesellschaftliche Elastizität innerhalb dieser Grenzen zu erhalten und zu verbessern.

Aber wie lassen sich diese Grenzen und die vorhandene Elastizität ermitteln, und woher wissen wir, ob wir uns auf unsere Berechnungen verlassen können?

Test 3: Sind die Berechnungen verlässlich?

Hier fangen die eigentlichen Schwierigkeiten an. Beim Vergleich der verschiedenen Computermodelle stellen wir fest, dass ihre komplexen Berechnungen kaum zu überprüfen sind und dass kleine Veränderungen in den Annahmen gewaltige Veränderungen im Ergebnis bewirken können.

Das Problem wird größer, wenn es ein allgemeingültiges Modell gibt, an das die meisten Beteiligten glauben. Dieser Glaube kann so stark sein, dass Daten, die nicht zu diesem Modell passen, einfach herausgefiltert werden. So geschehen zum Beispiel in den 1970er-Jahren bei der Messung der Ozonschicht in der Stratosphäre über der Antarktis. Das Ozonloch wurde jahrelang schlicht übersehen, weil die zur Datenauswertung verwendeten Computerprogramme alle Messwerte aussortierten, die nicht den Erwartungen entsprachen, die aus dem gängigen Modell abgeleitet worden waren.

Leider stehen hinter dominanten Modellen oft dominante bürokratische Apparate. Das muss nicht unbedingt heißen, dass die Modelle falsch sind, aber wie eine Gruppe prominenter Ökologen meinte, besteht immer eine Gefahr: »Die zahlreichen Filter, über die in der Wissenschaft Glaubwürdigkeit hergestellt wird, schaffen eine Hierarchie, in der Knotenpunkte umso beherrschender werden, je öfter sie zitiert werden. Diese Konzentration auf einige wenige steigert zwar die Effizienz, verringert jedoch die Vielfalt der möglichen Antworten.«

Ein zweites Problem ist die Neigung von Naturwissenschaftlern, sich auf Dinge zu konzentrieren, die sich messen und berechnen lassen, und alles andere zu vernachlässigen. Diese Neigung beruht auf Erfahrung. Die Geschichte von Robert Millikan, der für seine Messungen der Ladung des Elektrons den Nobelpreis erhielt, ist die Geschichte eines Wissenschaftlers, der wusste, welche Ergebnisse er verwenden konnte und welche nicht.

Diese selektive Vorgehensweise birgt trotzdem immer die Gefahr, das Kind mit dem Bade auszuschütten. Deshalb meinte Isaac Asimov einmal: »Der aufregendste Ausruf, den man in der Wissenschaft zu hören bekommt, ist nicht ›Heureka!‹ [Ich hab's!], sondern ›Das ist aber komisch!‹.«

Das Problem ist, dass wir nicht wissen, was wir nicht wissen. »Wir versäumen es immer wieder, die Frage zu stellen, die es uns erlauben würde, mit großen, bedeutenden Veränderungen auch nur zu rechnen.« Aber nur weil *wir* es nicht wissen, bedeutet das noch lange nicht, dass es *niemand* weiß.

Ökologen meinen, wenn es überhaupt eine Antwort auf diese drei Probleme gibt, dann die Vielfalt des Denkens. In der Ökologie hat diese oft gute Dienste geleistet. Um nur einen Fall zu nennen, auf Madagaskar half die Auskunft einiger analphabetischer Jäger und Holzfäller dabei, zu verstehen, warum die Zahl der nur auf der Insel vorkommenden Riesenratten plötzlich rapide abnahm.

Diese Lösung wird von Untersuchungen zur Schwarmintelligenz bestätigt, die zeigen, dass Gruppen oft bessere Entscheidungen treffen als die meisten ihrer Angehörigen für sich genommen – immer vorausgesetzt, dass die Angehörigen der Gruppe ihren Beitrag unabhängig voneinander beisteuern. Die andere Seite der Medaille ist nämlich das Problem der Gruppendenke, das immer dann auftaucht, wenn eine dominante Persönlichkeit (oder in unserem Fall ein Modell) das Denken verzerrt und den Blick auf andere Lösungen verstellt.

Die Gruppendenke ist ein potenzielles Problem für große Organisationen wie den Weltklimarat der Vereinten Nationen, der

Informationen und Ergebnisse aus 194 Nationen erhält und einen komplexen Filter anwendet. Zum Glück sind Wissenschaftler in der Regel unabhängige und kritische Denker. Wenn es Meinungs-verschiedenheiten gibt – wie im Falle der Himalaja-Gletscher –, dann werden diese früher oder später ausgetragen, zum Nutzen aller Beteiligten. In der Untersuchung der Gletscher-Kontroverse wurden außerdem Empfehlungen zur Reduzierung der Bürokratie und zur Verbesserung der Transparenz gemacht – auch diese Reformen können nur gut sein.

Die Dominanz einiger Modelle, die Konzentration auf das Messbare und der Mangel an Vielfalt können also durchaus zum Problem werden und müssen in den kommenden Jahren angegangen werden, um die Modelle weiterentwickeln zu können. Diese Bedenken wiegen jedoch nicht so schwer, dass wir die wichtigsten Ergebnisse der Modelle einfach ignorieren könnten.

Wenn die Daten vertrauenswürdig sind, das Modell glaubhaft und die Berechnungen ausreichend fundiert, müssen wir nur noch zwei Zweifel ausräumen: die Interpretation der Ergebnisse und unser Vertrauen in die Menschen, von denen die Ergebnisse und ihre Interpretation stammen.

Test 4: Sind die Menschen verlässlich?

»Irren ist menschlich. Richtigen Mist bauen nur Computer.«

Wenn sich Experten über computergenerierte Prognosen streiten, wem sollten wir dann vertrauen? Auf wessen Interpretation sollten wir hören?

Ein amerikanischer Richter meinte einmal, wir sollten auf den Computer selbst hören, da dieser die »glaubhafte Aura der Verlässlichkeit« hätte. Das war allerdings im Jahr 1969, und seither ist viel passiert. Die meisten Menschen sind sich inzwischen bewusst, dass sich überall menschliche Fehler einschleichen, und zwar sowohl auf der Input- als auch auf der Outputseite.

Ich persönlich muss gestehen: Ich weiß es nicht. Aber ich kann ein paar Vorschläge machen:

1. Wenden Sie meine ersten drei Tests an. Diese geben Ihnen einen Hinweis auf die Verlässlichkeit des Prozesses und der Prognose.
2. Sehen Sie sich die verschiedenen Prognosen an. Erscheint Ihnen eine sinnvoller als die anderen?
3. Sehen Sie sich die Beziehungen der Menschen an, von denen die Prognose stammt. Könnten sie wirtschaftliche, politische oder persönliche Interessen vertreten? Oder haben Sie den Eindruck, dass sie in ihren Aussagen unabhängig sind?
4. Sehen Sie sich die wissenschaftliche Glaubwürdigkeit der Person an, von der die Prognose stammt. Spricht sie über ein Thema aus ihrem Spezialgebiet? Dann sollten Sie der Prognose mehr Gewicht geben, denn renommierte Wissenschaftler haben in der Regel kein Interesse daran, ihren Ruf mit übertriebenen Behauptungen aufs Spiel zu setzen. Ist sie eine ausgewiesene Koryphäe auf ihrem Gebiet? Auch dann lohnt es sich, ihre Meinung zu hören. Das hat nichts mit wissenschaftlichem Snobismus zu tun. Wer einer nationalen Akademie der Wissenschaften angehört, ist vermutlich aufgrund seiner Leistungen dorthin gekommen, und seine Meinungen (natürlich nur in seinem Spezialgebiet!) sind in der Regel fundiert.
5. Wo wurden die Prognosen veröffentlicht? Aufsätzen in einer anerkannten Fachzeitschrift (wie *Nature* oder *Science*) sollten Sie größeres Gewicht beimessen. Auch das hat nichts mit wissenschaftlichem Snobismus zu tun. Wenn Autoren bereit sind, ihre Ansichten in einer Fachzeitschrift dem kritischen Blick von Kollegen auszusetzen, die mindestens genauso viel wissen wie sie selbst, dann ist ihre Meinung vermutlich fundiert. Meinungen, die in einem Interview mit Journalisten geäußert werden, sollten Sie dagegen eher mit Vorsicht genießen.

Diese Hinweise mögen selbstverständlich klingen, aber oft übersehen wir gerade das Offensichtliche, vor allem wenn Meinungen, Emotionen und die Logik des blanken Eigennutzes mit ins Spiel kommen. Als der erste Beweis für den Vier-Farben-Satz veröffentlicht wurde, witzelten viele Mathematiker: »Ein mathematischer

Beweis ist wie ein Gedicht – das hier ist ein Telefonbuch!« Wenn es um die korrekte Darstellung von Fakten geht, würde ich persönlich eher einem Telefonbuch vertrauen. Aber wenn es darum geht, die Fakten zu einem pointierten und informativen Überblick zusammenzustellen, dann würde ich eher auf den Dichter vertrauen, der das Unbegreifliche in klare Worte und Bilder fasst.

Computer sind die Dichter der Zukunftssimulation. Sie entlocken selbst den einfachsten Situationen unerwartete Einblicke, etwa bei der Darstellung der Schwankungen, die sich aus einer scheinbar simplen Gleichung zum Bevölkerungswachstum ergeben. Mit ihrer Hilfe können wir die oft unerwarteten Konsequenzen aus den Interaktionen verschiedener Teile eines komplexen Systems vorhersehen, egal ob es sich dabei um unsere Gesellschaften, Ökosysteme oder Volkswirtschaften handelt. Aber können sie uns wirklich warnen, wenn wir uns einem kritischen Übergang nähern? Im nächsten Kapitel sehen wir uns an, warum sie vielleicht genau dazu in der Lage sind.

11. Alarmglocken

Jedes Unheil ist Ansporn und wertvoller Hinweis.

RALPH WALDO EMERSON (1860)

Emerson nahm Katastrophen mit philosophischer Gelassenheit und sah sie vor allem als Hinweis, um in Zukunft besser zu handeln. Ich persönlich hätte den Hinweis gern vor dem Unglück, ja, wenn ich die Wahl hätte, aus einer Katastrophe zu lernen oder vorgewarnt zu werden, dann würde ich mich immer für Letzteres entscheiden.

Das Problem ist nur, dass die meisten dieser Hinweise so winzig sind, dass wir sie leicht übersehen. Analysten sprechen von »schwachen Signalen«. Diese sind schwer zu entdecken und leicht misszuverstehen. Genau wie das auffällig lange Schweigen, das schließlich zu folgendem Dialog führt:

»Habe ich etwas Falsches gesagt?«
»Nein.«
»Habe ich etwas nicht gesagt, was ich hätte sagen sollen?«
»Nein.«
»Habe ich etwas nicht gesagt, was ich hätte sagen sollen, und hab's dann falsch gesagt?«
»Vielleicht.«
(Seufzt.) »Hab ich's doch gewusst!«

Schwache Signale sind leicht zu überhören, weil sie sich meist in einer Menge anderer Informationen verstecken. Das ist so, als wollten Sie sich auf einer Party auf ein Gespräch konzentrieren, während um Sie herum lautstark andere Gespräche geführt werden. Ehe Sie es sich versehen, haben Sie den Faden verloren oder hören einem anderem Gespräch zu.

Das ist allerdings keine gute Idee, wenn Sie nach den schwachen Signalen suchen, die eine Katastrophe ankündigen. Diese Signale sind wichtig, aber wir müssen erst lernen, sie zu erkennen.

Für Psychologen sind schwache Signale oft belastende Ereignisse, die von den Beteiligten häufig gar nicht als solche erlebt werden (deshalb schwache Signale), aber in der Regel eine emotionale Katastrophe ankündigen, da ihre Wirkung sich addiert. Die Psychologen Thomas Holmes und Richard Rahe entwickelten eine nach ihnen benannte Stress-Skala, an deren Spitze der Tod eines nahestehenden Menschen, Scheidung und Gefängnisstrafe stehen, unmittelbar gefolgt von Heirat, Versöhnung mit dem Ehepartner und Pensionierung. Andere Listen nennen andere Ereignisse, doch alle sind sich einig, dass sich ihre Auswirkungen auf die Gesundheit summieren. (Das Bücherschreiben findet sich nicht auf dieser Liste, aber aus eigener Erfahrung würde ich es gleich neben die Gefängnisstrafe stellen, gefolgt von Scheidung und Trauer, wenn das Buch fertig ist.)

Inzwischen sind die Erkenntnisse über diese spezifischen schwachen Signale weithin bekannt und können den Menschen helfen, die diese erleben. In anderen Fällen müssen die schwachen Signale jedoch aus einer Reihe von Quellen zusammengesetzt werden und sind noch schwieriger zu entdecken. Eines der schmerzlichsten Beispiele ist der Kindesmissbrauch: Nachbarn, Angehörige, Freunde und verschiedene gesellschaftliche Einrichtungen haben Teile des Puzzles, doch niemand konnte die schwachen Signale rechtzeitig zusammenfügen.

Die kumulative Bedeutung von schwachen Signalen spielt in vielen Bereichen eine Rolle, von der Pflege zwischenmenschlicher Beziehungen bis hin zur Entdeckung bevorstehender globaler Umweltveränderungen. In einem wegweisenden Artikel aus dem Jahr 1975 stellte der Unternehmensberater Igor Ansoff einige Grundprinzipien auf, nach denen wir die Signale einschätzen und auf sie reagieren können.

Ansoff war besorgt, weil viele Manager sich vor allem an »starken Signalen« wie Gewinn, Stückkosten und Verkaufszahlen orientierten. Diese Signale ermöglichen zwar die kurzfristige Planung, doch sie sind nutzlos, wenn es darum geht, Ereignisse wie die Entwicklung eines neuen Produkts, Veränderungen in der Marktstruktur oder gewandelte Einstellungen der Arbeitnehmerschaft vorherzusehen.

Daher forderte Ansoff von den Managern, sich für schwache Signale zu sensibilisieren: »Verantwortliche müssen lernen, das Ohr am Boden zu haben, um frühzeitig Hinweise auf Gefahren und Chancen zu erkennen.« Wenn sich beispielsweise die Qualität der Zulieferer verschlechtert oder die Arbeitnehmer zunehmend krankfeiern, dann könnten dies Warnsignale sein, dass es mit dem Unternehmen bergab geht. Natürlich könnten diese Signale auch andere Ursachen haben, aber allein ihre Existenz sollte den Managern schon Warnung genug sein, die Augen offen zu halten.

Im unternehmerischen Kontext spielen Frühwarnsysteme besonders bei der Entdeckung sogenannter »wild cards« eine Rolle. Diese Wildcards sind mehr oder weniger mit Talebs »schwarzen Schwänen« identisch: Es handelt sich um Ereignisse, die als unwahrscheinlich wahrgenommen werden, deren Eintreten jedoch gewaltige Auswirkungen auf die gesamte Organisation hätte. Wie die Explosion der Raumfähre *Challenger* im Jahr 1986, die das gesamte Raumfahrtprogramm der NASA über den Haufen warf.

Schuld an der Explosion war ein unscheinbarer Dichtungsring, doch das eigentliche Problem war die Struktur der Organisation, die nicht darauf eingerichtet war, Warnsignale zu erkennen. Probleme wurden stattdessen einfach unter den Teppich gekehrt. Das passt zu einem Muster, das Experten im Krisenmanagement häufig beobachten: »Lange vor ihrem Eintreten hinterlässt eine Krise eine gut erkennbare Spur wiederholter Alarmsignale.«

Ansoff und andere haben vier Prinzipien aufgestellt, um solche Warnungen zu erkennen und auf sie zu reagieren. Erstens müssen aus vielen unterschiedlichen und unabhängigen Quellen Informationen über mögliche Wildcard-Szenarien gesammelt werden, um die schwachen Signale identifizieren zu können, die vor einem solchen Szenario warnen. Zweitens müssen Führungskräfte in den verantwortlichen Positionen geschult werden, nach diesen Signalen Ausschau zu halten, statt sich nur auf starke Signale zu verlassen und kurzfristig zu planen. Drittens müssen Mechanismen eingerichtet werden, um die Kommunikation zwischen den Führungskräften über ihre Beobachtungen und Erkenntnisse zu ermöglichen. Und viertens – dieser Punkt ist vielleicht der wichtigste – muss die Organisation schon im Voraus so aufgestellt werden, dass sie improvisieren und sich in ausreichendem Maße verändern kann, um auf das Szenario zu reagieren, wenn es denn eintritt. (Als beispielsweise ein Buschfeuer mein Haus in Australien bedrohte, konnte ich bleiben und es bekämpfen, weil ich einen Fluchtweg vorbereitet hatte, für den Fall, dass die Lage außer Kontrolle geraten sollte. In einem unternehmerischen Umfeld funktionieren »Feuerwehreinsätze« am besten, wenn vorab ähnliche Maßnahmen ergriffen wurden, um bei einer Änderung der Umstände auch eine Änderung der Pläne zu ermöglichen. Experten weisen darauf hin, dass es kaum möglich ist, Pläne für ein Krisenmanagement zu entwickeln, wenn die Krise bereits in vollem Gange ist.)

Ähnliche Prinzipien greifen auch in größerem Maßstab, wenn es darum geht, sich auf Probleme in Wirtschaft, Gesellschaft und Umwelt vorzubereiten:

1. Identifizieren von möglichen Wildcard-Szenarien.
2. Erkennen von Hinweisen auf bevorstehende kritische Übergänge, auch wenn diese Signale oft uneindeutig und interpretationsbedürftig sind.
3. Informationsaustausch über die entdeckten Warnsignale.
4. Nutzung dieser Informationen bei der Erstellung eines Plans, der beim Eintritt des Szenarios Improvisation ermöglicht.

Was Wirtschaftsweise und Miniröcke
gemeinsam haben

Ein nicht ganz ernst zu nehmendes Warnsignal besagt, dass sich der Wohlstand westlicher Gesellschaften an der Länge der Röcke ablesen lässt: Je besser es der Wirtschaft geht, umso kürzer werden die Röcke. Wirtschaftswissenschaftler gaben dem Phänomen den etwas spröde klingenden Namen Saum-Index . Der Soziologe John Casti gab dem Ganzen eine interessante Wendung, als er behauptete, Miniröcke und andere »Stimmungsbarometer« ließen sich als Frühwarnsystem auf bevorstehende gesellschaftliche und wirtschaftliche Veränderungen verwenden.

Der Saum-Index wurde 1926 vom Wirtschaftswissenschaftler George Taylor erfunden, der seine Theorie auf einem halben Jahrhundert sorgfältiger Beobachtung der weiblichen Mode begründete. Der Saum-Index ist ein moderner Mythos, aber er basiert durchaus auf gewissen Fakten. So trugen Frauen beispielsweise während der Weltwirtschaftskrise der 1930er-Jahre bodenlange Röcke, und während der goldenen Sechziger kam der Minirock auf.

Taylor und andere nahmen an, dass die wechselnde Rocklänge eine Reaktion auf wirtschaftliche Umstände sei. Casti stellte diese Annahme auf den Kopf und verkündete: »Die Zukunftserwartung einer Gruppe oder Bevölkerung bestimmt die Ereignisse.« Casti behauptet also mit anderen Worten, dass der Optimismus (der sich beispielsweise in den kürzeren Röcken ausdrückt) den Wohlstand schafft und nicht umgekehrt.

Das ist ein interessanter Gedanke. Vielleicht funktioniert er im Falle anderer Stimmungsbarometer, aber auf die Röcke trifft er leider nicht zu. Neuere Untersuchungen zeigen, dass die Saumlänge den wirtschaftlichen Veränderungen *folgt*, und zwar mit einer Verzögerung von rund drei Jahren. Dagegen besteht keinerlei Zusammenhang zwischen der Länge der Röcke und nachfolgenden wirtschaftlichen Veränderungen.

Trotzdem könnte die Saumlänge ein nützliches Frühwarnsystem sein. Nach Ansicht des Analysten Sandro Mendonça sind die ersten Hinweise auf einen konjunkturellen Umschwung »Umweltturbulenzen«. Ökologen kennen solche Turbulenzen als Warn-hinweis auf bevorstehende kritische Übergänge in der Natur. Sie zeichnen sich unter anderem durch Schwankungen zwischen un-terschiedlichen Zuständen und eine zunehmende Häufigkeit von Extremzuständen aus. Übertragen auf die Röcke bedeutet dies, dass weniger die Länge selbst den Ausschlag gibt, sondern die Schwankungen der Mode und die Extreme, zwischen denen sie hin und her springt.

Diese Hypothese lässt sich einfach überprüfen. Die schwedi-schen Designer Anders Mellbratt und Nils Wiberg haben ein »um-weltfreundliches« Kleid entworfen, dessen Saum sich je nach Kon-junktur an Drähten nach oben oder unten korrigieren lässt. Wenn man Sensoren anbringen würde, könnte man das Auf und Ab der Säume über einen längeren Zeitraum hinweg messen.

Für das Material bedeutet diese ständige Belastung natürlich irgendwann eine Faltungskatastrophe. Diese bietet übrigens rein zufällig auch ein Modell für die Früherkennung von wirtschaft-lichen, gesellschaftlichen und globalen Katastrophen.

Die Faltungskatastrophe, die wir in Kapitel 8 kennengelernt haben, ist ein einfaches Modell, mit dessen Hilfe sich entschei-dende Eigenschaften von realen kritischen Übergängen darstellen lassen. Bei genauer Analyse des Verlaufs dieser Katastrophen zeigt sich, dass ein entscheidender Faktor der Verlust der Elastizität des Systems ist, also seiner Fähigkeit, Stöße abzufedern und weiter zu funktionieren. (Technisch gesprochen ist die Elastizität »die Fähig-keit eines Systems, Störungen zu absorbieren und sich unter weit-gehender Beibehaltung seiner Funktion, Struktur, Identität und Rückkopplungen neu zu organisieren«. Ein hübscher Vergleich ist das Gummiband in Ihrer Unterhose. Wenn der Gummi seine Elas-tizität verliert und seine Funktion nicht mehr wahrnehmen kann, braucht es nicht viel, und Sie stehen ohne da.) Diese Fähigkeit wiederum hängt mit der Fähigkeit zusammen, auf veränderte Um-stände zu reagieren und sich neu zu organisieren. Ein Verlust die-ser Fähigkeit ist ein Hinweis, dass eine Katastrophe bevorsteht.

Mathematiker haben fünf Frühwarnsignale ausgemacht, die auf einen Verlust der Elastizität hindeuten. Neben 1. der Zunahme von Extremzuständen und 2. der Schwankung zwischen verschiedenen Zuständen sind dies 3. eine kritische Verlangsamung, 4. Veränderungen räumlicher Muster und 5. die zunehmend asymmetrische Verteilung von Zuständen. In allen fünf Fällen handelt es sich um statistische Größen, deren Analyse große Datenmengen erfordert. Oft ist es nicht einfach, echte von falschen Positiven zu unterscheiden. Trotzdem sind diese Größen oft unsere einzige realistische Hoffnung, Frühwarnsignale zu erkennen.

Wie wichtig sie sind, zeigen Untersuchungen von simulierten und realen Ökosystemen. Doch es wird zunehmend klar, dass diese fünf Warnsignale auch auf anderen Gebieten auf bevorstehende kritische Übergänge hinweisen. Aber um zu verstehen, woher diese Signale kommen und wie wir sie nutzen können, müssen wir uns zunächst ansehen, was die Elastizität eines Systems ausmacht.

Elastizität

Verlust der Elastizität bedeutet, dass sich ein System nur langsam von einer Störung erholt und Gefahr läuft, über einen kritischen Punkt gestoßen zu werden, wenn eine neue Störung einsetzt, ehe es sich von der ersten erholt hat. Stellen Sie sich einen Boxer vor, der einen schweren Treffer abgekommen hat und noch taumelt, wenn er schon den nächsten Treffer bekommt. Ein paar solcher Schläge, und der Kampf ist zu Ende.

Ein Beispiel aus der Natur sind Korallenriffe, die normalerweise durch Fische von Algen und Seetang frei gehalten werden. Das System erhält seine Elastizität gegen Störungen wie Wirbelstürme, indem es für die Kolonisierung durch Korallenlarven offen bleibt. Wenn die Fische zum Beispiel durch Überfischung verschwinden, geht diese Elastizität verloren, und nach der nächsten Störung kann das Riff ein Opfer der Algen werden. So geschehen in den 1980er-Jahren in vielen Korallenriffen Jamaikas: Dort begann nach dem Hurrikan Allen eine Verkettung von Umständen, in deren Verlauf der Algenbefall von nahe null auf über 90 Prozent stieg. Mit Unterstützung des Seeigels *Diadema antillarum* erholte sich das Riff gerade von der ersten Störung, als der Seeigel von einer Krankheit ausgelöscht wurde. Da keine anderen Fische da waren, konnten die Algen einfallen.

Computermodelle zeigen auf elegante Weise, wie der Verlust der Elastizität das Vorspiel eines kritischen Übergangs sein kann. Dabei handelt es sich um eine Veränderung der Form eines »Tals« (des Attraktors), das in unserem Vergleich mit dem Flipperautomaten die verschiedenen stabilen Zustände darstellt (siehe Kapitel 7).

Wie man es auch dreht und wendet, der Verlust der Elastizität ist ein deutlicher Hinweis auf eine bevorstehende Katastrophe. Dieses Konzept wurde 1973 von Crawford Stanley »Buzz« Holling in die Ökologie eingebracht, doch es hat noch andere Anwendungen. Wir können es sogar auf unseren eigenen Körper übertragen. Wenn wir beispielsweise durch eine Infektion oder Verletzung geschwächt sind, werden wir anfälliger für eine Sekundärinfektion. Ein weiteres Beispiel, das wir analog zu dem in Abbildung 11.1 illustrieren können, ist die Regulierung unserer Körpertemperatur, die sich aber auch als eindimensionale »Landschaft« mit drei Attraktoren darstellen lässt (Abbildung 11.2): Gesundheit, Tod durch Unterkühlung und Tod durch Überhitzung. Glücklicherweise ist die Option »Gesundheit« sehr tief, aber nicht sonderlich breit in Hinblick auf die akzeptablen Temperaturen. Wenn wir nicht mehr in der Lage sind, unsere Körpertemperatur zu regulieren, wird das Tal plötzlich deutlich weniger tief, wie in der gestrichelten Linie in Abbildung 11.2 dargestellt, und wir geraten leicht in einen der beiden Alternativzustände.

In komplexen Situationen kann der Verlust der Elastizität viele Ursachen haben. Mit die komplexesten sind die gesellschaftlich-ökologischen Systeme unserer lebendigen Erde. Hier kann die Ursache für den Verlust der Elastizität kultureller Konservatismus, Spezialisierung von Arten hinsichtlich ihres Lebensraums, mangelnde biologische Vielfalt (wie bei Anbauflächen in Monokulturen) und eine Menge anderer miteinander vernetzter Faktoren sein. (Einer der vielleicht sonderbarsten Faktoren ist die Opferung

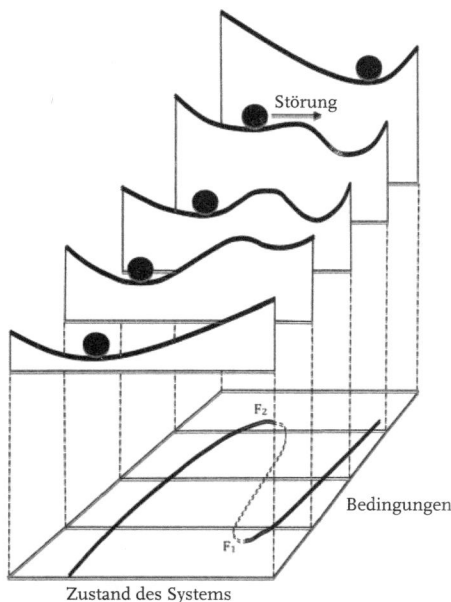

Abbildung 11.1 *Veränderung der Elastizität vor einer Faltungs-katastophe. Mit Veränderung der Bedingungen wird das Tal der Stabilität immer flacher und schmaler, und die »Kugel« kann nach einer kleinen Störung in ein angrenzendes Tal rollen (das einen alternativen stabilen Zustand darstellt.*

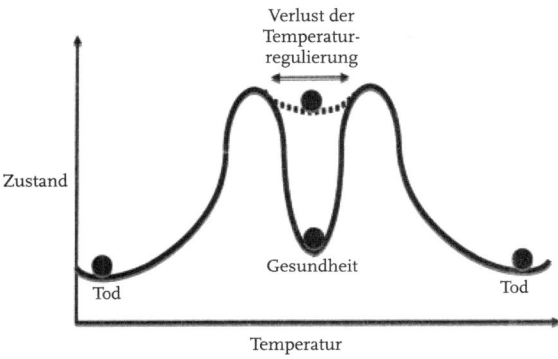

Abbildung 11.2 *Das Tal der Gesundheit und die Täler des Todes.*

bedrohter Tierarten zur Vorhersage der Zukunft. Dies nahm während der Fußballweltmeisterschaft des Jahres 2010 bizarre Formen an. Nicht nur Krake Paul sagte nämlich die Ergebnisse der Spiele in Südafrika vorher. Einige Afrikaner versuchten ihre Toto-Chancen zu verbessern, indem sie die gefährdeten Kapgeier töteten und ihre Gehirne in einer Pfeife rauchten, in der Hoffnung, auf diese Weise die Ergebnisse vorhersehen zu können. Dieses Ritual erinnert entfernt an das Orakel von Delphi, das Vulkandämpfe einatmete.)

Diese Faktoren wurden von Wissenschaftlern der Resilience Alliance entdeckt, einer internationalen Forschergruppe, die untersucht, welche Prozesse für eine Zu- oder Abnahme der Elastizität verantwortlich sind. Dieses komplexe Zusammenspiel ließ sich beispielsweise in den Everglades-Sümpfen in Florida beobachten, deren Ökosystem durch Veränderungen des Zeitpunkts und der Intensität der Überflutung an Elastizität eingebüßt hat. Dies führt zu einer zunehmenden Konzentration von Düngemitteln, Veränderungen in der Vegetation und in der Folge zu einem Rückgang der Population von Sumpfvögeln durch den Verlust des Lebensraums.

Andererseits gibt es eine immense Vielfalt von Einrichtungen in den Everglades, die sich über die Wassernutzung streiten. Diese Vielfalt hat ein »auf perverse Weise elastisches System« hervorgebracht, das sich seit vier Jahrzehnten »stabil und hartnäckig« hält und vermutlich auf absehbare Zeit erhalten bleiben wird.

Die Vorhersage der Zukunft ist ein komplexes Problem, und die Elastizität als Schlüssel der Nachhaltigkeit nimmt eine zentrale Stellung ein. Das trifft vor allem auf die umfassendste aller denkbaren Prognosen zu: die Zukunft der Biosphäre, die aus der Summe aller Organismen unseres Planeten Erde besteht. Dieses Problem wird von internationalen Wissenschaftlergruppen wie der Resilience Alliance und anderen untersucht. Einer der Vorreiter ist die Organisation Millenium Ecosystem Assessment, die zahlreiche Wildcards für mögliche Umweltveränderungen ausfindig gemacht hat und deren eindrucksvolle Szenarien und Berichte Sie sich unter www.maweb.org ansehen können. Eine ihrer wichtigsten Schlussfolgerungen ist, dass Stephen Forbes' Vorstellung vom »harmonischen Gleichgewicht widerstreitender Interessen« noch nicht ausreicht, um die Elastizität eines Ökosystems (oder eines wirtschaftlichen oder gesellschaftlichen Systems) aufrechtzuerhalten. Das System muss entsprechend gemanagt werden, um die Elastizität zu bewahren. Die Reaktion auf Warnsignale ist Teil eines solchen Managements, und Untersuchungen an ausgewählten Fischereien haben gezeigt, dass wir es auf diese Weise vielleicht schaffen könnten, dem Abgrund zu entgehen.

Wie dieses Management aussehen kann, ist eine ganz andere Frage. Eine hierarchisch organisierte Verwaltung ist in den meisten Fällen gescheitert, oft aufgrund ihrer mangelnden Flexibilität, die Ansoff und andere als entscheidende Ursache von Unternehmenspleiten ausgemacht haben. Das Management scheitert auch, wenn die Bedeutung schwacher Signale nicht erkannt wird, wie bei der Finanzkrise des Jahres 2008: Der zunehmende Anteil von Schrotthypotheken war eigentlich ein deutlicher Hinweis auf die bevorstehende Krise, doch die meisten bemerkten dieses Signal erst im Nachhinein.

Beratendes Management hat bessere Erfolgsaussichten, da mehr Menschen mit unterschiedlichen Standpunkten an der Suche nach den schwachen Signalen beteiligt sind, die plötzlichen und unerfreulichen Veränderungen vorausgehen. Wie wir eben gesehen haben, sind viele dieser Signale statistischer Natur, und ein Blick aus unterschiedlichen Perspektiven kann helfen, diese zu erkennen. Hier einige Beispiele aus der Praxis.

1. Zunehmende Schwankung

Zunehmende Schwankungen hängen mit einem Prozess namens »stochastischer Antrieb« zusammen: Schwankungen im Zustand eines Systems, das sich nahe an einem kritischen Punkt befindet, können große Sprünge zwischen alternativen stabilen Zuständen bewirken. Diese Sprünge erfolgen in eine Richtung, zum Beispiel durch die Vergabe von Mikrokrediten. Von »Flackern« spricht man dagegen, wenn die Ausschläge in beide Richtungen erfolgen (Abbildung 11.3).

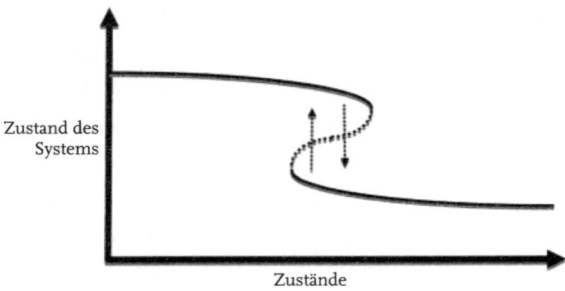

Abbildung 11.3 *Flackern.*

Die Stadt Manukau ist in Neuseeland ein Begriff, weil sich hier der größte Flughafen und eines der ältesten Einkaufszentren des Landes befinden. Aber in Fachkreisen ist die Stadt mit ihren 385 000 Einwohnern aus einem ganz anderen Grund bekannt geworden: In Manukau wurde erstmals nachgewiesen, dass das Flackern ein eindeutiges Warnsignal für den bevorstehenden dramatischen Zusammenbruch einer Tierpopulation ist.

Bei den fraglichen Tieren handelte es sich um Ringelwürmer (*Boccardia syrtis*), die den Schlick des Hafenbeckens durchpflügten. Im Auftrag der Bezirksregierung sollten die beiden Ökologen Judi Hewitt und Simon Thrush die Population 15 Jahre lang beobachten, nachdem im Jahr 2001 die Einleitung von geringen Mengen von Abwässern in den Hafen eingestellt worden war.

Infolge dieser geringfügigen Veränderung in ihrer Umwelt begann die Wurmpopulation sofort stark zu schwanken und brach zwei Jahre später schließlich zusammen. Nach deren Ausfall wurde der Schlick destabilisiert und von vorüberfahrenden Schiffen aufgewirbelt. Das hat sich bis heute nicht geändert.

Ein weiteres Beispiel für das Flackern sind die Schwankungen bei Fischpopulationen kurz vor dem Zusammenbruch der Bestände. Leider veranlasst die Hochphase sowohl die Fischer als auch die Politiker oft zu dem völlig unbegründeten Optimismus, dass sich die Bestände erholt haben könnten. Wenn die Bedeutung der Schwankungen erkannt und rechtzeitig Maßnahmen ergriffen worden wären, hätten einige Arten und mit ihnen die zugehörigen Fischereiindustrien gerettet werden können.

Ich nehme an, dass sich dieses Konzept auch auf die Psychologie, Gesellschaft und Wirtschaft übertragen lässt, da sie mathematisch und theoretisch eine Menge gemeinsam haben (siehe Kapitel 10). Rasche Schwankungen in einer Beziehung in einem weitgehend konstanten Umfeld könnten beispielsweise ein Hinweis auf ihr bevorstehendes Ende sein, wie sich am Gezerre von prominenten Paaren wie Marilyn Manson und Evan Rachel Wood leicht ablesen lässt. Solche Schwankungen können auch einen kritischen Übergang vor dem Beginn einer neuen Beziehung signalisieren und wurden mindestens seit der Liaison zwischen Elizabeth Bennet und Mr. D'Arcy in Jane Austens *Stolz und Vorurteil* ausgiebig in der romantischen Literatur behandelt.

2. Größere Streuung

Ein weiterer statistischer Indikator für eine bevorstehende Katastrophe ist die zunehmende Häufigkeit von Extremzuständen. Das lässt sich an Beziehungen beobachten, in denen liebevolle Zärtlichkeit und heftige Streitigkeiten einander abwechseln. In der Natur ist die Streuung nicht ganz so einfach zu erkennen, außer beispielsweise in flachen Seen, die durch die Überdüngung angrenzender Ackerflächen häufiger Extremzustände einnehmen. Solche Seen können ganz plötzlich »umkippen«, ein Vorgang, der Stephen Forbes sicher derart schockiert hätte, dass er den Glauben an das langfristige Gleichgewicht der Natur verloren hätte. Ein Hinweis auf einen bevorstehenden kritischen Übergang sind die zunehmenden Ausschläge der Phosphormenge im Wasser.

In einem größeren Maßstab sollten wir uns an die Zunahme extremer Wetterbedingungen gewöhnen, die durch den Klimawandel verursacht werden. Sie waren zum Beispiel dafür verantwortlich, dass sich die Aschewolke des isländischen Vulkans Eyjafjallajökull im April 2010 über den europäischen Luftraum ausbreitete. Der Grund war die westliche Luftströmung, die die Asche unter normalen Umständen vom Kontinent ferngehalten hätte, durch ein ungewöhnliches Hochdrucksystem aber blockiert wurde. Simulationen, die Christophe Cassou am CERFACS, dem European Centre for Research and Advanced Training in Scientific Computation, durchführte, zeigen, dass sich diese extremen Wettermuster aufgrund der Erwärmung der Erdatmosphäre in Zukunft verstärken werden.

3. Kritische Verlangsamung

Die kritische Verlangsamung – die sich mit »heute ist es wie gestern« umschreiben ließe – ist ein weiteres Symptom eines bevorstehenden katastrophalen Umschwungs. Die verlangsamte Erholung von kleinen Störungen ist ein Hinweis auf eine verringerte Elastizität.

Der britische Historiker und Humorist C. Northcote Parkinson, Vater des Parkinsonschen Gesetzes, erfand den Namen »Gelatinitis« für die kritische Verlangsamung in erstarrenden Unternehmen. Im fortgeschrittenen Stadium dieser Krankheit »sind die Chefs in den oberen Führungsetagen lustlos und träge, die in den unteren werden nur aktiv, um gegeneinander zu intrigieren, und die Mitarbeiter sind frustriert und launisch. Wenig wird angefangen, nichts erreicht.«

Im Endstadium der Krankheit hat ein gemeines, egoistisches, ignorantes und unsicheres Topmanagement die Führung übernommen, und nun geht überhaupt nichts mehr. Die Grundeinstellung lautet: »Schlaue Ideen können wir hier gar nicht gebrauchen. Diese cleveren Jungspunde machen nichts als Ärger, die bringen nur unsere bewährte Routine durcheinander und schlagen alle möglichen Sachen vor, von denen wir noch nie gehört haben.« An diesem Punkt herrschen Selbstgefälligkeit und Apathie, und der Zusammenbruch ist nur noch eine Frage der Zeit.

Kritische Verlangsamung ist nicht immer so witzig. Mathematiker haben nachgewiesen, dass sie auf einen bevorstehenden kritischen Übergang hinweist. Eine sorgfältige Auswertung der Geschichte des Erdklimas zeigt, dass die kritische Verlangsamung mindestens acht der bedeutendsten Klimaveränderungen voranging, unter anderem dem Ende mehrerer Eiszeiten und dem Beginn des gegenwärtigen Holozäns vor nur zehntausend Jahren.

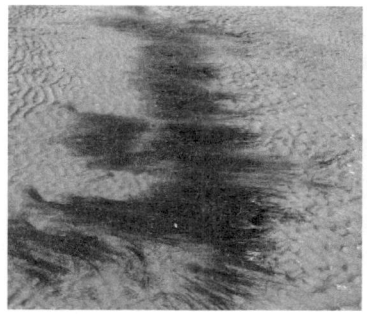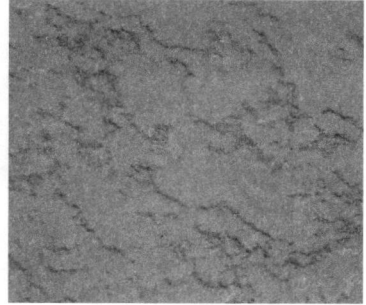

Abbildung 11.4 *Seegraswiesen in der Bucht von Saint Efflam, Frankreich.*

Nach diesem Symptom halten Wissenschaftler heute vor allem Ausschau, wenn sie nach Anzeichen für den globalen Klimawandel suchen.

4. Die Entstehung auffälliger räumlicher Muster
Komplexe Systeme erlangen Stabilität unter anderem, indem sie spontan räumliche Muster bilden. Das passiert insbesondere dann, wenn die Nähe zu ähnlichen Nachbarn die Lebensbedingungen verbessert. Ein Beispiel aus der Natur ist die Selbstorganisation von Seegras in Bandmustern (Abbildung 11.4), die deshalb sinnvoll ist, weil Seegraspflanzen die Wachstumsbedingungen für Nachbarpflanzen verbessern, indem sie die Strömung des Wassers abschwächen und das Aufwirbeln des Sediments verringern. Aus diesem Prozess entsteht eine Umwelt mit zwei stabilen Zuständen: In einem wachsen die Pflanzen dicht nebeneinander in Bändern, deren Richtung durch die Strömung des Wassers vorgegeben wird, und in einem anderen wachsen sie gar nicht.

In vielen Situationen können spontan räumliche Muster entstehen, angefangen von der sporadischen Verteilung von Oasen in Wüsten (die Gemeinschaft der Pflanzen bildet ein Mikroklima, das die Feuchtigkeit hält) bis zur Konzentration unterschiedlicher gesellschaftlicher Gruppen in verschiedenen Stadtteilen. Verände-

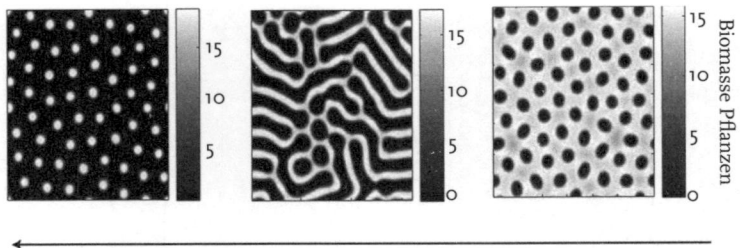

Verödung der Umwelt

Abbildung 11.5 *(Von links nach rechts) Zunehmende Ausdünnung der Vegetation (dunkle Flächen) vor der Wüstenbildung.*

rungen dieser räumlichen Muster sind in vielen Fällen ein Hinweis auf einen bevorstehenden kritischen Übergang.

Das passierte auch in dem englischen Dorf, in dem ich lebte. Über Generationen hinweg wohnten dort dieselben Familien. Das Dorf hatte sogar seinen »Lord« samt Landgut, der die Angelegenheiten regelte. Anfang der 1980er-Jahre, als in Großbritannien die Wirtschaft boomte, kam es plötzlich in Mode, raus aufs Land zu ziehen und in alten reetgedeckten Häuschen zu leben. Damit schnellten die Preise für diese Häuschen in die Höhe und wurden für die nächste Generation der ursprünglichen Dorfbewohner unerschwinglich. Eine Flut von Neuankömmlingen (darunter auch ich) veränderte die Struktur des Dorfs völlig, die Neuen zogen in die schnuckeligen Landhäuschen, und die Einheimischen wurden an den Rand gedrängt.

In der Natur können Veränderungen räumlicher Muster eine Katastrophe ankündigen. Wenn zum Beispiel das Klima in einer halbtrockenen Region trockener wird, kann die Vegetation in vorhersehbarer Weise langsam ausdünnen, bis sie plötzlich einen kritischen Punkt erreicht. Dann stirbt die verbleibende Vegetation ab, und die Region verödet (Abbildung 11.5).

5. Zunehmend asymmetrische Verteilung von Zuständen

Veränderte Muster, kritische Verlangsamung, zunehmende Streuung und Flackern bieten Hinweise auf eine bevorstehende Katastrophe. Bleibt ein weiteres Warnsignal: die zunehmende Asymmetrie.

Ein solcher Fall der Asymmetrie ist beispielsweise die sich öffnende Schere zwischen Arm und Reich, also eine »Ungleichverteilung« des Wohlstands. Ähnlich verzerrte und asymmetrische Verteilungen werden beispielsweise in der Nährstoffkonzentration in Seen beobachtet, und zwar schon fünf Jahre bevor diese »umkippen«, oder in der Verteilung der Vegetation in Nordafrika vor der Entstehung der Sahara vor 5500 Jahren.

Die asymmetrische Verteilung ist ein Warnsignal, aber wie so viele schwache Signale kann sie vieldeutig sein. Eine genauere Auswertung der Daten aus der Sahara zeigt beispielsweise, dass es sich bei der Asymmetrie genauso gut um einen statistischen Fehler handeln kann.

Was *auf keinen Fall* bedeutet, dass wir diese Warnungen ignorieren sollten. Der Wüstenbildung der Sahara gingen auch andere Warnsignale voraus, etwa die zunehmend sporadische Verteilung der Vegetation. Für sich genommen, können die einzelnen Warnsignale mehrdeutig sein, aber zusammen haben sie eine überwältigende Wirkung und Aussagekraft.

Die Wissenschaft kann keine absoluten Vorhersagen machen, sosehr Politiker und Journalisten dies auch von ihr verlangen. Wie der Nobelpreisträger Niels Bohr einmal sagte: »Vorhersagen sind sehr schwer, vor allem Vorhersagen der Zukunft.« Die Wissenschaft kann Beweise präsentieren und Wahrscheinlichkeiten berechnen, indem sie, wo immer möglich, die verschiedenen Warnsignale nutzt, um die bestmögliche Einschätzung abzugeben. Der Rest liegt an uns.

Alle Warnsignale weisen darauf hin, dass der Klimawandel eine Realität ist. Und die Wahrscheinlichkeit, dass er zu einem erheblichen Teil vom Menschen gemacht ist, liegt bei mindestens 90 Prozent. Angesichts dieser Prognose sollten wir uns zumindest darauf einstellen, in einer Welt zu leben, die sich in katastrophaler

Weise verändert – wie die Kröten vor dem Erdbeben in L'Aquila –, um unsere Überlebenschancen zu verbessern. Vielleicht können wir auch mehr tun, aber weniger sollte es auf keinen Fall sein. Was die Kröten können, das sollten auch wir können, selbst ohne einen siebten Sinn für die Gefahr.

Ausblick: Die Zukunft der Vorhersage

Dieses Buch hat eine einfache Botschaft: Wir können lernen, Katastrophen und plötzliche Veränderungen vorherzusehen, sei es im Alltag, in der Wirtschaft, der Gesellschaft, in unseren Ökosystemen oder der Gesamtheit unserer globalen Umwelt.

Die Warnsignale können genauso aus den klassischen Naturwissenschaften wie aus modernen computergestützten Analysen stammen. Sie können glasklar zu erkennen sein oder schwach und schwer zu deuten. Wir wissen schon heute genug, um Veränderungen vorherzusehen, uns vorzubereiten und ihre Auswirkungen zu lindern, auch wenn wir sie nicht vollständig abwenden können.

Dies sind die wichtigsten Warnsignale für eine plötzliche und vielleicht katastrophale Veränderung unserer persönlichen, gesellschaftlichen, wirtschaftlichen, physischen oder ökologischen Umstände:

– Unerträglicher Anstieg der Belastung.
– Konzentration der Belastung auf Schwachstellen.
– Hinweis auf unkontrollierbare Entwicklungen.
– Verlust der Elastizität (der Fähigkeit, sich von kleinen Störungen zu erholen).
– Zunehmende Schwankungen zwischen verschiedenen Zuständen.
– Zunahme von Extremzuständen.
– Veränderungen der räumlichen Muster.

Wenn Sie sich nur einmal klarmachen, was diese Anzeichen in Ihren persönlichen Beziehungen bedeuten, dann bekommen Sie eine Ahnung, wie nützlich sie bei der Vorhersage von Katastrophen sein können. In der Hand von Wissenschaftlern werden sie zu wichtigen Instrumenten bei der Vorhersage verschiedenster Arten von Katastrophen. Wir können nur hoffen, dass wir wie die Kröten von L'Aquila lernen, diese Zeichen rechtzeitig zu verstehen und uns nach ihnen zu richten.

Dieses Buch ist Teil eines langfristigen Projekts, das zum Ziel hat, die Erkenntnisse der Naturwissenschaften zu nutzen, um unsere Zukunft zu gestalten. Und zwar nicht nur in unserem Alltag: Die Naturwissenschaften helfen uns vielmehr, besser zu verstehen, wie Gesellschaften, Volkswirtschaften und Ökosysteme funktionieren. Wenn Sie sich an diesem Gespräch beteiligen oder weitere Beispiele nachlesen möchten, besuchen Sie meine Website www.lenfisherscience.com.

Anmerkungen

Einleitung

8   Die Oxforder Gelehrten
Kenneth Grahame, *Der Wind in den Weiden*, Kapitel 10. Das englische Original finden Sie unter http://www.gutenberg.org/files/289/289.txt.

8   die Kröten ... verließen ihre angestammten Laichplätze
R. A. Grant und T. Halliday, »Predicting the Unpredictable: Evidence of Pre-seismic Anticipatory Behavior in the Common Toad«, *Journal of Zoology* 281 (2010): S. 263–271.

8   die Region wurde von einem schweren Erdbeben erschüttert
BBC News, »Powerful Italian Quake Kills Many«, 6. April 2009, http://news.bbc.co.uk/1/hi/7984867.stm; National Environment Research Council, »L'Aquila Earthquake: A Year On«, *Planet Earth Online*, 28. Juni 2010, http://planetearth.nerc.ac.uk/features/story.aspx?id=753.

8   und mehr als dreihundert Menschenleben forderte
Diese menschliche Tragödie hatte Folgen für die wissenschaftliche Vorhersage von Katastrophen: Der Staatsanwalt von L'Aquila klagte sechs der führenden Seismologen des Landes wegen Totschlags an, weil sie das Erdbeben nicht vorhergesehen hatten. Siehe Lisa Zyga, »Italian Scientists Who Failed to Predict L'Aquila Earthquake

May Face Manslaughter Charges«, *PhysOrg.com*, 24. Juni 2010, http://www.physorg.com/news196622867.html.

8 die britische Ökologin Rachel Grant untersuchte das Paarungsverhalten der Kröten
Grant und Halliday, »Predicting the Unpredictable: Evidence of Pre-seismic Anticipatory Behavior in the Common Toad«, *Journal of Zoology* 281 (2010): S. 263–271.

8 Verständlicherweise war sie sauer
»Toads ›Predict Earthquakes‹«, Blogpost von Janet Fang auf *The Great Beyond* (Blog des Magazins *Nature*), 21. März 2010, http://blogs.nature.com/news/thegreatbeyond/2010/03/toads_predict_earthquakes.html.

8 was man sich seit Jahrhunderten erzählte
Helmut Tributsch, *Wenn die Schlangen erwachen: Mysteriöse Erdbebenvorzeichen*. Stuttgart: Deutsche Verlagsanstalt, 1978. Siehe auch Rupert Sheldrake, *Der siebte Sinn der Tiere*. Bern: Scherz, 1999.

8 das Verhalten von Kröten oder anderen Tieren als Frühwarnsystem zu nutzen
Es gibt hin und wieder Berichte, dass Menschen an Tieren ein ungewöhnliches Verhalten beobachten und darauf reagieren, um ihr Leben zu retten. Laut einem dieser Berichte ordneten chinesische Beamte im Winter 1975 die Evakuierung der Stadt Haicheng in der nordöstlichen Provinz Liaoning an, weil sie ein ungewöhnliches Verhalten an Tieren und eine Veränderung des Grundwasserspiegels beobachtet hatten; am folgenden Tag wurde die Stadt von einem Erdbeben der Stärke 7,3 erschüttert.

Leider handelt es sich bei der Geschichte um einen modernen Mythos, den vermutlich die Beamten selbst in die Welt gesetzt haben. Trotzdem besteht kein Zweifel, dass das Erdbeben korrekt vorhergesagt wurde – eine Premiere in der Geschichte der Seismologie, wie ernst zu nehmende Wissenschaftler versichern. Nach einer sorgfältigen Auswertung der Daten kommen diese Autoren jedoch zu dem Schluss, dass das Erdbeben mit konventionellen geophysikalischen Methoden vorhergesagt wurde und dass die Beobachtung des Verhaltens der Tiere dabei bestenfalls eine untergeordnete Rolle spielte. Siehe Kelin Wang, Qi-Fu Chen, Shihong Sun und Andong Wang, »Predicting the 1975 Haicheng Earthquake«, *Bulletin of the Seismological Society of America* 96 (2006): S. 757–795.

8 vielleicht könnten wir Signale entdecken, auf die diese Tiere reagieren
Joseph L. Kirschvink stellt die wahrscheinlichsten Warnsignale in einem Artikel zusammen. Er meint jedoch, wenn wir das Verhalten der Tiere auf die Veränderung einer bestimmten Größe in der Natur zurückführen können, seien wir allemal besser beraten, diese Größe selbst zu beobachten und uns nicht auf das Verhalten der Tiere zu verlassen, da dies seine eigenen Unwägbarkeiten habe. Siehe Joseph L. Kirschvink »Earthquake Prediction by Animals: Evolutionary and Sensory Perception«, *Bulletin of the Seismological Society of America* 90 (2000): S. 312–323.

9 kritische Übergänge
Marten Scheffer, *Critical Transitions in Nature and Society*. Princeton: Princeton University Press, 2009.

11 An diesem Punkt kann die Belastung so unerträglich werden, dass das System plötzlich zusammenbricht
Im Pentagon werden diese Katastrophen als BOOBS bezeichnet – Bolts Out Of the Blue oder Blitze aus heiterem Himmel. Dieses Akronym wurde im Kalten Krieg erfunden, um die Möglichkeiten von Überraschungsangriffen mit Atomwaffen zu beschreiben, heute wird es in internen Berichten als Kürzel für die Bedrohung durch internationale Terroristen verwendet. Siehe Robert L. Butterworth, »Out of Balance: Will Conventional ICBMs Destroy Deterrence?«, *Aerospace Power Journal* (Herbst 2001), http://www.airpower.maxwell.af.mil/airchronicles/apje.html

11   allgemeingültige Warnsignale
Marten Scheffer u.a., »Early-Warning Signals for Critical Transitions«, *Nature* 461 (2009): S. 53–59.

1. Können Tiere hellsehen?

17   »Für Tiere ist die Welt fein säuberlich eingeteilt«
In seinem Roman *Das Erbe des Zauberers*, dem dritten Band seines »Scheibenwelt«-Zyklus, führt Terry Pratchett Oma Wetterwachs ein, die mit ihrem Wissen um die Macht des Glaubens die perfekte Muse für dieses Kapitel ist.

17   die griechische Stadt Helike
Eine Zusammenstellung der klassischen Beschreibungen dieses Ereignisses finden Sie unter Dora Katsonopoulou und Steven Soter, »Appendix A: Principal Ancient Sources on Helike«, *The Lost Cities of Ancient Helike*, http://www.helike.org/sources2.shtml.

17   Die Ruinen waren noch fünfhundert Jahre später ... zu bewundern
Um das Jahr 160 unserer Zeitrechnung schrieb der griechische Reisende Pausanias in seiner Beschreibung Griechenlands: »Die Ruinen von Helike sind noch zu sehen, aber nicht so gut wie einst, da sie von Salzwasser zerfressen sind.« Siehe http://www.helike.org/sources2.shtml.

17   Römische Touristen segelten mit Ausflugsschiffen über sie hinweg
Der römische Dichter Ovid (43 v. Chr. – 17. n. Chr.) schrieb in seinen *Metamorphosen:* »Wenn du Helike suchst und Buris, Achais Städte/Findest du sie von den Wellen bedeckt: Noch pflegen die Schiffer/Tief auf dem Grunde des Meers die versunkenen Häuser zu zeigen« (Met. 15, 293–295), http://www.gottwein.de/Lat/ov/met15de.php.

17 Vielleicht geht die Geschichte von Atlantis auf diese Ruinen zurück

Die Geschichte findet sich in Platons Dialog *Timaios* (die deutsche Übersetzung finden Sie bei Zeno.org unter http://www.zeno.org/ Philosophie/M/Platon/Timaios), der dreizehn Jahre nach dem Untergang der Stadt entstand, weshalb Platon sicher von der Katastrophe gehört hatte.

Platon beschreibt Atlantis, als handele es sich um eine wirkliche Stadt, doch sein Schüler Aristoteles meint, er habe die Geschichte erfunden (vielleicht basierend auf Helike, obwohl das nicht belegt ist), um seine Argumentation zu illustrieren. »Der Mann, der Atlantis erfunden hat, hat es auch wieder verschwinden lassen«, sagte Aristoteles. (Der Originaltext von Aristoteles ist verschollen, das Zitat stammt aus der Geografie von Strabo, abrufbar im Museum of UnNatural History: »The Lost Continent of Atlantis«, http://www.unmuseum.org/atlantis.htm.)

Trotzdem machten sich einige auf die Suche nach Atlantis; siehe zum Beispiel Peter Popham, »Architect's Mission in Cyprus: One Man's Quest to Find Atlantis«, *The Independent*, 24. August 2005, http://www.independent.co.uk/news/world/europe/architects-mission-in-cyprus-one-mans-quest-to-find-atlantis-504040.html.

17 dann verschwand Helike / Erst im Jahr 2001 wurde sie wiederentdeckt

Siehe zum Beispiel Maurice L. Schwartz und Christos Tziavos, »Geology in the Search for Ancient Helice«, *Journal of Field Archaeology* 6 (1979): S. 243–252. Noch im Jahr 1979 hatte niemand eine Ahnung, wo sich die Stadt befand.

Der Fund im Jahr 2001 ist vor allem der griechischen Archäologin Dora Katsonopoulou zu verdanken, die 1988 das Helike-Projekt aufnahm (http://www.helike.org/paper.shtml).

17 er beschrieb als Erster, wie Tiere ein Erdbeben »vorhersahen«

Die Beschreibung wird gelegentlich auch dem griechischen Historiker Diodorus Siculus zugeschrieben. Schuld an der Verwirrung scheint der deutsche Erdbebenforscher Helmut Tributsch, Autor des Buchs *Wenn die Schlangen erwachen* zu sein, und die anderen Autoren haben offenbar bei ihm abgeschrieben.

18   Tiere, die sich vor einem Tsunami auffällig verhalten
Maryann Mott, »Did Animals Sense Tsunami Was Coming?« *National Geographic News*, 4. Januar 2005, http://news.nationalgeographic.com/news/2005/01/0104_050104_tsunami_animals.html

18   Viele Menschen meinen, Tiere hätten so etwas wie einen »sechsten Sinn«
Siehe zum Beispiel Bill Schul, *The Psychic Power of Animals*. New York: Fawcett, 1976.

18   einige Hunde »wissen«, wann ihre Herrchen nach Hause kommen
Siehe Rupert Sheldrake, *Der siebte Sinn der Tiere*, Berlin 2001.

18   Als der Psychologe Richard Wiseman dieser Behauptung nachging
Richard Wiseman, Matthew Smith und Julie Milton, »Can Animals Detect When Their Owners Are Returning Home? An Experimental Test of the ›Psychic Pet‹ Phenomenon«, *British Journal of Psychology* 89 (1998): S. 453–462, https://uhra.herts.ac.uk/dspace/bitstream/2299/2285/1/902380.pdf.

18   der Kameramann … könnte dem Hund unbewusst Hinweise gegeben haben
Wiseman bat die Produzenten, ihm die Originalaufnahmen zur Verfügung zu stellen, um seine Vermutung zu überprüfen, doch er erhielt die Antwort, sie seien »verschwunden«.

19   In seinem Aquarium im nordrhein-westfälischen Oberhausen
Es handelt sich um das Sea-Life-Aquarium in Oberhausen.

19   prognostizierte er die Ergebnisse ... korrekt
CNN, »Paul the Octopus Retires with World Cup Record Intact«, 13. Juli 2010, http://edition.cnn.com/2010/WORLD/europe/07/13/germany.paul.the.octopus/#fbid=53Wf4CGwRmw&wom=false. Im Wikipedia-Artikel zu Paul finden Sie weitere Hinweise und Trivia rund um Paul.

19   Einige Fans forderten ... Paul zu Tintenfischringen zu verarbeiten
Siehe Erik Kirschbaum, »German Fans Want Revenge Grilling of Oracle Octopus«, Reuters, 8. Juli 2010, http://www.reuters.com/article/idUSTRE6673P220100708.

19   Auch der iranische Präsident Mahmud Ahmadinedschad meldete sich zu Wort
»Mahmoud Ahmadinejad Attacks Octopus Paul«, *Daily Telegraph*, 4. August 2010.

20   Kröten könnten auf niederfrequente Radiowellen aus der Ionosphäre reagiert haben
Grant und Halliday, »Predicting the Unpredictable: Evidence of Pre-seismic Anticipatory Behavior in the Common Toad«, *Journal of Zoology* 281 (2010): S. 263–271.

20   dieselben Seismologen weisen auf einen kleinen Haken hin
Joseph L. Kirschvink »Earthquake Prediction by Animals: Evolutionary and Sensory Perception«, *Bulletin of the Seismological Society of America* 90 (2000): S. 312–323.

20   der sagenhaft reiche König Krösus
Die Geschichten des Herodotus, Band 1, übersetzt von Friedrich Lange, Berlin: Realschulbuchhandlung, 1811, S. 25–26. Sie finden das Buch unter http://books.google.com.

20 Krösus ... köchelte eine Schildkröte und ein Lamm

Die Altertumsforscherin Marcia Dobson hegt ernsthafte Zweifel an der Echtheit von Herodots Geschichte. Siehe »Herodotus 1.47.1 and the Hymn to Hermes: A Solution to the Test Oracle«, *American Journal of Philology* 100 (1979): S. 349–359.

20 das berühmte Orakel im Apollo-Tempel der griechischen Stadt Delphi

Siehe William J. Broad, *The Oracle: Ancient Delphi and the Science Behind Its Lost Secrets*. New York: Penguin, 2007.

21 Sie atmeten die vulkanischen Dämpfe ein

Die Geschichte der Gase geht auf den griechischen Historiker Plutarch zurück (*Moralia*. Leipzig: Dieterich, 1942) und wurde für bare Münze genommen, bis sich der französische Archäologe Pierre Amandry in seinem Buch *La Mantique apolliniene Delphes* (Paris: Boccard, 1950) darüber mokierte. Amandry erklärte, unter dem Apollo-Tempel von Delphi gebe es keine Höhle und in der gesamten Region keinen einzigen Vulkan.

Mitte der 1990er-Jahre kam das Thema jedoch ein weiteres Mal auf den Tisch, als der Geologe Jelle de Boer und der Archäologe John Hale die Beweislage ein weiteres Mal sichteten (siehe Jelle Z. de Boer und John R. Hale, »The Geological Origins of the Oracle at Delphi, Greece«, *Geological Society, London, Special Publications* 171 (2000): S. 399–412). Die beiden Forscher kamen zu dem Schluss, dass es in der Tat Hinweise auf die Richtigkeit von Plutarchs Beschreibung gibt. Ihren Erkenntnissen nach trifft an der Stelle des Orakels ein in Ost-West-Richtung verlaufender Bruch auf zahlreiche kleinere Bruchstellen in Nord-Süd-Richtung, aus denen vor mehr als zwei Jahrtausenden Gase aufgestiegen sein könnten.

Vulkangase enthalten unter anderem Ethen, das noch in den 1930er-Jahren zur Anästhesie verwendet wurde (siehe Isabella C. Herb und Hubbard Woods, »The Present Status of Ethylene«, *British Journal of Anaesthesia* 11 (1934): S. 66–71). Bevor die betäubende Wirkung einsetzt, verfällt der Patient in ein »erregtes Delirium«, was das Verhalten und vor allem die Unverständlichkeit des Ora-

kels erklären würde. Neben dem Ethen hatten die Dämpfe vermutlich Schwefelwasserstoff (das nach faulen Eiern riecht) enthalten,
das noch tödlicher wirkt als Cyanwasserstoff. Es wäre interessant
zu wissen, welche Lebenserwartung die Hellseherinnen hatten.

Das Phänomen der Weissagung in einem durch Drogen her-
beigeführten Trancezustand ist aus vielen Kulturen bekannt. Verschiedene mexikanische Völker führten diesen Zustand durch
einen haluzinogenen Kaktus namens Peyote herbei. Die klassische
Darstellung finden Sie bei Weston La Barre, *The Peyote Cult*, Nor-
man: University of Oklahoma Press, 1989 (Erstausgabe 1938).
Eine zeitgenössische Beschreibung finden Sie bei Edward F. An-
derson, *Peyote: The Divine Cactus*, Tucson: University of Arizona
Press, 1996.

Auch Musik wurde verwendet, um Trancezustände herbeizu-
führen. Der Anthropologe James George Frazer beschreibt ein Beispiel in seinem Klassiker *The Golden Bough: Adonis, Attis, Osiris*,
Bd. 1 (London: Macmillan, 1936), S. 52. Laut Frazer sprachen in
Jerusalem die Hohepriester »zur Musik von Harfen, Psaltern und
Zymbeln ihre Prophezeiungen; auch die Priester und Propheten
versetzten sich mithilfe der Musik in Rauschzustände.«

22 Der Magier James Randi bietet jedem ... eine Million Dollar
Jeff Wagg, »One Million Dollar Paranormal Challenge«, 24. Oktober 2008, James Randi Educational Foundation, http://www.randi.
org/site/index.php/1m-challenge.html.

22 die Schaf-Bock-Skala
Erfinder der Skala ist der Psychologe Michael Thalbourne aus Ade-
laide. Benannt ist sie nach der Geschichte aus dem Neuen Testa-
ment, in der es heißt, des Menschen Sohn werde »sie voneinander
scheiden, gleich als ein Hirte die Schafe von den Böcken scheidet,
und wird die Schafe zu seiner Rechten stellen und die Böcke zu
seiner Linken« (Matthäus 25.32–33). Siehe M. A. Thalbourne und
P. S. Delin, »A New Instrument for Measuring the Sheep-Goat
Variable: Its Psychometric Properties and Factor Structure«, *Journal of the Society for Psychical Research* 59 (1993): S. 172–186.

22 dass sie die Zukunft zumindest schemenhaft vorhersehen

Das ist eine Fähigkeit, die das Orakel mit den Aufzügen in Douglas Adams Roman *Das Restaurant am Ende des Universums*, dem zweiten Band der Reihe *Per Anhalter durch die Galaxis* gemeinsam hat: »Moderne Fahrstühle sind seltsame und komplizierte Wesen. (...) Das kommt daher, dass sie nach dem seltsamen Prinzip der ›entschärften zeitlichen Wahrnehmung‹ arbeiten. Mit anderen Worten, sie haben die Fähigkeit, vage in die unmittelbare Zukunft zu sehen, was die Fahrstühle in die Lage versetzt, auf der richtigen Etage zu sein, um jemanden aufzunehmen, noch ehe derjenige selber weiß, dass er das möchte, womit all das lästige Plaudern, Sich-Entspannen und Freundschaften-Schließen entfällt, zu dem die Leute früher gezwungen waren, während sie auf die Fahrstühle warteten.« Douglas Adams: *Das Restaurant am Ende des Universums*. Berlin: Ullstein, 1990. S. 46.

22 Changizi beschäftigt sich mit der Frage

Siehe Mark A. Changizi, Andrew Hsieh, Romi Nijhawan, Ryota Kanai und Shinsuke Shimojo, »Perceiving the Present and a Systematization of Illusions«, *Cognitive Science* 32 (2008): S. 459–503. Dieser Artikel ist sehr technisch. Eine zugänglichere Darstellung finden Sie in »Crystal (Eye) Ball: Visual System Equipped with ›Future Seeing Powers‹«, *Science Daily*, 16. Mai 2008, http://www.sciencedaily.com/releases/2008/05/080515145356.htm.

23 »Ungewöhnliche Behauptungen erfordern ungewöhnliche Beweise«

Carl Sagan stellte diese Forderung in seinem Buch *Unser Kosmos* (München: Droemer Knaur, 1982) auf. Im Grunde basiert sie auf einer Überlegung, die der schottische Philosoph David Hume bereits zwei Jahrhunderte zuvor anstellte (und zwar in *An Enquiry Concerning Human Understanding*, deutsche Ausgabe: *Untersuchung in Betreff des menschlichen Verstandes*. Übersetzt von Julius Heinrich von Kirchmann. Kapitel 10: »Über die Wunder«. Sie finden den Text unter http://www.zeno.org/Philosophie/M/Hume+David/Untersuchung+in+Betreff+des+menschlichen+Verstandes).

23 Philosoph C. D. Broad von der Universität Cambridge
C. D. Broad, »The Experimental Establishment of Telepathic Precognition«, *Philosophy* 19 (1944): S. 261–275.

24 Ergebnisse mit an Sicherheit grenzender Wahrscheinlichkeit gefälscht
Die Hintergründe finden Sie bei Andrew M. Colman, *Facts, Fallacies, and Frauds in Psychology* (New York: Unwin Hyman, 1988), S. 175–180.

24 die C. D. Broad schon 1937 benannte
»The Philosophical Implications of Foreknowledge«, *Proceedings of the Aristotelian Society* (Supplement) 16 (1937): S. 177–209.

24 Kryptomnesie
Das Phänomen der Kryptomnesie kommt gelegentlich ins Spiel, wenn Menschen behaupten, sie könnten sich an frühere Leben erinnern. Unter Hypnose behauptete beispielsweise eine 21-jährige Frau namens Jan im britischen Fernsehen, sie habe im 16. Jahrhundert schon einmal gelebt. Unter anderem beschrieb sie einen berühmten Hexenprozess aus dem Jahr 1566, in dem eine Frau namens Joan Waterhouse, die berühmte Hexe von Chelmsford, freigesprochen wurde. Leider nannte Jan das falsche Jahr 1556 – ein Fehler, der sich in einen Nachdruck der Prozessakte aus dem 19. Jahrhundert eingeschlichen hatte. Von diesem Nachdruck existieren nur noch zwei Exemplare, und eines davon ist im Britischen Museum in London ausgestellt. Dort hatte Jan es mit großer Wahrscheinlichkeit gesehen, aber wieder vergessen. Eine Definition der Kryptomnesie finden Sie auf der Website Mystica, http://www.the-mystica.com/mystica/articles/c/cryptomnesia.html.

25 Vorahnungen in Abrede stellen
Siehe zum Beispiel die Anekdoten bei Keith Hearne und Jane Henry, »Precognition and Premonitions«, in *Parapsychology: Research on Exceptional Experiences*, hrsg. v. Jane Henry (London: Routledge, 2004), S. 108–113.

25 »Nehmen wir an, die Chancen stehen eins zu einer Million«

Robert Todd Carroll, »Law of Truly Large Numbers (Coincidence)«, *The Skeptic's Dictionary*, http://skepdic.com/lawofnumbers.html.

25 Aristoteles verwarf sie

Aristoteles, *Über die Weissagung im Schlaf.* »Wenn die Träume, welche die Zukunft enthüllen, von einer Gottheit kämen, warum würden sie nicht auch den Weisen oder sonst Tugendhaften zuteil, und warum ist es ein Gemeingut für alle, und warum so oft gerade bei Menschen von der niedrigsten Klasse?« Aristoteles, *Werke in deutscher Übersetzung*, Bd. 14: *Parva naturalia III, De insomniis, De divinatione per somnum*, übers. u. erl. von Philip J. van der Eijk, Berlin: Akademie Verlag 1994, S. 25–31.

25 Freud machte sich über die Vorstellung von Traumgesichtern lustig

Siehe Sigmund Freud, *Die Traumdeutung*. Frankfurt am Main: Fischer Taschenbuch-Verlag, 1991 (Erstausgabe 1899). Nachzulesen beim Gutenberg-Projekt unter http://gutenberg.spiegel.de.

25 Es gibt keinerlei Beweise, dass wir die Zukunft vorhersehen können

Es wurde mit anderen Worten nie ein Experiment durchgeführt, das sich wiederholen ließe. Siehe Christopher Scott, »Paranormal Phenomena: The Burden of Proof«, in: *The Oxford Companion to the Mind*, hrsg. v. Richard L. Gregory (Oxford: Oxford University Press, 1987), S. 578–581.

25 in seinem bemerkenswerten Aufsatz

Marcus Tullius Cicero, *Über die Wahrsagung (De Divinatione)*, in: ders., Werke, Bd. 3, Berlin: Aufbau-Verlag 1989.

25 Der römische Denker erklärt

Das ist eine starke Vereinfachung von Ciceros höchst verwickelten Gedankengängen.

25   die Vorhersage der Zukunft aus rein logischen Gründen unmöglich sein muss
Mein bescheidener Beitrag zu dieser philosophischen Debatte bestand darin, das Argument zu widerlegen, dass Bedingungssätze (Sätze in der Form von »wenn ..., dann ...«) vor dem Eintreten des Ereignisses nicht als wahr oder falsch bezeichnet werden können. Siehe Len Fisher, »Truth Conditions for Counterfactuals: Limits to Lewis' Limit Assumption«, Magisterarbeit, University of Bristol, 1992.

26   vom renommierten Niels-Bohr-Institut in Kopenhagen
Wenn ich von meinen eigenen Erfahrungen mit dem Niels-Bohr-Institut in Kopenhagen ausgehe, dann hat der von einigen Mitarbeitern vorgebrachte Gedanke, dass sich das Teilchen verstecken könnte, durchaus etwas für sich. Bei meinem letzten Besuch gelang es dem gesamten Institut, sich zu verstecken, während ich durch die Straßen radelte und erfolglos nach der angegebenen Adresse suchte.

26   Die Theorie erregte das Interesse der *New York Times*
Dennis Overbye, »The Collider, the Particle, and a Theory About Fate«, *New York Times*, 12. Oktober 2009, http://www.nytimes. com/2009/10/13/science/space/13lhc.html. Eine etwas seriösere Darstellung finden Sie bei Richard Webb, »Time-Traveling Higgs Sabotages the LHC. No, Really«, *New Scientist*, 13. Oktober 2009, http://www.newscientist.com/blogs/shortsharpscience/2009/10/ is-a-time-travelling-higgs-sab.html. Wer mehr als Grundkenntnisse in Mathematik und Physik mitbringt, erhält hier einen vertieften Einblick: Iain Stewart, »An Iterated Search for Influence from the Future on the Large Hadron Collider«, arXive:0712.0715v2 (hep-ph), 15. Dezember 2007, sowie Holger Nielsen und Masao Ninomiya, »Card Game Restriction in LHC Can Only Be Successful!«, arXive:0910.0359v3 (physics.gen-ph), 23. Oktober 2009.

26   Das besagte Teilchen war das Higgs-Boson

Die Existenz des Higgs-Boson wurde 1964 von Professor Peter Higgs von der Edinburgh University vermutet. Die Herausgeber der Fachzeitschrift *Physics Letters* (das ausgerechnet vom CERN herausgegeben wird) lehnten den Artikel ab, weil er »keine Relevanz für die Physik« habe (siehe »Peter Higgs: The Man Behind the Boson«, *Physics World*, 10. Juli 2004, http://physicsworld.com/cws/article/print/19750). Der Aufsatz wurde schließlich im *Physical Review Letters* veröffentlicht (Peter W. Higgs, »Broken Symmetries and the Masses of Gauge Bosons« *Physical Review Letters* 13 (1964): S. 508–509).

Das Higgs-Boson wird manchmal als »Gottesteilchen« bezeichnet; diesen Spitznamen gab ihm der Nobelpreisträger Leon Lederman in seinem populären Buch *The God Particle: If the Universe Is the Answer, What Is the Question?* Boston: Houghton Mifflin, 1993 (deutsche Ausgabe: *Das schöpferische Teilchen: Der Grundbaustein des Universums*. München: Bertelsmann 1993). Es gibt zahlreiche Spekulationen darüber, wie dieser Name zustande kam, doch als ich Professor Lederman selbst fragte, antwortete er recht einsilbig: »Ich erinnere mich nur, dass es hieß, wir hätten es mit einem sehr wichtigen Teilchen zu tun.« Als ich nachhakte, ob er den Begriff selbst geprägt oder ob er damals in der Luft gelegen habe, erwiderte er: »Wenn man verzweifelt ist, liegt alles irgendwie in der Luft.« Ich konnte mich des Eindrucks nicht erwehren, dass ihm der Begriff eher peinlich war.

27   was mit dem Superconducting Super Collider (SSC) in Texas passierte

Die Geschichte dieses glücklosen Projekts finden Sie unter http://www.hep.net/ssc/new/history/appendixa.html.

27   Die Zeit wird es weisen

Eine lesenswerte Zusammenfassung zum heutigen Stand der physikalischen und philosophischen Erkenntnisse zum Thema Zeit finden Sie unter »Nature of Time«, http://www.timephysics.com/nature-of-time.html.

27 über einige der esoterischen Aspekte der Quantenphysik ein Blick in die Zukunft möglich sein könnte
Siehe zum Beispiel Paul Karl Hoiland, »Scientific Grounds for Precognition«, 2003, http://cogprints.org/2851/1/SCIENTIFIC_GROUNDS_FOR_PRECOGNITION.pdf.

28 diese Effekte ließen sich nicht beweisen
R. L. Schafir, »Unprovability of a ›Precognition‹ Effect in Quantum Mechanics«, *Foundations of Physics Letters* 9 (1996): S. 91–101.

28 die Existenz zahlloser Paralleluniversen
Mark Tegmark, »Parallel Universes«, in: *Science and Ultimate Reality: From Quantum to Cosmos*, hrsg. von J. D. Barrow, P. C. W. Davies und C. L. Harper (Cambridge: Cambridge University Press, 2003), http://space.mit.edu/home/tegmark/multiverse.pdf. Dieser Artikel ist informativ und für Laien gut verständlich.

28 vielleicht auch nur Science Fiction
Zahlreiche Science-Fiction-Autoren haben sich mit den logischen Absurditäten des Vorwissens beschäftigt, darunter H. G. Wells in *Die Zeitmaschine* aus dem Jahr 1895. Wells geht zwar nicht auf die Paradoxa ein, die sich durch die Zeitreise und das Wissen um künftige Ereignisse ergeben, doch seine Gedanken wurden von späteren Autoren aufgegriffen. Philip K. Dick schrieb beispielsweise Geschichten über mutierte Menschen namens »Precogs«, die in die Zukunft sehen konnten. In »Der Goldene Mann«, kann ein Precog sogar seinen Tod vorhersehen und wird damit vollständig unmenschlich, ein Tier, das ohne jede Entscheidungsfreiheit seinen vorgegebenen Weg geht. Andere Beispiele sind John Wyndhams Kurzgeschichte »Chronoclasm«, Isaac Asimovs *Das Ende der Ewigkeit*, C. S. Lewis' *Die Chroniken von Narnia*, oder J. K. Rowlings Roman *Harry Potter und der Gefangene von Askaban*, in dem das Großvater-Paradoxon auf intelligente Weise gelöst wird. In dieser Reihe könnte auch an Douglas Adams' *Das Restaurant am Ende des Universums* nennen; in diesem Roman schaukelt ein Fünf-Sterne-Restaurant endlos am Ende der Zeit und erfordert

eine neue Sprache, um das verwirrende Verhältnis von Vergangenheit, Gegenwart und Zukunft ausdrücken zu können.

2. Die Zukunftsfinsternis

29 »Mit den Wolken komme ich klar«
Stephenie Meyers *Bis(s) zum Abendrot* (Hamburg: Carlsen, 2008) ist der dritte ihrer »Twilight«-Romane.

29 zwei chinesische Hofastronomen namens Hsi und Ho
Die Geschichte der beiden Astronomen wurde in einem altchinesischen Dokument namens *Shu Ching* (deutsch: *Buch der Urkunden*) aufgezeichnet, wo es heißt, »Sonne und Mond begegneten einander nicht harmonisch«. Das Dokument beschreibt mehrere Sonnenfinsternisse der Zeit, doch diese ist die wahrscheinlichste (*Shu Ching: Book of History*, hrsg. v. F. Max Muller und übersetzt von James Legge. New Delhi: Motilal Banarsidass, 1988).

29 sie hatten sogar ein einfaches Planetarium
F. Crawford Brown, »The Eclipse in China«, *Popular Astronomy* 39, Dezember 1931, S. 567–572.

29 Das altchinesische *Buch der Urkunden* berichtet
Die hier zitierte Version des *Buchs der Urkunden (Shu Ching)* übersetzte der amerikanische Astronon Robert Newton nach einer französischen Vorlage, die wiederum aus dem Chinesischen übersetzt wurde (Robert R. Newton, *Ancient Astronomical Observations and the Accelerations of the Earth and Moon*. Baltimore: Johns Hopkins University Press, 1970, S. 62–65). Newton meint, bei Hsi und Ho könne es sich möglicherweise um mythische Figuren handeln, deren Namen auf die Nebengottheit Hsi-Ho zurückgehe.

30 etwa alle vierhundert Jahre einmal eine totale Sonnenfinsternis
Matthew Cavagnaro, »Moon Dance«, 15. März 2004, NASA, http://www.nasa.gov/missions/solarsystem/f-eclipse.html.

30 Damals nahm man an, ein Drache verschlinge die Sonne
Ebda.

30 Die Geschichte wurde vermutlich erst im Jahr 300 unserer Zeitrechnung verfasst
Siehe Newton, *Ancient Astronomical Observations and the Acceleration of the Earth and Moon.* Baltimore: Johns Hopkins University Press, 1970. Siehe auch R. R. Newton, »Two Uses of Ancient Astronomy«, *Philosophical Transactions of the Royal Society of London A276* (1974): S. 99–110, http://www.pereplet.ru/gorm/atext/newton2.htm.

30 Viele alte Kulturen hatten ähnliche Vorstellungen
Die antiken Zivilisationen nahmen die Verfinsterungen von Sonne oder Mond sogar so ernst, dass eine davon einen Krieg beendete, der schon seit fünf Jahren tobte. Es war der Krieg zwischen den Medern aus dem Nordwesten des heutigen Iran und den Lydern, die im Westen der heutigen Türkei lebten. Die letzte Schlacht fand am 28. Mai 585 am Ufer des Halys im Norden der heutigen Türkei statt (Krösus, der sagenhafte reiche künftige König der Lyder, war damals gerade fünf Jahre alt). Der griechische Historiker Herodot beschrieb, was passierte, als sich plötzlich die Sonne verfinsterte:

Als aber der Krieg sich gar nicht entscheiden wollte und sie im sechsten Jahr wieder aneinander waren, begab es sich, dass mitten im Treffen aus Tag mit einem Mal Nacht ward. Und die selbige Tagesverwandlung hatte Thales von Miletos den Ionern vorher verkündigt und zur Zeit gesetzt dieses Jahr [...]. Die Lyder aber und die Meder, als sie sahen, dass aus Tag Nacht geworden, ließen ab von dem Kampf und eilten, Frieden zu machen miteinander.
Die Geschichten des Herodotus, Band 1, übersetzt von Friedrich

Lange. Berlin: Realschulbuchhandlung, 1811, S. 41. Das ganze Buch finden Sie unter http://books.google.com)

Thales wurde als »Vater der Wissenschaften« bezeichnet. Seine Vorhersage zeigt, wie weit die Astronomie seit den Tagen von Hsi und Ho fortgeschritten war. Dieser Fortschritt wurde unter anderem von dem Wunsch beflügelt, Sonnenfinsternisse und andere ungewöhnliche Himmelsereignisse vorherzusehen, die damals wie gesagt sehr ernst genommen wurden. Natürlich hatten die beiden Krieg führenden Parteien keine Ahnung von dem bevorstehenden Ereignis.

Die abergläubische Furcht vor diesen Himmelsereignissen hatte nicht immer derart glückliche Folgen. Während des langen Peleponnesischen Krieges zwischen Athen und Sparta belagerten die Athener die Stadt Syrakus auf Sizilien, doch ohne Erfolg. Gerade als sich die attischen Heerführer auf einen taktischen Rückzug geeinigt hatten, kam es am 27. August des Jahres 413 vor unserer Zeitrechnung zu einer Mondfinsternis. Was dann passierte, beschrieb der Historiker Thukydides in seiner *Geschichte des Peleponnesischen Krieges:* »Und da sie, als alles bereit war, eben absegeln wollten, so trat eine Mondfinsternis ein, denn es war gerade Vollmond. Die Mehrzahl der Athener, welchen dies bedenklich schien, forderte jetzt die Feldherrn auf, innezuhalten: Und Nicias, welcher ohnehin auf Götterzeichen und dergleichen zu viel Wert legte, erklärte, sie dürften nicht einmal sich darüber beraten, eher auszurücken, bis sie nach der Erklärung der Wahrsager drei mal neun Tag dort geblieben wären.« (*Geschichte des Peleponnesischen Krieges,* übersetzt von Christian Nathanael von Osiander, Stuttgart: Metzlersche Buchhandlung, 1829, S. 754. Das ganze Buch finden Sie unter http://books.google.com.)

Es war der Wendepunkt des Peleponnesischen Krieges. Während die Athener warteten, blockierten die Syrakuser den Hafen, in dem die Schiffe der Belagerer vor Anker lagen, und schnitten ihnen den Rückweg ab. Innerhalb weniger Wochen wurde die Armee der Athener (ein beträchtlicher Teil der Streitkräfte) vollständig aufgerieben.

30 Der Astrophysiker David Dearborn

David Dearborn ist Wissenschaftler am Lawrence Livermore National Laboratory in Berkeley, Kalifornien und Spezialist in »Archäoastronomie«. Das Zitat stammt aus Noel Wanner, »The Sun-Eating Dragon: Eclipse Stories, Myths, and Legends«, Solar Eclipse, http://www.exploratorium.edu/eclipse/dragon.html. Siehe auch K. Kris Hirst, »Archaeoastronomy: An Interview with David Dearborn«, http://archaeology.about.com/cs/archaeoastronomy/a/dear born.htm.

31 als das Higgs-Boson erstmals in Erscheinung getreten sein soll

Siehe »Missing Higgs«, Europäisches Kernforschungszentrum (CERN), http://public.web.cern.ch/public/en/science/higgs-en. html.

31 in einen Regen von weiteren Teilchen zerfallen

Siehe Internet Encyclopedia of Science, »Higgs Boson«, http:// www.daviddarling.info/encyclopedia/H/Higgs_boson.html.

31 Die alten Kulturen Mesopotamiens ... suchten dagegen nach solchen Beziehungen

Siehe Erica Reiner, »Babylonian Celestial Divination«, in *Ancient Astronomy and Celestial Divination*, hrsg. v. Noel M. Swerdlow, Cambridge, Mass.: MIT Press, 2000, S. 22–23; Francesca Rochberg, »Heaven and Earth: Divine-Human Relations in Mesopotamian Celestial Divination«, in: *Magic in History: Prayer, Magic, and the Stars in the Ancient and Late Antique World*, hrsg. v. Scott Noegel, Joel Walker und Brannon Wheeler. University Park: Pennsylvania State University Press, 2003, S. 180.

32 »Omen-Sammlung«

Die »Omen-Sammlung« wurde in englischer Übersetzung unter dem Titel *Babylonian Planetary Omens* von Erica Reiner und David Pingree herausgegeben. Die ersten 21 Bücher enthalten Weissagungen für die Herrscher und das Land, basierend auf Mondereignissen und dem generellen Erscheinungsbild des Mondes: Spitzen, Höfe, Konjunktionen und vor allem Mondfinsternisse. In den Büchern 23 bis 37 geht es um Sonnenphänomene wie Halos, Farben und Verfinsterungen. Die Bücher 37 bis 49 behandeln meteorologische Ereignisse wie Donner, Blitz, Regenbogen und Winde sowie Erdbeben. In den Büchern 50 bis 70 geht es schließlich um die Konstellationen von Planeten und Fixsternen.

Neben den Sonnen- und Mondfinsternissen wurden den relativen Positionen von Planeten und Fixsternen große Bedeutung beigemessen. Jede ungewöhnliche Konstellation (selbst solche, die astronomisch unmöglich sind und Experten bis heute Rätsel aufgeben) erhielt ihre besondere Bedeutung für die Weissagung der Zukunft. Der Historiker Noel Swerdlow sagte mir dazu:

Die Prophezeiungen basieren nicht unbedingt auf der tatsächlichen Beobachtung von Sonnenfinsternissen und anderen Ereignissen, es geht nur um Dinge, die sich ereignen können oder nicht. Sie basieren wahrscheinlich nicht auf einer empirischen Beobachtung eines Zusammenhangs zwischen den Ereignissen am Himmel und Vorkommnissen auf der Erde. [Als Wissenschaftler mag ich das kaum glauben. Einige der Zusammenhänge müssen doch auf Beobachtung basieren, auch wenn es keine schriftlichen Zeugnisse mehr dafür gibt.] Einige der Beziehungen zwischen der Portasis, dem »wenn ...«-Teil der Prophezeiung, und der Apodosis, dem »dann ...«-Teil, basieren auf Wortspielen. Andere erschöpfen jede erdenkliche Möglichkeit eines Phänomens und beziehen zum Beispiel die Position des Beobachters zu einer Sonnenfinsternis ein. Die Weissagungen sind also keine historischen Aufzeichnungen, sondern etwas anderes, auch wenn wir noch nicht ganz verstehen, was das sein könnte, und es vielleicht auch nie verstehen werden.

32   In der einen Spalte werden Himmelsereignisse ... notiert, in der anderen irdische Ereignisse

Die Paare bestanden aus Protasis (wenn x eintritt ...) und Apodosis (... dann passiert y), die zusammen als »Omen« bezeichnet wurden.

32 die Pseudowissenschaft der Astrologie

Nach Paul Thagard ist eine Wissenschaft nur dann eine Pseudo-wissenschaft, wenn zwei Kriterien erfüllt sind:

1. Sie hat über einen langen Zeitraum weniger Fortschritte gemacht als Gegentheorien und hat zahlreiche offene Fragen nicht beantwortet, und

2. die Gemeinschaft der Praktizierenden hat keine Versuche unternommen, die Theorie so weiterzuentwickeln, dass besagte Fragen beantwortet werden können, sie scheint nicht daran interessiert, ihre Theorie mit anderen zu vergleichen und einer Bewertung zu unterziehen, und sie geht bei der Auswahl der Bestätigungen und Widerlegungen selektiv vor.

Beides trifft auf die Astrologie zu (siehe Paul Thagard, »Why Astrology Is a Pseudoscience«, *Proceedings of the Biennial Meeting of the Philosophy of Science Association* (1978): S. 223–224).

Der Physiker Shawn Carlson unterzog die Astrologie einer wissenschaftlichen Überprüfung und wollte vor allem die Behauptung der Astrologen untersuchen, man könne den Charakter eines Menschen aus seinem Sternzeichen ableiten. Dazu lud er führende Astrologen ein. Seine Schlussfolgerung war:

Obwohl ich mit einigen der führenden Astrologen des Landes zusammenarbeiten konnte, die mir von beratenden Astrologen aufgrund ihrer Fachkenntnis und ihrer Erfahrung im Umgang mit dem CPI [dem California Personality Inventory, einer standardisierten Liste von Persönlichkeitseigenschaften] empfohlen wurden; obwohl sämtliche Vorschläge der beratenden Astrologen in die Experimente aufgenommen wurden; obwohl die Astrologen den Versuchsaufbau mitgestalteten und eine Trefferquote von mindestens 50 Prozent vorhersagten, lagen die Vorhersagen der Astrologie statistisch nicht über dem Zufall. Bei einer Überprüfung mit Double-Blind-Methoden erwiesen sich die Vorhersagen der Astrologen als falsch. Die vorhergesagte Beziehung zwischen der Konstellation von Planeten und anderen Himmelskörpern zum Zeitpunkt der Geburt und den Persönlichkeiten der Testpersonen existierte nicht (Shawn Carlson, »A Double-Blind Test of Astrology«, *Nature* 318 (1985): S. 419–425).

Das hindert viele Menschen nicht daran, trotzdem an die Astrologie zu glauben. Welche Beweise wollen sie eigentlich noch?

Die Antwort ist natürlich, dass sie gar keine Beweise wollen. Sie erliegen dem *Post-hoc*-Trugschluss, der gelegentlich durch eine falsche Interpretation (oder den Missbrauch) von Statistiken bestätigt wird. Wenn man genug Tests durchführt, muss zwangsläufig irgendwo eine schwache statistische Verbindung auftauchen. Das wiesen einige Biologen in einer amüsanten Untersuchung mit Einwohnern der kanadischen Stadt Ontario nach. Sie jonglierten so lange mit anerkannten statistischen Tests, bis sie »herausfanden«, dass die Gabe von Aspirin die Sterblichkeit von zwischen 1990 und 1999 geborenen Patienten mit den Sternzeichen Zwilling und Waage steigerte. Siehe Peter C. Austin u.a., »Testing Multiple Statistical Hypotheses Resulted in Spurious Associations: A Study of Astrological Signs and Health«, *Journal of Clinical Epidemiology* 59 (2006): S. 964–969.

32 Wirtschafts- und Börsenpropheten werden bisweilen mit Sterndeutern verglichen

Makridakis und Taleb zeigen, dass die Vorhersagen moderner Analysten fast so schlecht sind wie die ihrer mesopotamischen Vorgänger und stellen die rhetorische Frage:

Wer hat die Subprime- und die Finanzkrise, die Internetblase, die Krise der asiatischen Tigerstaaten, die Sparkassenkrise, die lateinamerikanische Kreditkrise und andere große Krisen vorhergesehen? Wer hat den Bankrott von Lehman Brothers, Bear Stearns, AIG, Enron oder WorldCom (in den Vereinigten Staaten), Northern Rock, Royal Bank of Scotland, Parmalat oder Royal Ahold (in Europa) oder den praktischen Absturz der gesamten isländischen Wirtschaft vorhergesagt? Wer in der Finanzwelt hat den Zusammenbruch von LTCM und Amaranth oder Hunderten Mutual Fonds und Hedgefonds geahnt, die jedes Jahr riesige Verluste machen und schließen? Und das ist nur die Spitze des Eisbergs (Spyros Makridakis und Nassim Taleb, »Decision Making and Planning Under Low Levels of Predictability«, *International Journal of Forecasting* 25 (2009): S. 716–733).

32   ein Anstieg des Goldpreises
Frank Ahrens, »The Frightening Spike in the Price of Gold«, *Washington Post*, 24. September 2009, http://voices.washingtonpost.com/economy-watch/2009/09/gold_is_atnear_a_historic.html.

32   eine Vorstellung, die uns im Laufe unserer Evolution gute Dienste geleistet hat
Kevin R. Foster und Hanna Kokko, »The Evolution of Superstitious and Superstition-Like Behavior«, *Proceedings of the Royal Society B* 276 (2009): S. 31–37.

32   Was ist besser: einen falschen Zusammenhang zu sehen oder einen richtigen zu übersehen?
Michael Shermer, Herausgeber des *Skeptic Magazine*, spricht von Fehlern von Typ I und Typ II. Seiner Ansicht nach stehen wir, wenn wir Kausalzusammenhänge herstellen, immer vor der Wahl, die statistische Wahrscheinlichkeit des einen oder anderen Fehlers zu verringern. Siehe Michael Shermer, *Why People Believe Weird Things: Pseudoscience, Superstition, and Other Confusions of Our Time*. New York: W. H. Freeman & Co., 1998.

33   Wir glauben gern, dass die Muster, die wir sehen, echt sind
Foster und Kokko meinen dazu: »Solange der Preis der Typ-II-Fehler [irrtümliche Ablehnung einer wahren Aussage] hoch genug ist, kann die natürliche Auslese Strategien fördern, die Typ-I-Fehler wahrscheinlicher machen und zu Aberglauben führen.« Aberglaube ist mit anderen Worten eine Überlebensstrategie. Siehe Kevin R. Foster und Hanna Kokko, »The Evolution of Superstitious and Superstition-Like Behavior«, *Proceedings of the Royal Society B* 276 (2009): S. 31–37.

33   »Nonsense-Detektor«
Siehe Michael Shermer, »Patternicity: Finding Meaningful Patterns in Meaningless Noise«, *Scientific American* (Dezember 2008): S. 24. Der Philosoph Bertrand Russell stellte einmal die »paradoxe und subversive« Doktrin auf, die besagt: »Es empfiehlt sich, eine Aus-

sage so lange nicht zu glauben, bis es Grund zu der Annahme gibt, dass sie wahr sein könnte« (*Skeptical Essays*. London: George Allen & Unwin, 1977, S. 11). Diese Doktrin ist nichts anderes als die Säule der wissenschaftlichen Methode, deren Zweck darin besteht, Glauben und Wissen zu unterscheiden. Was hätte Russell wohl von Shermers evolutionärer Theorie gehalten?

33   philosophische Trugschlüsse
Eine Liste von weiteren Trugschlüssen finden Sie in der Wikipedia unter http://de.wikipedia.org/wiki/Trugschluss_(Logik) und http://www.iep.utm.edu/fallacy/.

33   Post hoc ergo propter hoc
Nach Auskunft des *Oxford Companion to Philosophy*, hrsg. v. Ted Honderich (New York: Oxford University Press, 1995) geht der Satz »post hoc ergo propter hoc« auf die *Rhetorik* von Aristoteles zurück. Dieser Trugschluss und seine Konsequenzen werden ausgezeichnet beschrieben in »Fallacy: Post Hoc«, The Nizkor Project, http://www.nizkor.org/features/fallacies/post-hoc.html.

34   Schwankungen auf dem Immobilienmarkt
Siehe John Calverley, *When Bubbles Burst: Surviving the Financial Fallout*. London: Nicholas Brealey Publishing, 2009.

34   die zunehmende Neigung, dem Rat von Experten zu vertrauen
Siehe Elaine Scoggins, »Five Warning Signs That You're Caught Up in a Market Bubble«, *Wall Street Journal*, 30. Oktober 2009, http://www.marketwatch.com/story/five-signs-youre-caught-in-a-market-bubble-2009-10-30.

34   Rosinenpicken
Rosinenpicken wird auch als »unterdrückter Beweis« bezeichnet. Siehe den Eintrag »Fallacies« in der Internet Encyclopedia of Philosophy, http://www.iep.utm.edu/fallacy/#Cherry-Picking.

34 *Literary Digest*
Siehe »The Gallup Organization«, http://www.answers.com/topic/
the-gallup-organization.

35 Moderne Datenschürfer
Datenschürfen ist heute ein großes Geschäft, nicht nur in den
genannten Bereichen, sondern auch in der Marktanalyse, der
Gesundheitsüberwachung oder der Gemeindeplanung. Eine allgemeine Beschreibung finden Sie in meinem Buch *Schwarmintelligenz: Wie einfache Regeln Großes möglich machen*, Frankfurt: Eichborn, 2009. Ausführlichere Informationen finden Sie in Yi Peng,
Gang Kou, Yong Shi und Zhengxin Chen, »A Descriptive Framework for the Field of Data Mining and Knowledge Discovery«, *International Journal of Information Technology and Decision Making* 7
(2008): S. 639–682; sowie Jiawei Han und Micheline Kamber,
Data Mining: Concepts and Techniques, 2. Auflage, San Francisco:
Morgan Kaufmann, 2006.

**35 in Ländern, in denen die Menschen weniger Zeit mit Essen
verbringen, wächst die Wirtschaft schneller**
Siehe Floyd Norris, »Eat Quickly, for the Economy's Sake«, *New
York Times*, 8. Mai 2009, http://www.nytimes.com/2009/05/09/
business/09charts.html. Eine geniale Replik auf diesen Unsinn
finden Sie in Gordon Linoff, »Not Enough Data«, 10. Mai 2009,
http://blog.data-miners.com/2009_05_01_archive.html.

35 Dieser Fehler wird zu einem ernst zu nehmenden Problem
Siehe Ben Goldacre, »Datamining for Terrorists Would Be Lovely if
It Worked«, *The Guardian*, 28. Februar 2009, http://www.badsci-
ence.net/2009/02/datamining-would-be-lovely-if-it-worked.

37 »Die Geschichte wiederholt sich nie in exakt derselben Weise«
Siehe Makridakis und Taleb, »Decision Making and Planning
Under Low Levels of Predictability«, *International Journal of Fore-
casting* 25 (2009): S. 716–733.

37   »schwarze Schwäne«
Siehe Nassim Taleb, *Der Schwarze Schwan: Die Macht höchst unwahrscheinlicher Ereignisse*. München: Deutscher Taschenbuch Verlag, 2010.

37   Der »schwarze Schwan« ist ein klassisches Beispiel aus der Philosophie
Dieses Beispiel geht zurück auf Karl Popper und sein Buch *Logik der Forschung: Zur Erkenntnistheorie der modernen Naturwissenschaft*. Wien: Springer 1935.

37   bis der niederländische Entdecker Willem de Vlamingh als erster Europäer einen schwarzen Schwan sah
Siehe R. H. Major, *Early Voyages to Terra Australis*. London: Hakluyt Society, 1859. Nachzulesen unter http://gutenberg.net.au/ebooks 06/0600361h.html.

Mein Geschichtslehrer erzählte uns, de Vlamingh sei so überrascht gewesen, dass er nicht habe glauben wollen, dass es sich bei den Vögeln tatsächlich um Schwäne handelte. Wie so viele historische Anekdoten ist auch diese falsch. Als er die Schwäne im Logbuch seines Schiffs erwähnte, klang der pragmatische Kapitän jedenfalls nicht sonderlich überrascht. Er nahm ein paar Jungvögel mit an Bord, um sie den Leuten zu Hause in Batavia zu zeigen, doch die Tiere überlebten die Fahrt nicht.

38   wann ein flacher See umkippt
Siehe Marten Scheffer und Egbert H. van Nes, »Shallow Lakes Theory Revisited: Various Alternative Regimes Driven by Climate, Nutrients, Depth, and Lake Size«, *Hydrobiologia* 584 (2007): S. 455–466.

3. Galileo in der Hölle

40 »Lasst, die ihr eintretet, alle Hoffnung fahren!«

Das *Inferno* (*Die Hölle*) ist der erste Teil von Dantes *Göttlicher Komödie*, einem mittelalterlichen Gedicht über die Reise der Seele zu Gott. Die Handlung findet zwischen Karfreitag und dem Mittwoch nach Ostern des Jahres 1300 statt.

Das Gedicht besteht aus drei Teilen, Teil 2 und 3 tragen die Titel *Purgatorio* (*Das Fegefeuer*) und *Paradiso* (*Das Paradies*). Im ersten Teil, in dem Dante vom römischen Dichter Vergil in die Tiefe geführt wird, beschreibt er die Hölle. Vergil ist auch der Führer durch das Fegefeuer und wird im dritten Teil von Beatrice abgelöst, der perfekten Frau, die Dante durch den Himmel und den dritten Teil führt. Den vollständigen Text des Gedichts in der Übersetzung von Carl Streckfuß (1876) finden Sie unter http://de.wikisource.org/wiki/Göttliche_Komödie.

40 »Den Himmel, wegen des Klimas, die Hölle, wegen der Gesellschaft«

Dieser Satz, der gern falsch zitiert wird, stammt aus einer politischen Rede mit dem Titel »Tammany and Croker«, die Mark Twain 1901 vor dem »Order of Acorns« hielt. Siehe http://www.gutenberg.org. Mark Twain's Speeches, Tammany and Croker, S. 45. Vollständig lautet die Passage: »Die Wahl erinnert mich an die Geschichte eines Mannes, der im Sterben liegt. Er hat noch zwei Minuten zu leben, also ruft er einen Priester und fragt ihn: ›Welchen Ort würden Sie mir empfehlen?‹ Der Priester meinte, er könne sich beide vorstellen, den Himmel, wegen des Klimas, die Hölle, wegen der Gesellschaft.«

Der »Order of Acorns«, der »Eichel-Orden«, wurde 1901 zur Unterstützung des New Yorker Bürgermeisterkandidaten Seth Low und im Widerstand gegen die politische Clique von New York gegründet, die die Politik der Stadt seit Jahrzehnten kontrollierte. Der Orden besteht nach wie vor, der »Chief Oak« ist stellvertretender Direktor der New Yorker Feuerwehr.

40   ein italienischer Kardinal bat Galileo

Der Geistliche, der Galileo vermutlich den Auftrag gab, war der neu ernannte Kardinal Francesco del Monte; siehe Mark A. Peterson, »Galileo's Discovery of the Scaling Laws«, *American Journal of Physics* 70, Juni 2002. Der Artikel ist eine ausgezeichnete Darstellung der Entwicklung von Galileos Ideen von dem Vortrag in Florenz bis zu *Unterredungen und mathematische Demonstrationen über zwei neue Wissenszweige, die Mathematik und die Fallgesetze betreffend* fünfzig Jahre später.

40   der 24-jährige Galileo

Galileo hatte sich einen Ruf erworben, weil er den Schwerpunkt von kompliziert geformten Objekten errechnen konnte, und hatte dazu Archimedes' Methode zur Bestimmung der Dichte verschiedener Materialien analysiert (das war genau die Idee, deretwegen Archimedes angeblich mit dem Ruf »Heureka!« aus der Badewanne sprang und nackt durch die Straßen rannte). Das Ergebnis war das Büchlein *La Bilancetta* (Das kleine Gleichgewicht), das nach wie vor sehr lesenswert ist und dessen Veröffentlichung ihm offenbar den Auftrag eingebracht hatte.

Einen knappen Überblick über Leben und Werk Galileos finden Sie in meinem Buch *Der Versuch, die Seele zu wiegen – und andere Sternstunden von Forschern und Fantasten.* Frankfurt: Campus 2005.

41   die Hölle musste die Form einer Eiswaffel haben

Galileo schrieb: »Die Form hat eine konkave Oberfläche, die wir als konisch bezeichnen. Die Spitze ist der Mittelpunkt der Welt, die Basis die Oberfläche der Erde.«

41   Der Durchmesser entsprach dem Radius der Erde

Galileo verwendete dazu zwei geometrische Argumente. Das erste stammt aus der Beschreibung Dantes, nach der die Hölle und das Fegefeuer einander symmetrisch gegenüberstehen und daher dieselbe Größe und Form haben. Das zweite war die Beschreibung dessen, was Dante sah, als er aus dem Fegefeuer trat:

Sol war zum Horizont herabgestiegen,
Deß Mittagskreis, wo er am höchsten steht,
Sieht unter sich die Veste Zions liegen.
    (*Purgatorio*, Zweiter Gesang, 1–3).

Daraus zog Galileo zwei geniale Schlüsse: »Tiefe und Größe der
Hölle entsprechen dem Radius der Erde, und ihre Öffnung, ein
Kreis um dem Mittelpunkt Jerusalem [die Veste Zions], hat denselben Durchmesser, denn die Sehne unter einem Sechstel des Krei-
ses entspricht dem Radius desselben.« Wenn ich das richtig sehe,
muss die Kreislinie der Hölle also unter anderem durch Marseille
gegangen sein, was nach meiner Erfahrung in dieser Stadt gar
nicht so falsch sein kann.

**41   Der Radius der Erde betrug nach Galileos Schätzungen rund
5200 Kilometer**
Hier hat mir der deutsche Mercator-Experte Wilhelm Krücken
freundlicherweise weitergeholfen. Offenbar ging Galileo von den
Vorträgen zur Kosmografie aus, die Mercator von 1559 bis 1562 am
Gymnasium von Duisburg gehalten und die sein Sohn unter dem
Titel *Breves in sphaeram* veröffentlicht hatte. Laut Mercators Berechnungen entspricht 1 Grad des Erdumfangs = »quindecim miliaria
germanica communica«, also 15 »deutschen Meilen«. Demnach
wäre der Erdumfang 360 * 15 = 5400 deutsche Meilen, und der
Radius entsprechend 859 Meilen. Wenn eine Mercator-Meile
6,078 Kilometer beträgt, dann ergibt dies einen Radius von rund
5200 Kilometern.

41   die renommierte Akademie von Florenz
Die Akademie war von der Dynastie der Medici gegründet worden
(die erst eine Generation zuvor in den Adelsstand erhoben worden
waren), und ihre wichtigste Funktion war die Verherrlichung der
Medici und der Stadt Florenz auf allen geistigen Gebieten.

41 Die Mitschrift dieser Vorlesungen ist überliefert
Galileo hielt seine Vorträge im Jahr 1588. Eine englische Übersetzung von Mark Peterson finden Sie unter http://www.mtholyoke.edu/courses/mpeterso/galileo/inferno.html.

42 Dantes Beschreibung des Riesen
Inferno, 31. Gesang, 58–60.

42 Der bronzene Pinienzapfen steht heute in einem Hof des Vatikanischen Museums
Diesen Hinweise verdanke ich Mark Peterson.

42 dass Nimrod rund 27 Meter groß sein müsste
Galileo verwendete die mittelalterliche italienische Einheit *braccio* (dt. Arm), ein Stoffmaß, das von Stadt zu Stadt unterschiedlich war. In Pisa war ein *braccio* 58,36 Zentimeter. Siehe http://www.sizes.com/units/braccio.htm.

42 der derzeit höchste Wolkenkratzer der Welt
Dieses Gebäude ist der Burdsch Khalifa in Dubai mit 828 Metern. Siehe http://www.burjkhalifa.ae.

43 die Skalierung funktionierte, auch wenn Galileo nicht gewusst haben konnte, warum
Das Prinzip der Schwerkraft wurde erst nach Galileos Tod durch Newton entdeckt.

43 Brunelleschis berühmte Kuppel
Im Internet finden Sie zahlreiche Bilder, zum Beispiel unter http://www.florentinermuseen.com/musei/dom_florenz.html. Eine Darstellung des Baus finden Sie in Ross King, *Brunelleschi's Dome*, London: Vintage, 2008.

43 die Kuppel des Doms von Florenz hat einen Durchmesser von 45 Metern
Siehe Jacques Heyman, *The Stone Skeleton: Structural Engineering of Masonry Architecture*. Cambridge: Cambridge University Press, 1995.

44 *Unterredungen und mathematische Demonstrationen über zwei neue Wissenszweige, die Mathematik und die Fallgesetze betreffend*
Das Buch wurde 1638 von Elsevier in Amsterdam veröffentlicht. Eine englische Übersetzung finden Sie unter http://www.phys.virginia.edu/classes/109N/tns_draft/index.html.

44 ein paar wissenschaftliche Partyspielchen
Eines davon beschreibe ich in meinem Buch *Der Versuch, die Seele zu wiegen und andere Sternstunden von Forschern und Fantasten*, Frankfurt: Campus, 2005.

45 das berühmte Quadrat-Kubus-Gesetz
Die Folgen für den Körperbau sind allgemein beschrieben unter http://www.dinosaurtheory.com/scaling.html. Das Gesetz ist natürlich nur eine Annäherung und Vereinfachung (Knochen sind beispielsweise keine perfekten Zylinder, ihre Dichte ist nicht homogen). Die Skalierung der Knochenstärke wird nach wie vor untersucht, zum Beispiel Michael Doube u.a., »Three-Dimensional Geometric Analysis of Felid Limb Bone Allometry«, *PLoS ONE* 4(3, 9. März 2009): S. e4742, http://www.plosone.org/article/info: doi%2F10.1371%2Fjournal.pone.0004742.

45 Das korrekte Skalierungsgesetz wurde erst in den 1890er-Jahren entdeckt
Siehe Matthys Levy und Mario Salvadori, *Why Buildings Fall Down*. New York: W. W. Norton & Co., 2002, S. 37.

45 Die Dicke der Kuppel muss mit dem Quadrat der überspannten Strecke zunehmen

Siehe Mario Salvadori und Matthys Levy, *Structural Design in Architecture*. New York: Prentice-Hall, 1967. Levy stellt ein nichtquantitatives Beispiel vor, das offenbar schon die Römer kannten. »Ein Stein von einer geeigneten Dicke kann einen Meter überspannen, aber bei zehn Metern bricht ein dickerer Stein unter seinem eigenen Gewicht zusammen« (Email vom 7. August 2010).

45 eine Kuppel mit einem Durchmesser von 45 Metern muss nur 20 Zentimeter stark sein

Siehe Levy und Salvadori, *Why Buildings Fall Down*, S. 37. Die Autoren beschreiben nebenbei eine geniale Möglichkeit, eine Bentonkuppel zu bauen, die ein italienischer Architekt namens Dante Bini erfand. Legen Sie einen leeren Plastikballon auf den Boden legen Sie Eisenstäbe darauf, übergießen Sie ihn mit Beton und blasen Sie ihn dann auf. Lassen Sie den Beton trocknen und schneiden Sie Fenster und Türen hinein. Fertig!

45 17 Prozent aller mittelalterlichen Kirchen stürzten kurz nach dem Bau ein

Siehe Robert A. Scott, *The Gothic Enterprise: A Guide to Understanding the Medieval Cathedral*. Berkeley: University of California Press, 2003, S. 29–30.

46 das Gemäuer knickte ein oder begann beim ersten kräftigen Windstoß zu vibrieren

Siehe Maury I. Wolfe und Robert Mark, »The Collapse of the Vaults of Beauvais Cathedral in 1284«, *Speculum* 51 (1976): S. 462–476; Philippe Bonnet-Laborderie, *Découvrir la Cathédrale Saint-Pierre de Beauvais* (2000).

4. Unerträgliche Spannung

49   »Schöne Brücke über den silbrigen Tay-Fluss«

»The Tay Bridge Disaster« ist das zweite von drei schauerlich schlechten Gedichten, in denen der schottische Dichter William McGonagall die Brücke über den River Tay besang. Das erste beschreibt den Bau der Brücke im Mai 1879, das zweite beklagt ihren Einsturz, und das dritte feiert die Einweihung der neuen Brücke im Juli 1887.

49   William McGonagall war ein schottischer Bänkelsänger

William McGonagall war ein Weber, der im Jahr 1877 von der Muse geküsst wurde, wie auf der Website McGonagall Online nachzulesen ist (die Autoren stützen sich auf seine Autobiografie). Er verkaufte seine gedruckten Gedichte auf den Straßen von Dundee, erlangte durch Artikel im Magazin *Dundee* regionalen Ruhm und war als lästiger Redner und Vortragender in den Kneipen und Theatern seiner Heimatstadt berüchtigt. Als die Satirezeitschrift *Punch* einige seiner Gedichte veröffentlichte, war sein internationaler Ruhm gesichert. Mein Lieblingszitat von McGonagall stammt aus seiner Autobiografie und lautet: »Der erste Mensch, der mit Erbsen nach mir warf, war ein Wirt.«

49   der Einsturz der erst kürzlich fertiggestellten Eisenbahnbrücke über den Tay

Hintergründe zum Einsturz der Brücke finden Sie in Peter R. Lewis, *Beautiful Railway Bridge of the Silvery Tay: Reinvestigating the Tay Bridge Disaster of 1879*. Letchworth: Tempus, 2004. Eine interaktive Analyse des Unglücks finden Sie auf der Website von BBC/ Open University Open2.NET: http://www.open2.net/forensic_engineering. Eine knappe Zusammenfassung finden Sie schließlich unter »Tay Bridge and Associated Lines (North British Railway)«, RAILSCOT, http://www.railbrit.co.uk/Tay_Bridge_and_associated_lines/frame.htm.

49 die mangelhafte Querverstrebung

Report of the Court of Inquiry and Report of Mr. Rothery upon the Circumstances attending the Fall of a Portion of the Tay Bridge on the 28th December 1879, abrufbar unter The Railway Archives, http://www. railwaysarchive.co.uk/docSummary.php?docID=107. Der Bericht geißelte den Ingenieur Thomas Bouch für den schlechten Entwurf und ignorierte seine Behauptung, der Wind sei sehr viel stärker gewesen als die Höchstgeschwindigkeiten, die ihm ein Experte (kein Geringerer als der Königliche Astronom) genannt habe. Siehe V. Ryan, »The Tay Bridge Disaster«, http://www.technologystudent.com/struct1/taybrd1.htm.

50 Guy de Maupassant aß jeden Tag im Turmrestaurant zu Mittag

Siehe Jill Jonnes, *Eiffel's Tower: And the World's Fair Where Buffalo Bill Beguiled Paris, the Artists Quarreled, and Thomas Edison Became a Count*. New York: Viking Adult, 2009, S. 163–164.

50 Nach dem Bau der neuen Brücke über den Tay

Die neue Brücke wurde im Juli 1887 fertiggestellt.

51 »Schöne neue Brücke«

Wenn Sie sich die Brücke einmal ansehen wollen, werden Sie beispielsweise unter Mullys Webs.com fündig: http://mullys.webs.com/nlfacts.htm.

51 die Eisenbahnbrücke über den schottischen Fluss Forth, die der britische Ingenieur Benjamin Baker baute

Siehe »The Forth Rail Bridge«, Forth Bridges, Visitors Centre Trust, http://www.forthbridges.org.uk.

52 Ursprünglich war Thomas Bouch mit dem Bau beauftragt worden

Im Prozess um den Einsturz der Tay Bridge berief Bouch ausgerechnet seinen Kollegen Baker als Entlastungszeugen. In seiner Verteidigung berief er sich vor allem darauf, dass die Windlast deutlich größer war, als man ihm gesagt hatte. Zu Bouchs Entsetzen widersprach Baker und zeigte mit seinen Berechnungen, dass die Windlast zwar hoch, aber keineswegs ungewöhnlich gewesen war,

52   die Gefahren durch Winde
Siehe »Geometry and Materials«, eine Analyse des Eiffelturms von der Whiting School of Civil Engineering an der Johns Hopkins University unter http://www.ce.jhu.edu/perspectives/studies/ Eiffel%20Tower%20Files/ET_Geometry.htm.

53   sie hängen voll beladene Flugzeuge an den Flügelspitzen auf
Wenn Sie sehen wollen, wie weit sich die Flügel eines Flugzeugs biegen können, empfehle ich Ihnen »In Big Test, Boeing 787 Wing Bends, Doesn't Break«, Telstar Logistics, 29. März 2010, http:// telstarlogistics.typepad.com/telstarlogistics/2010/03/in-extreme-test-boeing-787-wing-bends-but-does-not-break.html.

53   Kardiologen setzen ihre Patienten auf Fahrräder
Myrvin H. Ellestad, William Allen, Maurice C. K. Wan und George L. Kemp, »Maximal Treadmill Stress Testing for Cardiovascular Evaluation«, *Circulation* 39 (1969): S. 527–522.

53   »Trier Social Stress Test«
Clemens Kirschbaum, Karl-Martin Pirke und Dirk H. Hellhammer, »The ›Trier Social Stress Test‹ – A Tool for Investigating Psychobiological Stress Responses in a Laboratory Setting«, *Neuropsychobiology* 28 (1993): S. 76–81.

53   Banken in aller Welt werden heute einem »Stresstest« unterzogen
Margaret Popper, »Bank Stress Test – How It Works«, Bloomberg News, 23. April 2009, http://www.youtube.com/watch?v=kCAl WBHB0XA.

54   Die exakte physikalische Definition der Spannung

Cauchys Aufsatz wurde der Pariser Akademie im September 1822 übermittelt, aber nicht veröffentlicht. Eine Zusammenfassung erschien 1823 im *Bulletin des Sciences à la Société Philomathique*, und Cauchy beschrieb den Inhalt in *Exercises de Mathématique (1827, 1828)*. Ein Artikel, der 1828 unter dem Titel »Sur les équations qui expérimentent les conditions d'équilibre ou les lois de mouvement intérieur d'un corps solide« erschien, enthielt die Gleichungen zur Beschreibung des Verhaltens von isotropischen, elastischen Körpern (Ian Sneddon, *Bulletin of the American Mathematical Society 3* (1980): S. 870–878).

54   Spannung ist eine Kraft, die auf eine bestimmte Fläche wirkt

Siehe J. E. Gordon, *The New Science of Strong Materials or Why You Don't Fall Through the Floor*. Harmondsworth: Penguin 1968, S. 34. Eine ausgezeichnete und sehr lesenswerte Einführung.

54   dass sich Cauchy bei dieser Definition von seinem Vater inspirieren ließ

Die Erfahrungen seiner Familie mit der Guillotine hatten vermutlich nichts mit seinen Berechnungen zu tun.

54   In seinen *Unterredungen* beschrieb Galileo, welchen Schaden physikalische Belastung anrichten kann

Der von Galileo beschriebene Effekt macht mir bei meinem Vorschlag für das Problem des Höllendachs einen Strich durch die Rechnung. Ich hätte nämlich spontan vorgeschlagen, einfach ein paar Stützen aufzustellen, da Materialien unter Druck sehr viel stärker sind als unter Biegung oder Drehung. Doch bei den Temperaturen im Erdinnern würde das Fundament der Säulen natürlich wegschmelzen und absacken. Damit würde die Last auf den verbleibenden Stützen umso größer, und das Höllendach würde den armen Seelen auf den Kopf fallen.

55   Cauchy verdanken wir die Erkenntnis
J. E. Gordon, *Structures or Why Things Don't Fall Down*. Harmondsworth: Penguin, 1978, S. 46.

56   Leonardo da Vinci erkannte dies bereits ein Jahrhundert zuvor
Siehe Robert Ballarini, »The Da Vinci–Euler–Bernoulli Beam Theory?«, *Mechanical Engineering*, 18. April 2003, http://www.memagazine.org/contents/current/webonly/webex418.html; sowie Ladislao Reti (Hg.), *The Unknown Leonardo*. New York: McGraw-Hill, 1974.

56   Ich entwickelte Glasfedern, um die winzigen Kräfte zu messen
Siehe V. M. Bowers, L. R. Fisher, G. W. Francis und K. L. Williams, »A Micromechanical Technique for Monitoring Cell-Substrate Adhesiveness: Measurements of the Strength of Red Blood Adhesion to Glass and Polymer Test Surfaces«, *Journal of Biomedical Materials Research* 23 (1989): S. 1453–1473.

57   der britische Wissenschaftler Robert Hooke
Hookes Leben und Werk wird in Stephen Inwoods ausgezeichneter Biografie *The Man Who Knew Too Much* (London: Macmillan, 2002) dargestellt. Zu seinen zahlreichen Entdeckungen gehörte eine federgetriebene Uhr, ein Spiegelteleskop, eine Rechenmaschine und die Wirkung von Cannabis. Hooke meinte: »Die Naturwissenschaften waren zu lange eine Angelegenheit der Vorstellung. Es ist Zeit, dass wir zur Einfachheit der Beobachtung materieller und sichtbarer Dinge zurückkehren« (*Micrographia*, 1665). Eine Beschreibung seiner Tätigkeit bei der Royal Society finden Sie in meinem Buch *Reise zum Mittelpunkt des Frühstückseis. Streifzüge durch die Physik der alltäglichen Dinge*. Frankfurt: Campus, 2002.

58   Hooke veröffentlichte sein Elastizitätsgesetz in Form des Anagramms *ceiiinosssttuu*
Das Anagramm erschien in seinem Buch zur Beobachtung von Sonnenfinsternissen, *A description of helioscopes, and some other*

instruments (London: John Martin, 1676). Um die letzte Seite auch noch vollzuschreiben, fügte er an: »Der zehnte Teil eines hundertsten Teils der Erfindungen, die ich in Kürze veröffentlichen werde.« Dem folgte eine Liste mit zehn Erfindungen, deren dritter Punkt lautete: »Die wahre Theorie der Elastizität der Federn und eine Erläuterung anhand zahlreicher Fälle, in denen sie vorkommt, sowie eine Berechnung der Geschwindigkeit der von ihnen bewegten Körper: ceiiinosssttuu.« Daneben kündigte er Regulatoren, eine Methode zum Bau von Bögen sowie Erfindungen in der Optik, Hydraulik und dem Ingenieurwesen an. Zwei Jahre später veröffentlichte er die Lösung des Anagramms in *De Potentia Restitutiva* (London, 1678). Die angekündigten 9990 weiteren Erfindungen blieb er jedoch schuldig.

58 das Hookesche Gesetz
Eine ausgezeichnete, wenngleich etwas technische Geschichte der Elastizität finden Sie in Ian Sneddons Besprechung von V. D. Kupraze u.a., »Three-Dimensional Problems of the Mathematical Theory of Elasticity and Thermoelasticity«, *Bulletin of the American Mathematical Society* 3 (1980): S. 870–878, http://projecteuclid. org/euclid.bams/1183547551.

58 In einer Vortragsreihe
Thomas Young: Course of Lectures on Natural Philosophy and the Mechanical Arts. Siehe http://www.archive.org/details/lecturescou rseof02younrich.

59 Royal Institution in London
Die Royal Institution gibt es nach wie vor, der Raum, in dem Young seinen Vortrag hielt, ist original erhalten. Ich selbst habe auch einen Vortrag dort gehalten, obwohl ich bezweifle, dass Young von meinem Thema (»Die Wissenschaft der Toffees«) sonderlich angetan gewesen wäre. Er war ein eher ernster Mann.

62 Die vielleicht ungewöhnlichste und effektivste Methode waren Seifenblasen

Siehe G. I. Taylor und A. A. Griffith, »Use of Soap Films in Solving Torsion Problems« und »The Application of Soap Films to the Torsion and Flexure of Hollow Shafts«, in: *The Scientific Papers of Sir Geoffrey Ingram Taylor.* Sie finden das Buch bei Google Books.

62 Griffith zeigte, dass sich die Spannung an den Spitzen von Rissen konzentriert

Siehe »The Phenomena of Rupture and Flow in Solids«, *Philosophical Transactions of the Royal Society of London A 221* (1921): S. 163–198, http://www.jstor.org/stable/91192.

63 Die *Schenectady* lag in ruhigem Wasser vor Anker, als sie unvermittelt auseinanderbrach

Siehe zum Beispiel Norbert J. Delatte, *Beyond Failure: Forensic Case Studies for Civil Engineers.* Reston: American Society of Civil Engineers, 2008, S. 311.

63 wenn Gletscher »kalben«

Wenn Sie sehen wollen, wie ein Gletscher »kalbt«, können Sie dies auf YouTube verfolgen: http://www.youtube.com/watch?v=bYH2Df-evNs. Suchen Sie den kritischen Riss!

64 »Riss-Stopper«

Ein gutes Beispiel ist ein Keks mit Schokoladenguss, der beim Transport weniger leicht zerbricht als sein nicht glasierter Vetter.

64 Rund 20 Prozent aller Schiffe haben Risse in dieser Länge, und nur wenige teilen das Schicksal der *Schenectady*

Am 19. August 2007 brach zum Beispiel vor der australischen Küste ein Öltanker auseinander, und 20 000 Tonnen Rohöl flossen ins Meer.

65 Farbeindringprüfung

Siehe zum Beispiel Les Bengtson, »Crack Inspection for the Hobbyist« (2003), http://www.custompistols.com/cars/articles/crack_inspection.htm. Eine frühere Freundin probierte das an den Pedalen ihres Fahrrads aus und war dann so besorgt, dass sie diese sofort austauschte.

5. Außer Rand und Band

67 *Stop the World –I Want to Get Off*

Das Musical von Leslie Bricusse und Anthony Newley wurde 1961 im Londoner Queen's Theatre uraufgeführt. Der Titel stammt angeblich von einem Graffito, das die Autoren gesehen hatten.

67 Drehbuch des Films *Blues Brothers*

Das Originaldrehbuch finden Sie unter Blues Brothers Central, http://www.bluesbrotherscentral.com/movies/the-blues-brothers/script.

68 Schließlich gibt es kein Halten mehr

Für diesen Punkt gibt es die verschiedensten Bezeichnungen aus unterschiedlichen Lebensbereichen und historischen Epochen: den Rubikon überschreiten (Julius Cäsar); die Würfel sind gefallen (Julius Cäsar nach der Überquerung des Rubikon); die Schiffe verbrennen (der muslimische Heerführer Tariq ibn Ziyad nach der Invasion Spaniens im Jahr 711 und der spanische Eroberer Hernán Cortés nach dem Einmarsch in das Reich der Azteken rund 700 Jahre später); oder Fait accompli. Mein Lieblingsausdruck ist das chinesische »die Woks zerschlagen und die Schiffe versenken«. In der Luftfahrtindustrie gibt es einen »Punkt, an dem kein Umkehren mehr möglich ist« und ab dem ein Flugzeug aufgrund seiner begrenzten Reichweite nach dem Start nicht mehr zum Ausgangsflughafen zurückkehren kann. Und ein Raumschiff kann einen Ereignishorizont erreichen, einen Punkt, an dem das Licht nicht mehr entkommt und das Raumschiff in ein schwarzes Loch gesogen wird.

68 Der Dialog bringt das Problem messerscharf auf den Punkt
Szene 323-B und 324-B.

68 Die drei Bewegungsgesetze von Sir Isaac Newton
Siehe Isaac Newton, *Philosophiae Naturalis Principia Mathematica*
(1687). Einige gute Animationen finden Sie auf der Website der
University of New South Wales: http://www.animations.physics.
unsw.edu.au/mechanics/chapter5_Newton.html. Natürlich lassen
sich diese Gesetze nur bedingt auf den Winnebago anwenden,
unter anderem aufgrund der Reibung, die der Geschwindigkeit
entgegenwirkt.

69 da der Boden aufgrund des Reaktionsgesetzes mit derselben
Kraft dagegen hielt
Stellen Sie sich dazu vor, wie die »Good Ol' Boys« im Wagen auf
und ab hopsen. Ihre Position bleibt mehr oder weniger unverän-
dert, sie fliegen nicht etwa ins All oder fallen auf den Boden. Nach
dem zweiten Newtonschen Gesetz kann keine vertikale Kraft wirken, wenn keine vertikale Beschleunigung zu beobachten ist. Das
bedeutet, dass irgendetwas die Kraft des nach unten wirkenden
Gewichts ausgleichen muss, und dieses Etwas ist die Gegenkraft
des Bodens.

69 Sämtliche physischen Objekte im gesamten Universum
unterliegen den Newtonschen Gesetzen
Der Vollständigkeit halber und um mir nicht den Zorn der Physiker zuzuziehen, möchte ich darauf hinweisen, dass dies streng
genommen nur zutrifft, wenn die Gesetze um die relativistischen
Masseneffekte erweitert werden, nach denen die Masse mit der
Geschwindigkeit zunimmt.

69 mit Ausnahme von Zeichentrickfiguren
Mark O'Donnell, »The Laws of Cartoon Motion«, in: *Elementary
Education: An Easy Alternative to Actual Learning*. New York: Random House, 1985. Auch unter http://www.rahul.net/figmo/Archi-
ves/toon-physics.html.

69   der Newton der Zeichentrickwelt ist Wile E. Coyote

Sehen Sie sich zum Beispiel folgende Clips an: http://www.you-tube.com/watch?v=RrZiFzEPz-I oder http://www.youtube.com/watch?v=Hd755bbc8uw.

69   erstaunliche Parallelen zum Verhalten der Marktteilnehmer bei steigenden Börsenkursen

Siehe Shawn Andrew, »The Cartoon Law«, Reflexivity Capital Group Investment Framework (2007), www.refcapgroup.com/pdf/strategy-rcg.pdf.

71   Rennen, Springen, Stehen

Die Überschrift habe ich mir von der anarchischen Filmkomödie *Running, Jumping, and Standing Still* mit Spike Milligan, Peter Sellers und Richard Lester aus dem Jahr 1959 geliehen. Der Film war Sellers' erster Film nach der erfolgreichen Radiosendung *The Goon Show*. Er ist nur elf Minuten lang und kostete 150 Dollar. Siehe The Telegoons, »Running Jumping & Standing Still ...«, http://tele-goons.org/history_4_running_jumping.htm.

71   eine mathematische Besonderheit

Nach Newtons Schwerkraftgesetz berechnet sich die Anziehungskraft F_g zwischen zwei Objekten der Masse m und M, deren Gewichtsschwerpunkt die Entfernung d voneinander entfernt ist, wie folgt: $F_g = G\,(m \times M)/d^2$, wobei G die »universelle Gravitationskonstante« ist. Wenn M die Masse der Erde ist und m die Masse eines sehr viel kleineren Objekts, das auf sie herunterfällt, dann ist die Beschleunigung dieses Objekts $g = F_g/m$. Wird die zweite Gleichung in die erste eingesetzt, kürzt sich m heraus, und es bleibt $g = (G \times M)/d^2$.

G, M und d sind bekannte, konstante Werte. Wenn wir sie in die Gleichung einsetzen (oder g direkt messen), ergibt sich für g ein Wert von 9,83 m/s².

71   Wenn Galileo keine Kanonenkugel von einem Kirchturm in Pisa geworfen hätte

Wie ich in *Der Versuch, die Seele zu wiegen* zeige, war der Turm vermutlich nicht der berühmte Schiefe Turm von Pisa. Er ist nicht hoch genug: Galileo schrieb, die Kugeln seien 90 Meter in die Tiefe gefallen, doch der Schiefe Turm ist nur 45 Meter hoch.

71   Hunderte von Menschen kommen zu Tode, weil sie im Schlaf aus dem Bett fallen

Diese Zahl basiert auf Schätzungen des Safety Council der Vereinigten Staaten, abrufbar unter »The Most Common Causes of Death Due to Injury in the United States«, http://danger.mongabay.com/injury_death.htm.

72   Der schnellste Käse von Westengland

Siehe »Gloucestershire Cheese Rolling«, SoGlos.com, http://www.soglos.com/sport-outdoor/27837/Gloucestershire-Cheese-Rolling-2009.

72   Isaac Newton ... versuchte, die Prophezeiungen der Bibel zu entschlüsseln

Siehe Newtons *Observations upon the Prophecies of Daniel, and the Apocalypse of St. John,* das nach seinem Tod im Jahr 1733 veröffentlicht wurde und bei gutenberg.org nachzulesen ist (http://www.gutenberg.org/etext/16878). Newton argumentierte, die Prophezeiungen ließen sich nur verstehen, nachdem die beschriebenen Ereignisse tatsächlich eingetreten waren. Es sei eine »Torheit der Deuter« so Newton,

vorhersagen zu wollen, welche Ereignisse die Prophezeiungen vorhersagten, gerade so als ob Gott sie zu Propheten berufen hätte. Mit dieser Unbedachtheit haben sie nicht nur sich selbst in Verruf gebracht, sondern die Prophezeiungen selbst. Doch Gott wollte es anders. Er gab uns diese Prophezeiungen der Geheimen Offenbarung und des Alten Testaments, nicht um unsere Neugierde über die Zukunft zu befriedigen, sondern damit sie nachträglich durch das Ereignis verstanden werden sollten und sich seine Vorsehung, nicht die der Deuter, in der Welt manifestiere. Denn der Eintritt eines Ereignisses, das so lange vorher weisgesagt wurde, ist ein überzeugendes Argument dafür, dass die Welt von der göttlichen Vorsehung regiert wird.

Leider hat sich seither nur wenig an der Unbedachtheit der Deuter geändert. Ein Vertreter dieser Zunft war Pastor David Wilkerson aus New York, der im März 2009 vorhersagte, die Stadt werde bald von einer Katastrophe heimgesucht, »die die ganze Erde erschüttert« (siehe »David Wilkerson Again Predicts Catastrophe«, *ReligionNewsBlog*, 11. März 2009, http://www.religionnewsblog.com/23331/david-wilkerson-prophecy). Sollte sich die Prophezeiung bewahrheiten, wird das wohl nichts mit der Veröffentlichung meines nächsten Buchs.

74 Bei Beduinen nennt sich der Dominoeffekt »die Nase des Kamels«

Mario J. Rizzo und Douglas Glen Whitman, »The Camel's Nose in the Tent: Rules, Theories, and Slippery Slopes«, *UCLA Law Review* 51 (2003): S. 539–592.

74 Die Vorführung des Dominoeffekts hat sich zu einer Kunstform ausgewachsen

Siehe zum Beispiel die Ausstellung im Brattleboro Museum and Art Center in Vermont, »Domino Toppling 2: Brattleboogaloo«, YouTube, 10. März 2009, http://www.youtube.com/watch?v=6m zqRouE_hs.

74 einen neuen Weltrekord mit 100 000 Dominosteinen

»College Senior Bob Speca Finds It's No Pushover to Set a World Record for the Domino Effect«, *People*, 26. Juni 1978, http://www.people.com/people/archive/article/0,20071149,00.html.

75 inzwischen steht der Weltrekord bei 4 491 863 Steinen

Dieser Rekord wurde allerdings von einer Gruppe aufgestellt. Den Rekord für eine Einzelperson hält Ma Li Hua aus China mit 303 621 Steinen. Siehe »Domino Toppling Records«, http://www.recordholders.org/en/records/domino-toppling.html.

75   Die Wellen umfallender Dominosteine lösten weitere Ereignisse aus
Siehe »Domino Toppling World Record«, http://noolmusic.com/myspace_videos/domino_toppling_world_record.php.

75   eine 27 Kilometer lange Reihe von Ziegeln
Siehe »Aktion ›Falling Stones‹ anlässlich der Wesertunnel-Eröffnung«, 20. Januar 2004, http://www.asc-bremerhaven.de/index php?option=com_content&view=article&id=28%3A17012004-aktion-qfalling-stonesq-anlich-der-wesertunnel-erung&Itemid=32.

75   Laut Theorie beträgt der Idealabstand
Stan Wagon, William Briggs und Stephen Becker, »The Dynamics of Falling Dominoes«, *UMAP Journal* 26 (2005): S. 35–48.

75   die Geschwindigkeit der fallenden Dominosteine bleibt konstant
W. J. Stronge und D. Shu, »The Domino Effect: Successive Destabilization by Cooperative Neighbors«, *Proceedings of the Royal Society of London A* 418 (1988): S. 155–163; Wagon u.a., »The Dynamics of Falling Dominoes«.

76   Der Dominoeffekt ist beim Passwortdiebstahl zu beobachten
Blake Ives, Kenneth R. Walsh und Helmut Schneider, »The Domino Effect of Password Reuse«, *Communications of the Association for Computing Machinery* 47 (2004): S. 75–78.

76   Ähnliche künstliche Lücken werden eingebaut, um einen Unfall zu verhindern
Faisal I. Khan und S. A. Abbasi, »An Assessment of the Likelihood of Occurrence, and the Damage Potential of Domino Effect (Chain of Accidents) in a Typical Cluster of Industries«, *Journal of Loss Prevention in the Process Industries* 14 (2001): S. 283–306; J. R. B. Alencar, R. A. P. Barbosa und M. B. de Souza Jr., »Evaluation of Accidents with Domino Effect in LPG Storage Areas«, *Thermal Engineering* 4 (2005): S. 8–12.

77   die vorletzte Szene des Films *Alexis Sorbas*
Der Film *Alexis Sorbas* aus dem Jahr 1964 basiert auf dem gleich-
namigen Roman des griechischen Autors Nikos Kazantzakis. Die
Seilbahnszene kommt im Roman nicht vor.

**77   Der Einsturz der Brücke wurde von einer Sicherheitskamera
aufgezeichnet**
Siehe »35W Bridge Collapse«, YouTube, 2. August 2007, http://
www.youtube.com/watch?v=0socGiofdvc.

**77   Ursache war der Bruch von unterdimensionierten
Knotenblechen**
Reggie Holt und Joseph Hartmann, »Adequacy of the U10 & L11
Gusset Plate Designs for the Minnesota Bridge No. 9340 (I-35W
over the Mississippi River)«, Federal Highway Administration Tur-
ner-Fairbank Highway Research Center report, 11. Januar 2008.

78   Ronan Point Tower
Siehe Cynthia Rouse und Norbert Delatte, »Lessons from the Progressive Collapse of the Ronan Point Apartment Tower«, *Proceedings of the Third ASCE Forensics Congress*, San Diego, Kalifornien,
19.-21. Oktober 2003.

Das schrecklichste Beispiel dieses progressiven Zusammen-
bruchs war natürlich der Einsturz des World Trade Center nach
den Anschlägen des 11. September 2001. Die genauen Ursachen
werden zwar noch diskutiert, doch es scheint wenig Zweifel zu bestehen, dass in jedem der beiden Gebäude der Sturz der oberen
Geschosse auf die darunterliegenden einen progressiven Einsturz
der jeweils tiefer gelegenen Etagen auslöste, bei dem schließlich
der gesamte Turm in sich zusammenfiel. Siehe Zdeněk P. Bažant,
Jia-Liang Le, Frank R. Greening und David B. Benson, »Closure to
›What Did and Did Not Cause Collapse of World Trade Center Twin
Towers in New York?‹« *Journal of Engineering Mechanics* 136 (2010):
S. 934–935.

78   Dominoeffekte spielen bei der Verstaatlichung der Ölindustrie genauso eine Rolle
Stephen J. Kobrin, »Diffusion as an Explanation of Oil Nationalization: Or the Domino Effect Rides Again«, *Journal of Conflict Resolution* 29 (1985): S. 3–32.

78   wie bei der Gletscherschmelze in der Arktis
Faezeh M. Nick u.a., »Large-Scale Changes in Greenland Outlet Glacier Dynamics Triggered at the Terminus«, *Nature Geoscience* 2 (2009): S. 110–114.

78   oder dem Windbruch in Wäldern
Charles D. Canham und Orie L. Loucks, »Catastrophic Windthrow in the Presettlement Forests of Wisconsin«, *Ecology* 65 (1984): S. 803–809.

78   Hormontherapien während der Menopause
E. M. Alder, L. A. Ross und A. Gebbie, »Menopausal Symptoms and the Domino Effect«, *Journal of Reproductive and Infant Psychology* 18 (2000): S. 75–78.

78   beim Verlauf von Gerichtsprozessen
Mario J. Rizzo und Douglas Glen Whitman, »The Camel's Nose in the Tent: Rules, Theories, and Slippery Slopes«, *UCLA Law Review* 51 (2003): S. 539–592.

79   Infektionskrankheiten
Siehe zum Beispiel E. C. Riley, G. Murphy und R. L. Riley, »Airborne Spread of Measles in a Suburban Elementary School«, *American Journal of Epidemiology* 107 (1978): S. 421–432.

79   Wenn ein ausreichend großer Teil der Bevölkerung geimpft
Edward Goldstein u.a. »Distribution of Vaccine/Antivirals and the ›Least Spread Line‹ in a Stratified Population«, *Interface (Journal of the Royal Society)* 7 (2010): S. 755–764, http://rsif.royalsocietypublishing.org/content/7/46/755.short.

80   Bei vielen Kettenreaktionen spielt die Nähe eine entscheidende Rolle

Ein Atombombenmodell nennt sich beispielsweise »Implosions-kette«. Siehe Carey Sublette, »Introduction to Nuclear Weapon Physics and Design«, 20. Februar 1999, http://nuclearweaponar-chive.org/Nwfaq/Nfaq2.html. Dabei wird das spaltbare Material plötzlich komprimiert, und die Atome kommen einander so nahe, dass eine unkontrollierte Kettenreaktion ausgelöst wird.

80   Ansteckung durch Gelächter

Siehe zum Beispiel das Video eines lachenden Babys unter »Skype Laughter Chain«, YouTube, 18. Juni 2008, http://www.youtube.com/watch?v=p32OC97aNqc. Können Sie sich vor Lachen noch halten?

80   »Vor vielen Jahren war Frogstar B ein quirliger, glücklicher Planet«

Douglas Adams, *Das Restaurant am Ende des Universums*. Berlin: Ullstein, 1990.

82   Positive Rückkopplungen sind die wichtigste Kraft hinter kritischen Übergängen

Einige dieser kritischen Übergänge können durchaus auch ein positives Ergebnis haben. Nehmen wir zum Beispiel die Geburt: Bei den Wehen gelangt das Hormon Oxytocin ins Blut. Das Hormon regt weitere Wehen an, was wiederum eine weitere Oxytocin-Ausschüttung auslöst, und so weiter, bis das Kind schließlich zur Welt kommt.

Die positive Rückkopplung hat einen weiteren biologischen Nutzen. Sie ist beispielsweise wesentlich bei der Übertragung von Nervensignalen und der Polymerase-Kettenreaktion (siehe Molecular Station, »PCR Polymerase Chain Reaction« (Video), http://www.molecularstation.com/science-videos/video/15/pcr-polyme-rase-chain-reaction/), bei der rasch Kopien der DNA hergestellt werden. (Gerichtsmediziner benutzen diese Reaktion, um aus kleinen Proben von DNA analysierbare Mengen herzustellen.) Ihre

physiologischen Auswirkungen könnten auch mit unserem Bedürfnis zusammenhängen, Fähigkeiten zu erlernen und zu beherrschen.

6. Das Gleichgewicht der Natur

83 »ein Überfluss an Träumen«
Peter Ustinov in einem Interview mit *The Independent*, 25. Februar
1989.

83 der Kürbiskernbarsch
Der Kübrbiskernbarsch ist ein Sonnenbarsch, der *Lepomis gibbosus*
(siehe Fish Base, http://www.fishbase.org/home.htm). Den Namen
hat er vermutlich aufgrund seiner Form oder seiner orange-gelben
Färbung. Es wäre allerdings ein recht großer Kürbiskern, denn
ausgewachsene Fische können bis zu 40 Zentimeter lang werden
und 500 Gramm wiegen, obwohl sie in der Regel nur 15 bis 20 Zentimeter erreichen.

Stephen Forbes nannte den Fisch »Brasse«, doch der Ichthyo-
loge Mike Retzer von der Fischsammlung des Naturkundemuse-
ums in Illinois hält dies für einen regionalen Namen. Kein anderer
Autor benutzt diesen Namen, und in seinem Buch *Fishes of Illinois*
verwendet Forbes den Namen nicht mehr.

83 »Gleichgewicht des organischen Lebens«
Dieses und andere Zitate von Forbes sind dem Aufsatz »The Lake as
a Microcosm«, *Bulletin of the Scientific Association of Peoria, Ill.* (1887):
S. 77–87, entnommen. Im Internet finden Sie den Artikel unter
http://people.wku.edu/charles.smith/biogeog/FORB1887.htm.

Der Aufsatz wurde 1925 im *Bulletin of the Illinois State Natural
History Survey* nachgedruckt und damit auch einem breiteren Publikum zugänglich. Offenbar war die Zeitschrift aus dem Jahr 1887
die einzige Nummer, die die Peoria Scientific Association jemals
veröffentlichte. Von der Originalausgabe sind nur noch einige
wenige Exemplare erhalten. Siehe G. T. Tonapi und V. A. Ozarkar,

»A New Record of *Hydraena quadricollis Wollaston* (Coleoptera: Hydrophilidae) from India«, *Coleopterists Bulletin* 23, 1 (März 1969): S. 1–4, http://www.jstor.org/stable/3999265.

83 Stephen Alfred Forbes

Forbes stammte aus einer armen Siedlerfamilie und ging im Alter von 14 Jahren von der Schule ab. Das hinderte ihn jedoch nicht daran, Leiter des staatlichen Naturkundelabors von Illinois und Direktor der Zoologischen Fakultät der Universität von Illinois zu werden. Im Jahr 1918 wurde er Mitglied der Akademie der Wissenschaften und 1921 Präsident der Ökologischen Gesellschaft der Vereinigten Staaten. Für einen Autodidakten eine beachtliche Karriere, wie sie heute wohl nicht mehr möglich wäre.

Eine ausführliche Darstellung seiner Biografie und seines Beitrags zur Ökologie finden Sie in R. A. Croker, *Stephen Forbes and the Rise of American Ecology.* Washington, D.C.: Smithsonian Institute, 2001. In seiner Grabrede schilderte sein Sohn Ernest Browning Forbes zahlreiche interessante Details aus dem Leben von Forbes. Siehe Ernest Browning Forbes, »Memorial of the funeral services for Stephen Alfred Forbes, Ph.D., LL.D.: chief, state natural history survey, professor of entomology, emeritus, University of Illinois«. Urbana: University of Illinois Press, 1930. Unter anderem berichtete er, Forbes habe sein Leben lang begeistert die Gedichte von Robert Browning gelesen – daher sein zweiter Name.

84 Forbes' bahnbrechende Untersuchungen der Seen von Illinois

Bei den genannten Seen handelte es sich vor allem um Fox Lake, Nippersink Lake, Long Lake, Deep Lake und Cedar Lake in Illinois.

84 die erste wissenschaftliche Erklärung dessen, was heute als Gleichgewicht der Natur bezeichnet wird

Stephen Alfred Forbes, »The Lake as a Microcosm«, *Bulletin of the Scientific Association of Peoria, Ill.* (1887): S. 77–87 (http://people.wku.edu/charles.smith/biogeog/FORB1887.htm).

85 Diese Ehre gebührt dem griechischen Historiker Herodot

Frank N. Egerton, »Changing Concepts of Balance of Nature«, *Quarterly Review of Biology* 48 (1973): S. 322–350.

85 Forbes war ein Rationalist und Agnostiker

Im Jahr 1923 schrieb er: »Ich war und bin ein Rationalist und Agnostiker, für den der sogenannte Glaube nichts ist als eine Annahme.« Später strich er die Worte »und bin« und ersetzte sie durch »als junger Mann«. In seiner Grabrede erklärte sein Sohn, sein Vater habe zunehmend gehofft, dass es mehr geben könnte, als die Wissenschaft erklären konnte.

85 Die fünfte Ausgabe seines Buchs *Über die Entstehung der Arten*

Charles Darwin, *On the Origin of Species by Means of Natural Selection, or the Preservation of Favoured Races in the Struggle for Life*, 5th ed. London: John Murray, 1869, S. 91–92. Deutsche Ausgabe: *Über die Entstehung der Arten durch natürliche Zuchtwahl oder die Erhaltung der begünstigten Rassen im Kampfe um's Dasein*, 6. wiederholt durchgesehene und berichtigte Ausgabe, Stuttgart 1876. Hier wird der Begriff »Survival of the Fittest« übersetzt mit: »Überleben des Passendsten«. http://de.wikisource.org/wiki/Entstehung_der_Arten_(1876).

85 Geprägt hatte das Schlagwort der Philosoph Herbert Spencer

Siehe Herbert Spencer, *Principles of Biology*, Vol. 1 (1864), S. 444. Darwin verwendete den Begriff zuerst in *The Variation of Animals and Plants under Domestication* (London: John Murray, 1868; deutsche Ausgabe: *Das Variiren der Thiere und Pflanzen im Zustande der Domestication*. Stuttgart: E. Schweizerbart'sche Verlagshandlung, 1868). Auf Seite 7 bezieht er sich direkt auf Spencer: »Dass während des Kampfes ums Dasein diejenigen Varietäten erhalten werden, welche irgendeinen Vorteil in ihrer Structur, Constitution oder ihrem Instinkt darbieten, habe ich natürliche Zuchtwahl genannt und Herbert Spencer hat für dieselbe Idee den ganz guten Ausdruck ›Überleben des Passendsten‹. Der Ausdruck ›natürliche

Zuchtwahl‹ ist in mancher Beziehung nicht gut, da er eine be-
wusste Wahl einzuschliessen scheint. Davon wird man aber nach
kurzer Gewöhnung absehen.« Siehe *The Complete Work of Charles
Darwin Online*, http://darwin-online.org.uk.

**85   welches Schindluder mit dem Begriff »Überleben des
Stärkeren« getrieben wurde und wird**
Siehe Martin Shubik, »Does the Fittest Necessarily Survive?«, in:
Readings in Game Theory and Political Behavior, hrsg. v. Martin Shu-
bik. New York: Doubleday, 1954, S. 43–46, nachgedruckt in Eric
Rasmusen (Hg.), *Readings in Games and Information*. Malden: Wiley-
Blackwell, 2001, S. 105.

86   der anderthalbstündige Vortrag
Das ist meine Schätzung, basierend auf meiner eigenen Vortrags-
geschwindigkeit und der Tatsache, dass die Veröffentlichung von
Forbes' Vortrag 9000 Wörter lang ist.

**86   Viele der Menschen im Publikum hatten dieselbe puritanische
Erziehung genossen wie Forbes und teilten
seine ganzheitliche Sicht der Natur**
Fast alle frühen amerikanischen Ökologen haben einen puritani-
schen Hintergrund, eine Tatsache, die dem Historiker Mark Stoll
bedeutsam erscheint. Siehe »Creating Ecology: Protestants and the
Moral Community of Creation«, in: *Religion and the New Ecology:
Environmental Responsibility in a World in Flux*, hrsg. v. David M.
Lodge und Christopher Hamlyn. Notre Dame: University of Notre
Dame Press, 2006, S. 53–72.

87   Praktische Beispiele finden Sie überall
Eine Liste von der Vergangenheit bis zur Gegenwart finden Sie in
Frank L. Lewis, »A Brief History of Feedback Control«, *in Applied
Optimal Control and Estimation*, hrsg. v. Frank L. Lewis. New York:
Prentice-Hall, 1992, http://www.theorem.net/theorem/lewis1.html.

87 der Magnetkompass

Ein interessantes und weitgehend unbekanntes Beispiel ist der »Wagen, der immer nach Süden zeigt«. Er wurde vor rund 2000 Jahren in China erfunden und besteht aus einer Figur, die auf der Deichsel eines Wagens sitzt und über ein kompliziertes Differentialgetriebe immer nach Süden zeigt, egal in welche Richtung sich der Wagen bewegt. Lu Jingyan, »Studies of the South-Pointing Chariot: Survey of the Past Eighty Years«, in: *Chinese Studies in the History and Science of Technology.* hrsg. v. Dainian Fan und Robert Sonné Cohen. Berlin: Springer, 1996, S. 267–278.

87 der Fliehkraftregler

Siehe James Patrick Muirhead, *The Life of James Watt: With Selections from His Correspondence,* 1858; Nachdruck London: Nabu Press, 2010.

88 Die Toilettenspülung hat ihren Ursprung in einer Wasseruhr

Diese Uhr wurde auch als »Klepsydra« bezeichnet. Siehe J. S. McNown, »When Time Flowed: The Story of the Clepsydra«, *La Houille Blanche* 5 (1976): S. 347–353. Über einen Schwimmer wird der Zufluss von Wasser über ein Ventil kontrolliert. Wenn der Wasserspiegel sinkt, öffnet sich das Ventil und sorgt dafür, dass der Wasserspiegel konstant bleibt. Durch ein Loch im Boden des Beckens tröpfelt das Wasser in ein zweites, tiefer gelegenes Gefäß. Da der Wasserspiegel im obersten Becken immer konstant bleibt, füllt sich das untere mit konstanter Geschwindigkeit und kann als Uhr dienen. Eine technische Beschreibung finden Sie in Silvio A. Bedini, »The Compartmented Cylindrical Clepsydra«, *Technology and Culture* 3 (1962): S. 115–141, http://www.jstor.org/stable/3101437. Eine Animation finden Sie unter »Antikes Griechenland: Animation: Die Wasseruhr des Ktesibios«, http://de.history-of-physics. com/antike/griechenland_wasseruhr.htm.

91 deren Panzer gewisse Ähnlichkeit mit einem unlängst entdeckten geometrischen Körper namens Gömböc hat

Siehe Adam Summers, »The Living Gömböc: Some Turtle Shells Evolved the Ideal Shape for Staying Upright«, *Natural History*

(März 2009), http://www.naturalhistorymag.com/biomechanics/
10309/the-living-gomboc. Gömböcs gibt es auch zu kaufen unter
http://www.gomboc-shop.com.

91 Wenn Sie einen Gömböc auf eine waagrechte Fläche setzen

Siehe »Experiment: Die kugelnden Schildkröten«, *Spiegel-Online*,
25. Oktober 2007, http://www.spiegel.de/video/video-23122.html.
Siehe auch Holger Dambeck, »Die Mathematik der Schildkröten-
Rolle«, *Spiegel-Online*, 25. Oktober 2007, http://www.spiegel.de/
wissenschaft/mensch/0,1518,513104,00.html. Die faszinierenden
mathematischen Details finden Sie in Gábor Domokos und Péter
L. Várkonyi, »Geometry and Self-Righting of Turtles«, *Proceedings
of the Royal Society of London B* 275 (2008): S. 11–17.

92 Als er mit seinem Plädoyer begann, zündete sich Darrow eine Zigarre an

Siehe Louis B. Heller, *Do You Solemnly Swear? The Inside Story of
How Cases Are Won and Lost.* New York: Doubleday & Co., 1968.

93 als ich eine wissenschaftliche Radiosendung moderierte

Die Sendereihe »How to Find the Sweet Spot« wurde vom
6.–10. September 2004 auf BBC Radio 4 ausgestrahlt. Siehe BBC
Radio 4, »How to Find the Sweet Spot«, http://www.bbc.co.uk/
radio4/science/sweetspot.shtml.

94 Für diese Sendung surfte ich auf einem Tsunami

Zugegeben, es war ein kleiner Tsunami von einem Meter Höhe:
Die Flutwelle, die etwa einmal im Monat den Fluss Severn in So-
merset hinaufzieht.

94 Ein Wissenschaftler namens A. Stephenson

Siehe A. Stephenson, »On a New Type of Dynamical Stability«, *Me-
moirs and Proceedings of the Manchester Literary and Philosophical
Society* 52 (1908): S. 1–10.

94 Die Ursache ist eine »umgekehrte Schwerkraft«

Die Bedingungen, unter denen die Stäbe aufrecht stehen, erklärt D. J. Acheson in »Multiple-Nodding Oscillations of a Driven Inverted Pendulum«, *Proceedings of the Royal Society of London* 448 (1995): S. 89–95. Siehe auch D. J. Acheson, »A Pendulum Theorem«, *Proceedings of the Royal Society of London A* 443 (1993): S. 239–245.

94 Tom Mullin führte das Prinzip in meiner Radiosendung vor

D. J. Acheson und Tom Mullin, »Upside-Down Pendulums«, *Nature* 366 (1993): S. 215–216.

94 Wie das geht, führte Tom später mit einem Kabel vor

Tom Mullin u.a., »The ›Indian Wire Trick‹ Via Parametric Excitation: A Comparison Between Theory and Experiment«, *Proceedings of the Royal Society of London A* 459 (2003): S. 539–546.

95 Kontrolltheorie, die James Clerk Maxwell 1868 aufstellte

Siehe James Clerk Maxwell, »On Governors«, *Proceedings of the Royal Society of London* 16 (1868): S. 270–283.

96 das scheinbar unmögliche Gerät namens Segway

Sie können sich Ihren eigenen Segway bauen: »The DIY Segway«, http://web.mit.edu/first/segway/. Diese Website erklärt außerdem im Detail, wie das Gerät funktioniert. Beachten Sie jedoch, dass der im Handel erhältliche Segway Sicherheitsmechanismen verwendet, die Laien nicht erwerben können.

96 Der Segway ist ein Pendel, das auf dem Kopf steht

Siehe NationMaster.com, »Encyclopedia: Inverted Pendulum«, http://www.statemaster.com/encyclopedia/Inverted-pendulum.
Ein praktisches, computergesteuertes Beispiel finden Sie unter »Inverted Pendulum Optimal Control«, YouTube, 16. Juni 2008, http://www.youtube.com/watch?v=mqLI1d6R-Kc.

Mithilfe von moderner Computersoftware können wir sogar zwei umgekehrte Pendel aufeinander balancieren. Die Theorie dazu finden Sie bei Alexander Bogdanov, »Optimal Control of a

Double Inverted Pendulum on a Cart«, *Oregon Health and Science University technical report*, Dezember 2004, http://speech.bme.ogi. edu/publications/ps/bogdanov04a.pdf.

97   Adam Smiths »unsichtbare Hand«

Siehe Adam Smith, *An Inquiry into the Nature and Causes of the Wealth of Nations* (1776), Neuausgabe: Chicago, University of Chicago Press, 1977 (deutsche Ausgabe: *Der Wohlstand der Nationen: Eine Untersuchung seiner Natur und seiner Ursachen.* München: Deutscher Taschenbuch Verlag, 1999). Den englischen Text finden Sie im Internet unter http://www.gutenberg.org/files/3300/3300-8. txt.

In seinem Aufsatz »The Lake as a Microcosm« scheint sich Forbes bei Smith bedient zu haben, wenn er schreibt: »Genau wie der sparsame Unternehmer, der mit seinem Einkommen haushaltet, früher oder später seinen Konkurrenten verdrängt, der seine Schulden nicht bezahlen kann, so wird ein gut angepasstes Wassertier die schlecht angepassten Futterkonkurrenten verdrängen.«

Viele Autoren haben die »unsichtbare Hand« der Demokratie oder der kapitalistischen Wirtschaft mit dem »Gleichgewicht der Natur« gleichgesetzt. Einer der ersten war George Perkins Marsh in *Man and Nature*. Cambridge: Belknap Press of Harvard University Press, 1864.

98   »Privates Laster ist gemeinschaftlicher Nutzen«

Die *Bienenfabel* erschien im Jahr 1701. Die metaphorische Vorwegnahme der Demokratie erörtert David L. Norton in *Democracy and Moral Development: A Politics of Virtue*. Berkeley: University of California Press, 1995, S. 33.

98   »dass wir nach zahlreichen Fehlversuchen schließlich die richtige Antwort finden«

Siehe Jon Meacham, »Democracy Is a Pesky Thing«, *Newsweek*, 15. März 2010, http://www.newsweek.com/id/234582#Comment Box.

98   Der Historiker Arnold Toynbee
Arnold Toynbee, *A Study of History*. Oxford: Oxford University Press, 1946, S. 549. Toynbee beschrieb den Ablauf als »rout-rally-rout-rally-rout-rally-rout«. Physikprofessor Stephen Blaha von der Harvard University bietet viele zahlreiche grafische Beispiele in »Reconstructing Prehistoric Civilizations in a New Theory of Civilizations«, http://cogprints.org/2929

100   Ähnliche Muster lassen sich in Volkswirtschaften
Ein solches Muster ist der sogenannte Konjunkturzyklus. Siehe Matt Blackman, »Market Cycles: The Key to Maximum Returns«, *Investopedia*, http://www.investopedia.com/articles/technical/04/050504.asp.

101   Meist handelt es sich jedoch eher um eine punktualistische Entwicklung
Niles Eldredge und Stephen Jay Gould, »Punctuated Equilibria: An Alternative to Phyletic Gradualism«, in *Models in Paleobiology*, hrsg. v. Thomas Schopf. San Francisco: Freeman, Cooper and Co., 1972, S. 82–115.

101   der englische Schriftsteller G.K. Chesterton
Siehe G. K. Chesterton, »Das eigentümliche Verbrechen von John Boulnois«, in *Father Browns Weisheit. Zwölf Geschichten*. Zürich: Haffmans 1991.

101   Die Theorie von Elredge und Gould wurde zu einem wichtigen Strang der Evolutionstheorie
Stephen Jay Gould und Niles Eldredge, »Punctuated Equilibrium Comes of Age«, *Nature* 366 (1993): S. 223–227.

7. Die chaotische Ökologie der Drachen

105 »Misch dich nicht in die Angelegenheiten von Drachen ein«
Dieses anonyme, aber im englischen Sprachraum im Internet
weitverbreitete Zitat (»meddle not in the affairs of dragons, for you
are crunchy and taste good with ketchup«) ist eine Parodie auf den
Elben Gildor, der in J. R. R. Tolkiens *Herr der Ringe* warnt: »Misch
dich nicht in die Angelegenheiten von Zauberern ein, denn sie
sind schwierig und rasch erzürnt.«

**105 »The Ecology of Dragons« wurde unter Ökologen zum
Kultklassiker**
Siehe Robert M. May, »The Ecology of Dragons«, *Nature* 264
(1976): S. 16–17.

105 Der Autor wollte in seinem Artikel zeigen
Siehe Peter Hogarth, »Ecological Aspects of Dragons«, *Bulletin of
the British Ecological Society* 7 (1976): S. 2–5. Hogarth entlockte May
nicht nur einen genialen Nachfolgeartikel, sondern regte einige
fantasievolle Leser zu Leserbriefen an. Siehe *Bulletin of the British
Ecological Society.* Dezember 1976: S. 2–3. Darunter war der Gedanke, Feuer speiende Drachen könnten aufgrund des Rückschlags
des Feuers ausgestorben sein.

**105 der König erließ ein Gesetz, das es Rittern ausdrücklich
verbot, einen Drachen zu töten**
Das war der Orden vom Spital des Heiligen Johannes zu Jerusalem, der durch die Wirren der Geschichte überlebte und aus dem
der humanitäre Malteserorden hervorging.

106 der Ritternachschub versiegte
Diese Theorie vertrat Holger Jannasch vom Woods Hole Oceano-
graphic Institute in einem Leserbrief an die Fachzeitschrift *Bulletin
of the British Ecological Society* (Dezember 1976: S. 2).

106   Wie Holger Jannasch klarmacht

Siehe *Bulletin of the British Ecological Society,* Dezember 1976: S. 2. Andere Leser meinten, die Drachen hätten einfach an Glaubwürdigkeit verloren, wie in Terry Pratchetts erstem »Scheibenwelt«-Roman, *Die Farben der Magie.* In unserer Vorstellung wurden sie vermutlich von anderen mysteriösen Flugobjekten wie den UFOs abgelöst.

106   May zeigte, wie sich ökologische Fragestellungen mithilfe von mathematischen Modellen verstehen ließen

Siehe Robert May, *Stability and Complexity in Model Ecosystems.* Princeton: Princeton University Press, 1973.

106   Dem ging vor zwei Jahrhunderten Hochwürden Thomas Malthus nach

Siehe Thomas Malthus, *An Essay on the Principle of Population, as It Affects the Future Improvement of Society with Remarks on the Speculations of Mr. Godwin, M. Condorcet, and Other Writers.* London: J. Johnson, St. Paul's Church-Yard, 1798. Im Internet abrufbar unter http://www.gutenberg.org/files/4239/4239.txt.

106   der als englischer Landpfarrer Zeit und Muße hatte

Siehe Patricia James, *Population Malthus: His Life and Times.* New York: Routledge, 2006.

107   Da er in Cambridge Mathematik studiert hatte

Malthus schloss sein Examen in Mathematik als »Ninth Wrangler«, als Neuntbester seines Jahrgangs, ab – eine achtbare Leistung.

107   was passierte, wenn die Menschheit immer weiter wuchs

Siehe »Population Growth over Human History«, 4. Januar 2006, http://www.globalchange.umich.edu/globalchange2/current/lectures/human_pop/human_pop.html. Der Vortrag gibt einen Überblick über gegenwärtige Schätzungen, wie viele Menschen die Erde maximal ernähren kann – je nach Untersuchung liegt diese Zahl zwischen 10 und 20 Milliarden.

108 Der belgische Mathematiker Pierre François Verhulst
Siehe Pierre François Verhulst, »Notice sur la loi que la population pursuit dans son accroissement«, *Correspondence Mathématique et Physique* 10 (1838): S. 113–121.

110 die vermeintlich so einfache Gleichung spuckte plötzlich verrückte Ergebnisse aus
Eine einfache Beschreibung finden Sie in meinem Buch *Schwarmintelligenz. Wie einfache Regeln Großes möglich machen*, Frankfurt: Eichborn, 2010. Mehr dazu in James Gleick, *Chaos – die Ordnung des Universums. Vorstoß in Grenzbereiche d. modernen Physik*. München: Droemer Knaur, 1998. Im Internet können Sie das Prinzip ausprobieren, zum Beispiel unter http://www.dallaway.com/pondlife/LogisticGraph.html.

111 Ab einer Wachstumsrate von rund 3,5699 sprangen die Werte chaotisch hin und her
Siehe James Gleick, *Chaos*, 1998.

111 in einem bahnbrechenden Artikel
Robert M. May, »Simple Mathematical Models with Very Complicated Dynamics«, *Nature* 261 (1976): S. 459–467, http://nedwww.ipac.caltech.edu/level5/Sept01/May/May2.html. Eine wunderbare Lektüre, selbst für Nichtmathematiker, die nur den Text zwischen den Gleichungen lesen können.

112 dass natürliche Ökosysteme nicht nur *einen* stabilen Zustand einnehmen können
Robert M. May, »Thresholds and Breakpoints in Ecosystems with a Multiplicity of Stable States«, *Nature* 269 (1977): S. 471–477.

112 John Sutherland
John P. Sutherland, »Multiple Stable Points in Natural Communities«, *American Naturalist* 108 (1974): S. 859–873.

112 *Queen Anne's Revenge*

Das Schiff lief 1718 auf einer Sandbank in Beaufort Inlet auf – ironischerweise wollte Blackbeard das Schiff in der Bucht reparieren. Das Wrack wird heute im Rahmen des Queen Anne's Revenge Shipwreck Project erhalten. Siehe http://www.qaronline.org.

113 Stellen Sie sich einen Flipperautomaten vor

Die Beschreibung geht auf Robert M. May, »Thresholds and Breakpoints in Ecosystems with a Multiplicity of Stable States«, *Nature* 269 (1977): S. 471–477 zurück.

114 In Gefangenschaft brüten Flamingos nur, wenn ihre Zahl und Dichte eine kritische Schwelle überschreitet

Simon Pickering, Emma Crichton und Barry Stevens-Wood, »Flock Size and Breeding Success in Flamingos«, *Zoo Biology* 11 (1992): S. 229–234.

114 der Allee-Effect

Philip A. Stephens, William J. Sutherland und R. P. Freckleton, »What Is the Allee Effect?«, *Oikos* 87 (1999): S. 185–190, http://www.jstor.org/stable/3547011. In Scheffer, *Critical Transitions in Nature and Society* (S. 16–18, 196–199) finden Sie eine ausgezeichnete und einfache Darstellung mit einigen der hier genannten Beispiele.

8. Am Rande des Abgrunds

118 »Alles, was einer stetigen Veränderung unterliegt«

Susan Sontag, *AIDS and Its Metaphors*. New York: Penguin, 1990, Kapitel 8.

118 Die Katastrophentheorie wurde Anfang der 1970er-Jahre von dem exzentrischen französischen Mathematiker René Thom aufgestellt

René Thom: *Stabilité structurelle et morphogénèse*. New York: Benjamin, 1972; die englische Übersetzung erschien unter dem Titel *Structural Stability and Morphogenesis*. New York: Benjamin-Addison-Wesley, 1975. Eine lesbare Zusammenfassung, die immer noch einen gewissen mathematischen Hintergrund erfordert, finden Sie bei Tim Poston und Ian Stewart, *Catastrophe Theory and Its Applications*. London: Pitman Publishing, 1978.

Das Wort »Katastrophe« geht übrigens auf griechische Tragödienschreiber wie Sophokles zurück und bedeutet wörtlich »Wendung zum Niedergang«. Die Hauptfiguren der griechischen Dramen wurden durch die Umstände oder ihren Charakter unentrinnbar in den Abgrund gezogen, und der Höhepunkt beziehungsweise die Katastrophe des Stücks war die moralische oder physische Zerstörung des Helden.

118   weckte ähnlich gewaltiges Interesse wie Einsteins Relativitätstheorie
Nicht immer nur im positiven Sinne, wie die Zahl der Laien beweist, die es auf sich nahmen, Einstein widerlegen zu wollen. Siehe Milena Wazeck, »Who Were Einstein's Opponents? Popular Opposition to the Theory of Relativity in the 1920s«, *Max-Planck-Institut für Wissenschaftsgeschichte*, http://www.mpiwg-berlin.mpg.de/en/news/features/feature7.

119   D'Arcy Thompsons *Über Wachstum und Form*
On Growth and Form, Cambridge: Cambridge University Press, 1917, http://www.archive.org/details/ongrowthform1917thom. dt.: *Über Wachstum und Form*. In gekürzter Fassung neu hrsg. von John Tyler Bonner. Übersetzt von Ella M. Fountain und Magdalena Neff. Mit einem Geleitwort von Adolf Portmann. Suhrkamp, Frankfurt am Main 1982.

119   »In meinen Augen war René Thom«
Siehe Francis Crick, *What Mad Pursuit: A Personal View of Scientific Discovery*. London: Penguin, 1988, S. 136.

120   Christopher Zeeman

Siehe E. Christopher Zeeman, »Catastrophe Theory«, *Scientific American* 234 (1976): S. 65–83. Später veröffentlichten Tim Poston und Ian Stewart ein ausgezeichnetes Handbuch mit dem Titel *Catastrophe Theory and Its Applications*, doch dieses Buch ist für Nichtmathematiker leider kaum verständlich.

120   dass sich alle Katastrophen in sieben Grundtypen einteilen lassen

Das trifft auf Prozesse zu, die von vier oder weniger Faktoren kontrolliert werden. Zeeman baute sogar eine »Katastrophenmaschine«; siehe E. Christopher Zeeman, »A Catastrophe Machine«, in *Towards a Theoretical Biology*, Band 4, hrsg. v. Conrad H. Waddington. Edinburgh: Edinburgh University Press, 1972, S. 276–282. Siehe auch »Doctor Zeeman's Original Catastrophe Machine«, http://www.math.sunysb.edu/~tony/whatsnew/column/catastrophe-060 0/cusp4.html, sowie Daniel J. Cross, »Zeeman's Catastrophe Machine in Flash«, http://lagrange.physics.drexel.edu/flash/zcm.

In *Catastrophe Theory and its Applications* liefern Poston und Stewart eine detaillierte Anleitung zum Bau einer solchen Maschine aus Pappe und Gummibändern.

120   aber nur für Mathematiker

Ich weise die Nichtmathematiker unter meinen Lesern darauf hin (Mathematikern muss ich das nicht sagen), dass ich Thoms Theorie hier stark vereinfacht darstelle, um ihre Bedeutung bei der Vorhersage von Katastrophen herauszuarbeiten. Wie Poston und Stewart in *Catastrophe Theory and Its Applications* erklären, ist die Katastrophentheorie nicht eine einfache Theorie, sondern »eher ein Netz aus zahllosen, untereinander verknüpften Strängen [...] Zu einem Verständnis der Theorie gehören alle Stränge und ihre Verknüpfungen. Die elementaren Katastrophen sind nur ein Strang, wenngleich ein wichtiger.«

Die elementaren Katastrophen geben also einen Vorgeschmack auf etwas sehr viel Komplexeres, das ich hier aus Mangel an Platz und Erfahrung nicht darstellen kann. Zum Glück hilft dieser Vorgeschmack, wenn es darum geht, die Methoden zu verstehen, die Wissenschaftler zur Vorhersage von Katastrophen entwickelt haben.

121 Die Spitze ist schier überall zu beobachten
Die Spitze ist zum Beispiel in der Reflexion des Lichts auf einem Zylinder, der Streuung des Lichts auf einer bewegten Wasseroberfläche oder dem Funkeln der Sterne zu erkennen. Siehe Michael V. Berry, »Focusing and Twinkling: Critical Exponents from Catastrophes in Non-Gaussian Random Short Waves«, *Journal of Physics A* 12 (1977): S. 2061–2081.

121 Nehmen wir die Armutsfalle
Dieses und viele andere Alltagsbeispiele für die Faltungskatastrophe stellt Marten Scheffer in *Critical Transitions in Nature and Society* (Princeton: Princeton University Press, 2009) vor.

124 Mikrokredit
Siehe Sam Daley-Harris, »State of the Microcredit Summit Campaign«. Washington, D.C.: Microcredit Summit Campaign, 2009, https://promujer.org/espanol/dynamic/our_publications_5_Pdf_EN_SOCR2009%20English.pdf.

125 wenn ein klarer, flacher See ... mit einem Mal umkippt
Siehe Marten Scheffer, *Ecology of Shallow Lakes*. Berlin: Springer, 1997; sowie Marten Scheffer und Egbert H. van Ness, »Shallow Lake Theory Revisited: Various Alternative Regimes Driven by Climate, Nutrients, Depth, and Lake Size«, *Hydrobiologia* 584 (2007): S. 455–466.

125 Psychologen verwenden das Modell, um Stimmungsschwankungen zu verstehen
Siehe Derek W. Scott, »Catastrophe Theory Applications in Clinical Psychology«, *Current Psychology* 4 (1985): S. 69–86, http://www.springerlink.com/content/5763lj8221752438.

125 Es wurde sogar verwendet, um den Untergang früherer Zivilisationen zu erklären

Marten Scheffer und Frances R. Westley, »The Evolutionary Basis of Rigidity: Locks in Cells, Minds, and Society«, *Ecology and Society* 12 (2007): S. 36, http://www.ecologyandsociety.org/vol12/iss2/art36.

128 der Verhaltensforscher Konrad Lorenz

Konrad Lorenz, *Das sogenannte Böse. Zur Naturgeschichte der Aggression.* Wien: Borotha-Schoeler Verlag, 1963.

128 ein relativ ähnliches Verhalten von Konsumenten

Terence A. Oliva und Alvin C. Burns, »Catastrophe Theory as a Model for Describing Consumer Behavior«, *Advances in Consumer Research* 5 (1978): S. 273–276, http://www.acrwebsite.org/volumes/display.asp?id=9434.

129 Frühere Modelle gingen davon aus

Eines ist das »Einstellungsmodell« (Martin Fishbein und Icek Ajzen, *Beliefs, Attitudes, Intentions, and Behavior: An Introduction to Theory and Research,* Reading: Addison-Wesley, 1975), ein anderes das »SOR-Modell«, ein Reiz-Reaktion-Modell (Icek Ajzen, »From Intention to Actions: A Theory of Planned Behavior«, in: *Action Control: From Cognition to Behavior,* hrsg. v. Julius Kulh und Jürgen Beckman. Berlin: Springer-Verlag, 1985, S. 11–39).

9. Modelle und Supermodelle

131 Robert Frost

Das Gedicht »Fire and Ice« von Robert Frost wurde in *Harper's* 142, 847 (Dezember 1920): S. 67 veröffentlicht. Der Literaturwissenschaftler John Serio meint, Frosts Gedicht basiere auf Dantes *Inferno,* und sieht eine Parallele zwischen den neun Zeilen des Gedichts und den neun Höllenkreisen. Siehe »On ›Fire and Ice‹«, *Modern American Poetry,* http://www.english.illinois.edu/maps/poets/a_f/frost/fireice.htm.

132 der deutsche Chemiker August Kekulé

Mit vollem Namen hieß er Friedrich August Kekulé von Stradonitz, doch er schien seinen ersten Vornamen nicht sonderlich zu mögen und benutzte nur den zweiten.

132 »Kleinere Gruppen hielten sich bescheiden im Hintergrund«

Die Beschreibung stammt aus einer Festrede, die Kekulé 1890 anlässlich des Benzolfests vor der Deutschen Chemischen Gesellschaft hielt, also 25 Jahre nach der Entdeckung des Benzolrings. Kekulés Vortrag wurde mehrmals ins Englische übertragen, allein der Psychologe Albert Rothenberg gab an drei verschiedene Übersetzer den Auftrag. Rothenberg wollte herausfinden, ob Kekulé wirklich einen Traum beschrieb und kam zu dem Schluss, dass es sich eher um eine Art Halbschlaf gehandelt haben muss. Siehe Albert Rothenberg, »Creative Cognitive Processes in Kekulé's Discovery of the Structure of the Benzene Molecule«, *American Journal of Psychology* 108 (1995): S. 419–438, http://www.jstor.org/stable/1422898.

133 Pappstücke, mit denen Watson und Crick nach der Struktur der DNA suchten

Siehe James D. Watson, *The Double Helix: A Personal Account of the Discovery of the Structure of DNA*. London: Weidenfeld & Nicolson, 1968.

133 Einen ähnlichen Weg gehen moderne Pharmazeuten bei der Erfindung neuer Medikamente

Siehe zum Beispiel Chun Meng Song, Shen Jean Lim und Joo Chuan Tong, »Recent Advances in Computer-Aided Drug Design«, *Briefings in Bioinformatics* 10 (2009): S. 579– 591, http://bib.oxfordjournals.org/cgi/content/abstract/10/5/579; David C. Young, *Computational Drug Design: A Guide for Computational and Medicinal Chemists*. Hoboken: John Wiley & Sons, 2009.

Einer der ersten Erfolge war das Medikament Dorzolamid zur Behandlung des Grünen Stars, das 1995 von Merck eingeführt

wurde (http://www.medicinenet.com/dorzolamide/article.htm).
Ein weiteres war Imatinib (http://www.macmillan.org.uk/Cancer-
information/Cancertreatment/Treatmenttypes/Biologicaltherapies
/Cancergrowthinhibitors/Imatinib.aspx), das am 28. Mai 2001 auf
der Titelseite des Nachrichtenmagazins *Time* als neue »Waffe im
Kampf gegen den Krebs« gefeiert wurde (http://www.time.com/
time/covers/0,16641,20010528,00.html). Imatinib wurde in der
Tat erfolgreich in der Krebsbehandlung eingesetzt. Daneben gab
es zahlreiche weitere Erfolge für die computergestützte Medika-
mentenentwicklung. Imatinib wurde unter dem Markennamen
Gleevec vertrieben, und seine Entdecker erhielten 2009 den Las-
ker-DeBakey-Preis für klinische medizinische Forschung, weil sie
»einen tödlichen Krebs in eine chronische Krankheit« verwandelten. Siehe Claudia Dreifus, »A Conversation with Brian J. Druker,
M.D., Researcher Behind the Drug Gleevec«, *New York Times*,
2. November 2009, http://www.nytimes.com/2009/11/03/science
/03conv.html

133   die Kontinente fügen sich ineinander wie die Teile eines Puzzles

Es gibt zahlreiche Animationen, darunter auch eine, die den
Puzzle-Aspekt deutlich macht: http://www.structural-geology-por-
tal.com/continental_drift_animation.html.

134   weil sich mit ihrer Hilfe Vorhersagen überprüfen lassen

Wegeners Modell legte die Vermutung nahe, dass es irgendetwas
geben musste, das die Kontinente bewegte, und das führte zur Entdeckung der Erdplatten. Kekulés Modell sah vorher, dass alle Kohlenstoffatome des Benzolrings chemisch gleichwertig waren. Beides waren entscheidende Prognosen. Die Prognosen, die sich aus
dem Modell von Watson und Crick ableiteten, waren darüber hinaus quantitativ, das heißt, sie waren detaillierter und ließen sich
rigoroser überprüfen.

134   Für die Struktur der DNA wurden viele Metaphern vorgeschlagen

Siehe Sergi Cortiñas Rovira, »Metaphors of DNA: A Review of the Popularization Processes«, *Journal of Science Communication* 7 (2008): S. 1–8.

134   DNA der Führung

Siehe Judith E. Glaser, *The DNA of Leadership: Leverage Your Instincts to Communicate, Differentiate, Innovate.* New York: Adams Media Corp., 2006.

134   DNA der Innovation

Siehe »The Innovator's DNA«, *INSEAD*, 21. Dezember 2009, http://knowledge.insead.edu/innovation-innovators-dna-091221.cfm?vid=358.

134   DNA des Konsums

Siehe Colin Shaw, *The DNA of Customer Experience: How Emotions Drive Value.* New York: Palgrave-Macmillan, 2007.

134   Sie bieten ein hilfreiches Bild

Das profitabelste Bild war vermutlich das des iranischen Designers Bijan Pakzad, der 1995 den Alternativen Nobelpreis für die Entwicklung von DNA-Parfumes bekam, die keine DNA enthalten, aber in einer Flasche in Form einer Dreifachhelix verkauft wurden. Siehe »Winners of the Ig Nobel Prize«, Improbable Research, http://improbable.com/ig/winners/#ig1995.

135   Maslows »Bedürfnispyramide«

Abraham H. Maslow, »A Theory of Human Motivation«, *Psychological Review* 50 (1943): S. 370–396.

135   »eine der wirklich guten Ideen der Psychologie«:

Christopher Peterson und Nansook Park, »What Happened to Self-Actualization?«, *Perspectives on Psychological Science* 5 (2010): S. 320–322, http://pps.sagepub.com/content/5/3/320.full.

135 Maslows Modell wurde kritisiert, weil es ethnozentrisch sei
Geert Hofstede, »The Cultural Relativity of the Quality of Life Concept«, *Academy of Management Review* 9 (1984): S. 389–398, http://www.jstor.org/stable/258280.

135 Maslows Modell wurde kritisiert, weil es einen psychologischen Realismus vertrete
A. Wahba und L. Bridgewell, »Maslow Reconsidered: A Review of Research on the Need Hierarchy Theory«, *Organizational Behavior and Human Performance* 15 (1976): S. 212–240; William G. Huitt, »Maslow's Hierarchy of Needs«, *Educational Psychology Interactive* (2007), http://www.edpsycinteractive.org/topics/regsys/maslow.html.

135 Maslows Modell wurde kritisiert, weil es die Sexualität überbetone
Douglas T. Kenrick, Vladas Griskevicius, Steven L. Neuberg und Mark Schaller, »Renovating the Pyramid of Needs: Contemporary Extensions Built Upon Ancient Foundations«, *Perspectives on Psychological Science* 5 (2010), http://www.csom.umn.edu/assets/144040.pdf.

135 Maslow revidierte sein Modell später
Siehe Mark E. Koltko-Rivera, »Rediscovering the Later Version of Maslow's Hierarchy of Needs: Self-Transcendence and Opportunities for Theory, Research, and Unification«, *Review of General Psychology* 10 (2006): S. 302–317.

135 Maslows Modell wurde beispielsweise angeführt um zu »erklären«, warum sich heute so viele Menschen wegen des Klimawandels Sorgen machen
Siehe Philip Stott, »Global Warming: The Death of a Grand Narrative«, *Global Warming Policy Foundation*, 26. Juli 2010, http://www.thegwpf.org/opinion-pros-a-cons/1305-global-warming-the-death-of-a-grand-narrative.html.

136   Das Bild vom Treibhauseffekt

Die meisten Websites, auf denen ich eine Erklärung gesucht habe, sind unvollständig oder irreführend. Die beste Erklärung habe ich in der Wikipedia gefunden: http://de.wikipedia.org/wiki/Treibhauseffekt. Es ist einer der wenigen Artikel, der auf den Frequenz- und Energieunterschied zwischen sichtbarem und infrarotem Licht eingeht, der dem Treibhauseffekt zugrunde liegt.

138   Die Modelle kommen auf einen »Schütteltisch«

Der Erdbebensimulator des Pacific Earthquake Engineering Research Center im kalifornischen Berkeley misst rund 6 mal 6 Meter und kann ein sechzig Tonnen schweres Modell eines neunstöckigen Hauses tragen (siehe »Earthquake Simulator Laboratory«, http://peer.berkeley.edu/laboratories/earthquake_simulator_lab.html). Mit ihm wurden verschiedene Lösungen getestet, beispielsweise der Einsatz von Materialien im Fundament, die als Kugellager dienen und das Gebäude praktisch von der horizontalen Bewegung der Erde entkoppeln. Siehe Farzad Naeim und James M. Kelly, *Design of Seismic Isolated Structures: From Theory to Practice*. New York: John Wiley & Sons, 1999.

**139   die Wettervorhersage verbessert sich mit einer
Geschwindigkeit von rund einem Tag pro Jahrzehnt**

Diesen Hinweis verdanke ich Dr. Marion Mittermaier, Leiterin der Qualitätskontrolle des britischen Wetterdienstes. Die Korrektheit der britischen Wettervorhersagen wird mit dem »Numerical Weather Prediction-Index« (NWP) gemessen, der zahlreiche komplizierte Parameter überprüft. Dieser verbesserte sich im vergangenen Jahrzehnt von 100 auf 118 (siehe »U.K. Computer Model Forecast Accuracy«, Met Office, http://www.metoffice.gov.uk).

Wenn Sie wissen wollen, ob die Wettervorhersage im Fernsehen besser ist als die Faustregel »Morgen wird das Wetter genauso wie heute«, lesen Sie »How Good Are the Weather Forecasts?« unter http://weather.slimyhorror.com.

139 Regeln aus der Spieltheorie

Siehe Len Fisher, *Schere, Stein, Papier. Spieltheorie im Alltag*, Heidelberg: Spektrum, 2010.

139 Bruce Bueno de Mesquita

Siehe Bruce Bueno de Mesquita, *The Predictioneer's Game : Using the Logic of Brazen Self-Interest to See and Shape the Future* (New York: Random House, 2009), http://www.predictioneersgame.com.

140 dass wir oft weniger rational und gelegentlich uneigennütziger handeln

Siehe Len Fisher, *Schere, Stein, Papier. Spieltheorie im Alltag*, Heidelberg: Spektrum, 2010.

140 Ein sicherer Operationsradius für die Menschheit

Johan Rockström u.a., »A Safe Operating Space for Humanity«, *Nature* 461 (2009): S. 472–475. Sie können die Debatte verfolgen und sich beteiligen unter Climate Feedback, »Planetary Boundaries«, http://blogs.nature.com/climatefeedback/2009/09/planetary_bou ndaries.html. Den vollständigen Bericht finden Sie auf der Website des Stockholm Resilience Centre, »Tipping Towards the Unknown«, http://www.stockholmresilience.org/planetary-boundaries.

142 die Gaia-Theorie

Die Gaia-Theorie wurde Mitte der 1960er vom renommierten NASA-Forscher James Lovelock aufgestellt. Siehe James E. Lovelock, »A Physical Basis for Life Detection Experiments«, *Nature* 207 (1965): S. 568–570.

Die Theorie wurde bekannt, als Lovelock sein Buch *Das Gaia-Prinzip. Die Biographie unseres Planeten* (Zürich: Artemis und Winkler, 1984) veröffentlichte, und wird seither kontrovers diskutiert. Einer der hartnäckigsten Kritiker ist James Kirchner von der University of Berkeley (Siehe zum Beispiel James W. Kirchner, »The Gaia Hypothesis: Fact, Theory, and Wishful Thinking«, *Climatic Change* 52 (2002): S. 391–408). Kirchner behauptet: »In der wirklichen Welt fördert die natürliche Auslese Eigenschaften, die

Trägern dieser Eigenschaften gegenüber Nichtträgern einen Repro-
duktionsvorteil verschaffen, unabhängig davon, ob dies der Umwelt (und damit Trägern und Nichtträgern gleichermaßen) nützt
oder schadet. Daher entstehen sowohl Gaia- als auch Anti-Gaia-
Rückkopplungen.«

**142   wir können den Planeten Erde als einen riesigen Organismus
verstehen**
Timothy M. Lenton und Marcel van Oijen, »Gaia as a Complex
Adaptive System«, *Philosophical Transactions of the Royal Society of
London B* 357 (2002): S. 683–695.

10. *Vorsicht vor Mathematikern*

143   »Hüte dich vor Mathematikern«
Hl. Augustinus, *De genesi ad litteram*, Band 2, Kapitel 17. Die Stelle
in Augustinus' Kommentar zur Genesis wird unterschiedlich
übersetzt, mal soll man sich vor den Mathematikern, mal vor den
Astrologen hüten, so oder so aber passt das Zitat in unseren Kontext.

144   »Müll rein, Müll raus«
Siehe WiseGeek, »What Is Garbage In, Garbage Out?«, http://
www.wisegeek.com/what-is-garbage-in-garbage-out.htm. Es gibt
auch eine Marke für Herrenunterwäsche, die sich mit dem Logo
GIGO schmückt, was mich bei den Recherchen für dieses Kapitel
sehr amüsiert hat. http://www.gigo.com.co/.

144   der unerwartet kurze Jungfernflug der Trägerrakete Ariane 5
Siehe Peter B. Ladkin, »The Ariane 5 Accident: A Programming
Problem?«, Universität Bielefeld Artikel RVS-J-98-02, 24. Mai 2002,
http://www.rvs.uni-bielefeld.de/publications/Reports/ariane.html.

145   Als 1992 die Kabeljaufischerei vor Neufundland eingestellt werden musste
Siehe Stephen R. Carpenter, Carl Folke, Marten Scheffer und Frances Westley, »Resilience: Accounting for the Noncomputable«, *Ecology and Society* 14, 1 (2008): S. 13.

145   Berichte aus Kriegsgebieten sind oft übertrieben optimistisch
Siehe Richard K. Betts, »Analysis, War, and Decision: Why Intelligence Failures Are Inevitable«, *World Politics* 31 (1978): S. 61–79, http://www.jstor.org/stable/2009967; siehe Beispiel auf Seite 68. Der Artikel ist sehr zu empfehlen und beweist einmal mehr, dass »militärische Intelligenz« ein Widerspruch in sich ist.

145   Unternehmen stellen Beratern handverlesene Informationen zur Verfügung
Siehe Donella H. Meadows und Jennifer M. Robinson, »The Electronic Oracle: Computer Models and Social Decisions«, *System Dynamics Review* 18 (2002): S. 271–308.

145   private juristische Fakultäten schönen das zu erwartende Einkommen ihrer Absolventen
Siehe »GIGO Means Garbage In, Garbage Out«, *Lawyers Against the Law School Scam*, 26. Juli 2010, http://lawschoolscam.blogspot.com/2010/07/gigo-means-garbage-in-garbage-out.html.

145   Nolan McCarthy begründet den Erfolg der Vorhersagen mit der sorgfältigen Auswahl des Inputs
Siehe Sanjida O'Connell, »The Predictioneer: Using Games to See the Future«, *New Scientist* 2752 (17. März 2010): S. 42–45.

146   weniger Daten liefern oft bessere Ergebnisse
Siehe zum Beispiel Gerd Gigerenzer und Henry Brighton, »Homo Heuristicus: Why Biased Minds Make Better Inferences«, *Topics in Cognitive Science* 1 (2009): S. 107–143; Gerd Gigerenzer und Daniel Goldstein, »Models of Ecological Rationality: The Recognition Heuristic«, *Psychological Review* 109 (2002): S. 75–90; Gerd Gige-

renzer, *Bauchentscheidungen: Die Intelligenz des Unbewussten und die Macht der Intuition.* München: Bertelsmann, 2007.

146   In diesem Fall spricht man von »Abgleich«
Marten Scheffer und Jeroen Beets, »Ecological Models and the Pitfalls of Causality«, *Hydrobiologia* 275–276 (1994): S. 115–124.

147   Prognosen aus minimalistischen Entscheidungsmodellen können zuverlässig sein
Siehe Gerd Gigerenzer, Bauchentscheidungen. Die Intelligenz des Unbewussten und die Macht der Intuition. München: Bertelsmann, 2007.

148   Das erste Weltmodell, das von drei Wissenschaftlern des Massachusetts Institute of Technology entwickelt wurde
Donella H. Meadows, Dennis L. Meadows, Jørgen Randers und William W. Behrens III., *Die Grenzen des Wachstums: Bericht des Club of Rome zur Lage der Menschheit.* Stuttgart: Deutsche Verlags-Anstalt, 1972. An dieser Stelle muss ich Partei ergreifen. Als das Buch erschien, war ich begeistert und hielt zahlreiche Vorträge zum Weltmodell und seinen Prognosen. Damit befand ich mich oft im Widerspruch zu anderen Rednern, die das Buch entweder nicht gelesen oder falsch interpretiert hatten. Einige schienen zu meinen, es sage den Zusammenbruch des gesamten Weltsystems gegen Ende des 20. Jahrhunderts vorher – etwas, das offensichtlich nicht passiert ist und das die Autoren auch nicht prognostizierten. Siehe Roger-Maurice Bonnet und Lodewyk Woltjer, *Surviving One Thousand Centuries. Can We Do It?,* Berlin: Springer-Praxis, 2008.

148   »in einem sehr begrenzten Sinne zur Vorhersage geeignet«
Meadows u.a., *Die Grenzen des Wachstums,* Stuttgart 1972.

149   »Die Daten, die in den drei Jahrzehnten seit der Veröffentlichung gesammelt wurden«
Siehe Graham M. Turner, »A Comparison of The Limits to Growth

with Thirty Years of Reality«, *Global Environmental Change* 18 (2008): S. 397–411, http://www.csiro.au/files/files/plje.pdf.

149 Viele nachfolgende Modelle ... sind zu ähnlichen Ergebnissen gekommen

Robert Costanza, Rik Leemans, Roelof Boumans und Erica Gaddis, »Integrated Global Models«, in: *Sustainability or Collapse: An Integrated History and Future of People on Earth*, hrsg. v. Robert Costanza, Lisa J. Graumlich und Will Steffen Cambridge, Mass.: MIT Press, 2007, S. 417–446. Sie finden dieses Buch unter http://books.google.com.

149 Martin Gardner behauptete, er habe den Satz widerlegt

Siehe Wolfram MathWorld, »Four-Color Theorem«, http://mathworld.wolfram.com/Four-ColorTheorem.html.

149 Kenneth Appel und Wolfgang Haken

Eine verständliche Zusammenfassung finden Sie in »The Solution of the Four-Color Map Problem«, *Scientific American* 237 (1977): S. 108–121.

150 andere Programme kamen auf anderen Wegen zu demselben Schluss

Siehe zum Beispiel Neil Robertson, Daniel P. Sanders, Paul Seymour und Robin Thomas, »The Four-Color Theorem«, 13. November 1995, http://people.math.gatech.edu/~thomas/FC/fourcolor.html#Outline.

150 Gibt es so etwas wie ein soziologisches Gegenstück zu Newtons Gesetzen?

Meine persönliche Übertragung der Newtonschen Gesetze auf die Gesellschaft würde ungefähr so aussehen:

1. Trägheitsgesetz: Die Dinge gehen ihren gewohnten Trott, solange keine überwältigende Kraft von außen eine Änderung erzwingt.

2. Aktionsgesetz: Starke Führung bewirkt eine proportionale

Veränderung im Verhalten der Menschen. (Diese Version geht auf Dr. Graham Turner zurück.)

3. Reaktionsgesetz: Auf jede soziale Aktion gibt es eine entgegengesetzte Reaktion.

151 Psychohistorik

Isaac Asimov, *Der Tausendjahresplan*. München: Heyne, 1966.

151 dem bekannten »Gefangenendilemma«

William Poundstone, *Prisoner's Dilemma*. Oxford: Oxford University Press, 1993.

151 »soziale Thermodynamik«

Josip Stepanic Jr. u.a., »Approach to a Quantitative Description of Social Systems Based on Thermodynamic Formalism«, *Entropy* 2 (2000): S. 98–105. Den Artikel finden Sie unter http://scholar.google.com.

151 Die gesellschaftliche Organisation in seinem Heimatland war im Grunde perfekt

Yi-Fang Chang, »Social Synergetics, Social Physics, and Research of Fundamental Laws in Social Complex Systems«, Arxiv preprint arXiv:0911.1155 (2009), http://arxiv.org/pdf/0911.1155.

151 Erkenntnisse aus den Neurowissenschaften und der Evolutionspsychologie

Bruce MacLennan, »Evolutionary Psychology, Complex Systems, and Social Theory«, http://www.cs.utk.edu/~mclennan/papers/EPCSST.pdf.

151 Weltklimarat

Die Berichte des Weltklimarats (United Nations Intergovernmental Panel on Climate Change, dt.: Zwischenstaatlicher Ausschuss für Klimaänderungen der Vereinten Nationen) sind auf der IPCC-Website abrufbar: http://www.ipcc.ch/publications_and_data/publications_and_data_reports.htm#2.

Die neueste Aktualisierung durch renommierte Wissenschaftler finden Sie unter Climate-L.org, »InterAcademy Council Delivers IPCC Review Report«, 30. August 2010, http://climate-l.org/2010/=08/31/interacademy-council-delivers-ipcc-review-report. Dieser Bericht, der nach der Fehleinschätzung der Abschmelzung der Himalaja-Gletscher veröffentlicht wurde, bestätigt, dass der Klimawandel »zu 90 Prozent« vom Menschen gemacht wird. Siehe ABC News, »UN Hopes Science Review Eases Climate Skepticism«, 30. August 2010, http://www.abc.net.au/news/stories/2010/08/29/2996648.htm.

152   Die Notenbank lud zu einer Konferenz ein
Den Abschlussbericht finden Sie unter John Kambhu, Scott Weidman und Neel Krishnan, »New Directions for Understanding Systemic Risk: A Report on a Conference Cosponsored by the Federal Reserve Bank of New York and the National Academy of Sciences«, *Economic Policy Review* (2007): S. i–83.

152   Robert May ... fasste das Ergebnis in einem Artikel zusammen
Siehe Robert M. May, Simon Levin und George Sugihara, »Ecology for Bankers«, *Nature* 451 (2008): S. 893–895.

153   Banken sollten nicht mit Starökonomen besetzt werden, sondern mit Ökologen
Sumit Paul-Choudhury, »How ›Rocket Science‹ Failed the Banks«, *New Scientist* 200, 2687 (17. Dezember 2008): S. 38.

154   wie eine Gruppe prominenter Ökologen meinte
Carpenter u.a., »Resilience: Accounting for the Noncomputable«, *Ecology and Society* 14, 1 (2008). Meine Ausführungen in diesem Abschnitt stützen sich weitgehend auf diesen wegweisenden Artikel.

155   Naturwissenschaftler konzentrieren sich auf Dinge, die sich messen und berechnen lassen

Diese Scheuklappen tragen nicht nur Wissenschafter. Wenn Sie das Phänomen einmal erkannt haben, sehen Sie es überall. In den Nachrichten hören Sie es aus dem Mund von Demonstranten, Politikern, Abgeordneten und allen, die irgendein Messer zu wetzen haben. Ich nenne es den »Black-Box«-Ansatz: Alles in der Black Box hat einen bestimmten Wert, und was nicht in dieser Black Box ist, hat keinen Wert. Was sich in dieser Box befindet, hängt von der jeweiligen Person ab. Es kann sich um ein Thema handeln, Kosten oder im Falle der Wissenschaftler um bestimmte physikalische Größen. Was in der Box ist, zählt, was nicht, zählt nicht.

155   Die Geschichte von Robert Millikan

Weitere Details finden Sie in meinem Buch *Der Versuch, die Seele zu wiegen und andere Sternstunden von Forschern und Fantasten*, Frankfurt: Campus, 2005.

155   »Der aufregendste Ausruf«

Der Satz wird Isaac Asimov zugeschrieben, doch die exakte Quelle ist unbekannt.

155   Untersuchungen zur Schwarmintelligenz

Siehe mein Buch *Schwarmintelligenz. Wie einfache Regeln Großes möglich machen*, Frankfurt: Eichborn, 2010.

156   In der Untersuchung der Gletscher-Kontroverse

Siehe Jeff Tollefson, »Climate Panel Must Adapt to Survive«, *Nature* 467 (2010): S. 14.

156   »Irren ist menschlich. Richtigen Mist bauen nur Computer«

Fred Shapiro, Herausgeber des *Yale Book of Quotations*, behauptet, dieses inzwischen geflügelte Wort sei erstmals 1969 im *Newark Advocate* erschienen. Siehe Stephen J. Dubner, »Our Daily Bleg: Where Did ›Garbage‹ and ›Bugs‹ Come From?«, *Freakonomics*,

1. Mai 2008, http://freakonomics.blogs.nytimes.com/2008/05/01/our-daily-bleg-where-did-garbage-and-bugs-come-from.

156 Ein amerikanischer Richter
Stanley A. Kurzban, »Authentication of Computer-Generated Evidence in the United States Federal Courts«, *Idea* 237 (1994–1995): S. 17, http://heinonline.org/HOL/LandingPage?collection=journals&handle=hein.journals/idea35&div=30&id=&page=.

11. Alarmglocken

159 »Jedes Unheil ist Ansporn und wertvoller Hinweis«
Ralph Waldo Emerson, *The Conduct of Life* (1860), http://infomotions.com/alex2/authors/emerson-ralph/emerson-conduct-752.

160 Für Psychologen sind schwache Signale oft belastende Ereignisse
Thomas H. Holmes und Richard H. Rahe, »The Social Readjustment Rating Scale«, *Journal of Psychosomatic Research* 11 (1967): S. 213–218; Christopher Tennant and Gavin Andrews, »A Scale to Measure the Stress of Life Events«, *Australian and New Zealand Journal of Psychiatry* 10 (1976): S. 27–32.

160 alle sind sich einig, dass sich ihre Auswirkungen auf die Gesundheit summieren
Daniel Weiss, »The Impact of the Event Scale: Revised«, *International and Cultural Psychology, part 2* (2007): S. 219–238, http://www.springerlink.com/content/vm53904v674j3283/; Scott Monroe, »Modern Approaches to Conceptualizing and Measuring Human Life Stress«, *Annual Reviews of Clinical Psychology* 4 (2008): S. 33–52, http://www.annualreviews.org/doi/abs/10.1146/annurev.clinpsy.4.022007.141207.

161 Ansoff forderte die Manager auf, sich für schwache Signale zu sensibilisieren

Igor Ansoff, »Managing Strategic Surprise by Response to Weak Signals«, *California Management Review* 18 (1975): S. 21–33.

161 »wild cards«

Sandro Mendonça, Miguel Pina e Cunha, Jari Kaivo-oja und Frank Ruff, »Wild Cards, Weak Signals, and Organizational Improvement«, *Futures* 36 (2004): S. 201–218, http://fesrvsd.fe.unl.pt/ WPFEUNL/WP2003/wp432.pdf.

161 Diese Wildcards sind mehr oder weniger mit Talebs »schwarzen Schwänen« identisch

Siehe Taleb, *Der schwarze Schwan*, München 2010.

161 die Explosion der Raumfähre Challenger im Jahr 1986

Die ganze Geschichte finden Sie in meinem Buch *Schwarmintelligenz. Wie einfache Regeln Großes möglich machen*, Frankfurt: Eichborn, 2010.

161 »Eine Krise hinterlässt eine gut erkennbare Spur regelmäßig auftretender Alarmsignale«

Ian I. Mitroff, »Crisis Management: Cutting Through the Confusion«, *Sloan Management Review* (Winter 1988): S. 18.

162 die Organisation muss so aufgestellt werden, dass sie improvisieren kann

Mendonça u.a., »Wild Cards, Weak Signals, and Organizational Improvement«, *Futures* 36 (2004): S. 201–218, http://fesrvsd.fe. unl.pt/WPFEUNL/WP2003/wp432.pdf. Hierarchische Organisationskulturen sind noch problematischer, wenn die hierarchische Struktur Teil der Nationalkultur ist. Siehe Rohit Deshpandé, John U. Farley und Frederick E. Webster, »Corporate Culture, Customer Orientation, and Innovativeness in Japanese Firms: A Quadrad Analysis«, *Journal of Marketing* 57 (1993): S. 23–37.

162 es ist kaum möglich, Pläne für ein Krisenmanagement zu entwickeln, wenn die Krise bereits in vollem Gange ist
Ian I. Mitroff, »Crisis Management: Cutting Through the Confusion«, *Sloan Management Review* (Winter 1988).

163 Casti behauptete, Miniröcke ließen sich als Frühwarnsystem verwenden
Siehe John Casti, *Mood Matters: From Rising Skirt Lengths to the Collapse of World Powers* (New York: Springer, 2010).

163 Der Saum-Index wurde 1926 von George Taylor erfunden
Sieh Paul H. Nystrom, *Economics of Fashion.* New York: Ronald Press, 1928. Es wurden eine Menge anderer Indizes vorgeschlagen, darunter der Lippenstift-Index (der Geschäftsführer von Estée Lauder, der die Verkäufe nach dem 11. September 2001 analysierte, meinte, in schlechten Zeiten würden mehr Lippenstifte verkauft, weil sie sich die Leute gut fühlen wollen) oder der Unterhosen-Index (nach Alan Greenspan, dem ehemaligen Vorsitzenden der amerikanischen Notenbank und Autor von *Mein Leben für die Wirtschaft* bedeutet ein Rückgang bei den Verkäufen von Herrenunterwäsche, dass die Bevölkerung den Gürtel enger schnallt). Siehe Lala Rimando, »Economic Forecasting for Dummies«, ABS-CBNnews. com, 1. April 2010, http://www.abs-cbnnews.com/business/01/04/10/economic-forecasting-dummies-check-hemlines-men%E2%80%99s-underwear.

163 »Die Zukunftserwartung einer Gruppe oder Bevölkerung bestimmt die Ereignisse«
John Casti, »How Social Mood Moves the World«, *New Scientist* (22. Mai 2010): S. 30–31.

163 der Saum *folgt* den wirtschaftlichen Veränderungen
Marjolein van Baardwijk und Philip Hans Franses, »The Hemline and the Economy: Is There Any Match?«, *Erasmus School of Economics Econometric Institute Report* 2010–40 (2010), http://publishing.eur.nl/ir/repub/asset/20147/EI%202010–40.pdf.

163 »Umweltturbulenzen«
Mendonça u.a., »Wild Cards, Weak Signals, and Organizational Improvement«, *Futures* 36 (2004): S. 201–218, http://fesrvsd.fe. unl.pt/WPFEUNL/WP2003/wp432.pdf, S. 211.

164 Ökologen kennen solche Turbulenzen als Warnhinweis
Marten Scheffer u.a., »Early-Warning Signals for Critical Transitions«, *Nature* 461 (2009): S. 53–59; William A. Brock, Stephen R. Carpenter und Marten Scheffer, »Regime Shifts, Environmental Signals, Uncertainty, and Policy Choice«, in: *Complexity Theory for a Sustainable Future*, hrsg. v. Jon Norberg und Graeme Cumming. New York: Columbia University Press, 2010, S. 180–206.

Die Zeichen sind prinzipiell dieselben wie diejenigen, die Physiker beim Übergang eines Materials von einem Aggregatszustand in den anderen beobachten. Diese Übergänge können ein einfaches Schmelzen oder Kochen sein, sie können aber auch kompliziertere Formen annehmen, wie das Verhalten eines Materials nahe seinem »Tripelpunkt« (Dreiphasenpunkt), an dem es gleichzeitig in gasförmigem, flüssigem und festem Zustand in einem fließenden Gleichgewicht existiert.

In diesen Fällen gehen die Warnsignale von den Interaktionen der Moleküle aus. Auch in komplexen Gesellschaften, Märkten und Ökosystemen sind die Interaktionen zwischen den beteiligten Komponenten ein entscheidender Faktor, aber da es sich bei einigen der Komponenten um lebende Organismen handelt, wird das Problem erheblich komplexer.

164 ein »umweltfreundliches« Kleid
Anders Mellbratt und Nils Wiberg, »The Fallacy of Eco-Friendly Design: How Progressive Design Can Save It«, http://www.mendeley.com/research/fallacy-ecofriendly-design-progressive-design-save-it/

164 Mit der Faltungskatastrophe lassen sich reale kritische Übergänge darstellen
Die falsche Anwendung des Modells und eine Überinterpretation

der Ergebnisse führten in den Anfangstagen der Katastrophentheorie zu Kontroversen. Siehe Raphael S. Zahler und Hector J. Sussman, »Claims and Accomplishments of Applied Catastrophe Theory«, *Nature* 269 (1977): S. 759–763. Diese Fragen sind geklärt, und das Modell wird heute verstärkt eingesetzt. Siehe Scheffer u.a., »Early-Warning Signals for Critical Transitions«, *Nature* 461 (2009): S. 53–59.

164 ein entscheidender Faktor ist der Verlust der Elastizität

Carl Folke, »Resilience: The Emergence of a Perspective for Social-Ecological Change«, *Global Environmental Change* 16 (2006): S. 253–267; Carl Folke u.a., »Regime Shifts, Resilience, and Biodiversity in Ecosystem Management«, *Annual Review of Ecology and Systematics* 35 (2004): S. 557–581; Brian Walker u.a., »Resilience, Adaptability, and Transformability in Social-Ecological Systems«, *Ecology and Society* 9 (2004); Brian Walker u.a., »A Handful of Heuristics and Some Propositions for Understanding Resilience in Social-Economic Systems«, *Ecology and Society* 11 (2006).

164 Elastizität ist »die Fähigkeit eines Systems, Störungen zu absorbieren«

Siehe Crawford S. Holling, »Resilience and Stability of Ecological Systems«, *Annual Review of Ecology and Systematics* 4 (1973): S. 1–23, sowie Walker u.a., »A Handful of Heuristics and Some Propositions for Understanding Resilience in Social-Economic Systems«.

Es gibt einen Unterschied zwischen der Elastizität aufgrund der Breite des Attraktor-»Tals« (die sogenannte ökologische Elastizität) und der Elastizität, die als Geschwindigkeit der Rückkehr zur Ausgangsposition gemessen wird. Siehe Egbert H. van Nes und Marten Scheffer, »Slow Recovery from Perturbations as a Generic Indicator of a Nearby Catastrophic Shift«, *The American Naturalist* 169 (2007): S. 738–747. Obwohl dieser Unterschied unter Umständen wichtig sein kann, habe ich ihn hier im Interesse der Verständlichkeit nicht beachtet.

164 Mathematiker haben fünf Frühwarnsignale ausgemacht

Scheffer u.a., »Early-Warning Signals for Critical Transitions«, *Nature* 461 (2009): S. 53–59..«

165 Wie wichtig sie sind, zeigen Untersuchungen von Ökosystemen

Marten Scheffer und Stephen R. Carpenter, »Catastrophic Regime Shifts in Ecosystems: Linking Theory to Observation«, *Trends in Ecology and Evolution* 18 (2003): S. 648–656, http://www1.fee.uva.nl/cendef/upload/76/Scheffer-Carpenter2003.pdf. Ein wegweisender und verständlicher Artikel.

165 Doch es wird zunehmend klar, dass diese fünf Warnsignale auch auf anderen Gebieten auf bevorstehende kritische Übergänge hinweisen

Scheffer u.a., »Early-Warning Signals for Critical Transitions«, *Nature* 461 (2009): S. 53–59.

165 Ein Beispiel aus der Natur sind Korallenriffe

Magnus Nystrom u.a., »Coral Reef Disturbance and Resilience in a Human-Dominated Environment«, *Trends in Ecology and Evolution* 15 (2000): S. 413–417.

166 Dieses Konzept wurde von Holling in die Ökologie eingebracht

Siehe Holling, »Resilience and Stability of Ecological Systems«, *Annual Review of Ecology and Systematics* 4 (1973): S. 1–23.

166 die sich als eindimensionale »Landschaft« mit drei Attraktoren illustrieren lässt

Nach Walker u.a., »Resilience, Adaptability, and Transformability in Social-Ecological Systems«, *Ecology and Society* 9 (2004).

166 Eine Ursache für den Verlust der Elastizität ist kultureller Konservatismus

Ebd.

166 Einer der vielleicht sonderbarsten Faktoren
Siehe zum Beispiel John Platt, »South African Gamblers Smoke
Endangered Vulture Brains for Luck«, in »Extinction Countdown«,
Scientific American, 10. Juni 2010, http://www.scientificamerican.
com/blog/post.cfm?id=south-african-gamblers-smoke-
endang-2010-06-10.

**166 Diese Faktoren wurden von Wissenschaftlern der Resilience
Alliance entdeckt**
Brian Walker und Rochelle L. Lawson, »E&S Special Feature: Case
Studies in Resilience: Fifteen Social-Ecological Systems Across
Continents and Societies«, *Resilience Alliance*, http://www.resalli-
ance.org/1613.php.

**168 Dieses komplexe Zusammenspiel ließ sich in den
Everglades-Sümpfen in Florida beobachten**
Lance Gunderson, »Everglades, Florida, USA«, in: Walker and Law-
son, »E&S Special Feature: Case Studies in Resilience«.

168 Wildcards für mögliche Umweltveränderungen
Stephen Carpenter und William Brock, »Adaptive Capacity and
Traps«, *Ecology and Society* 13 (2008): S. 40, http://www.ecologyan-
dsociety.org/vol13/iss2/art40/.

**169 Untersuchungen an ausgewählten Fischereien haben
gezeigt**
Siehe Reinette Biggs, Stephen R. Carpenter und William A. Brock,
»Turning Back from the Brink: Detecting an Impending Regime
Shift in Time to Avert It«, *Proceedings of the National Academy of
Sciences* 106 (2009): S. 826–831, http://www.pnas.org/content/
106/3/826.abstract.

170 In Manukau wurde erstmals nachgewiesen
Judi E. Hewitt und Simon F. Thrush, »Empirical Evidence of an
Approaching Alternate State Produced by Intrinsic Community
Dynamics, Climatic Variability, and Management Actions«, *Marine*

Ecology Progress Series 413 (2010): S. 267–276, http://www.int-res. com/articles/theme/m413_ThemeSection.pdf#page=84.

171 Das Gezerre von prominenten Paaren wie Marilyn Manson und Evan Rachel Wood
Siehe Joanna Sloame, »Favorite On-Again-Off-Again Celebrity Couples«, *New York Daily News.*

171 Solche Seen können ganz plötzlich »umkippen«
Siehe Marten Scheffer und Erik Jeppesen, »Regime Shifts in Shallow Lakes«, *Ecosystems* 10 (2007): S. 1–3, http://www.springerlink. com/content/p81802346gh15771/.

171 zunehmende Ausschläge der Phosphormenge im Wasser
Stephen Carpenter und William »Buz« Brock, »Rising Variance: A Leading Indicator of Ecological Transition«, *Ecology Letters* 9 (2006): S. 311–318.

172 diese extremen Wettermuster werden sich aufgrund der Erwärmung der Erdatmosphäre verstärken
Christophe Cassou und Éric Guilyardi, »Modes de variabilité et changement climatique«, in: *La Météorologie* (2007), http://www. insu.cnrs.fr/f1745pdf,modes-variabilite-changement-climatique. pdf.

172 Die kritische Verlangsamung ... ist ein Hinweis auf eine verringerte Elastizität.
Van Nes und Scheffer, »Slow Recovery from Perturbations as a Generic Indicator of a Nearby Catastrophic Shift.«, *The American Naturalist* 169 (2007): S. 738–747.

172 Der britische Historiker und Humorist C. Northcote Parkinson
Das berühmte »Parkinsonsche Gesetz« besagt: »Arbeit dehnt sich in dem Maße aus, wie Zeit für ihre Erledigung zur Verfügung steht.« Das Gesetz erschien zuerst in einem Artikel in *The Econo-*

mist (19. November 1955), den der Autor später weiter ausbaute; Ergebnis war sein Bestseller *Parkinsons Gesetz und andere Untersuchungen über die Verwaltung.* Reinbek: Rowohlt, 1966.

172   Mathematiker haben nachgewiesen, dass kritische Verlangsamung auf einen bevorstehenden kritischen Übergang hinweist
Van Nes und Scheffer, »Slow Recovery from Perturbations as a Generic Indicator of a Nearby Catastrophic Shift«, *The American Naturalist* 169 (2007): S. 738–747.

173   Selbstorganisation von Seegras in Bandmustern
Tjisse van der Heide u.a., »Spatial Self-Organized Patterning in Beds of Seagrasses Along a Depth Gradient of an Intertidal Ecosystem«, *Ecology* 91 (2010): S. 362–369.

173   Veränderungen dieser räumlichen Muster sind ein Hinweis auf einen kritischen Übergang
Vasilis Dakos u.a., »Spatial Correlation as Leading Indicator of Catastrophic Shifts«, *Theoretical Ecology* 3 (2009): S. 163–174.

174   die Vegetation kann in vorhersehbarer Weise langsam ausdünnen
Max Rietkerk, Stefan C. Dekker, Peter C. de Ruiter und Johan van Koppel, »Self-Organized Patchiness and Catastrophic Shifts in Ecosystems«, *Science* 305 (2004): 1926–1929, http://www.to.isac.cnr.it/aosta_old/aosta2005/LecturesSeminars/Rietkerk_I.pdf.
   Die Bilder in diesem Artikel sollten Sie sich nicht entgehen lassen.

175   Bleibt ein weiteres Warnsignal: die zunehmende Asymmetrie
Vishwesha Guttal und Ciriyam Jayaprakash, »Changing Skewness: An Early Warning Signal of Regime Shifts in Ecosystems«, *Ecology Letters* 11 (2008): S. 450–460.

175 »Vorhersagen sind sehr schwer«
Zitiert nach Arthur K. Ellis, *Teaching and Learning Elementary Social Studies.* London: Allyn & Bacon, 1970, S. 431.

175 die Wahrscheinlichkeit, dass der Klimawandel zu einem erheblichen Teil vom Menschen gemacht ist, liegt bei mindestens 90 Prozent
Climate-L.org, »InterAcademy Council Delivers PICC Review Report«.

175 Angesichts dieser Prognose
Wir sollten uns allerdings auch bewusst machen, dass einige Veränderungen in der Natur ohne Vorwarnung eintreten. Siehe Alan Hastings und Derin B. Wysham, »Regime Shifts in Ecological Systems Can Occur with No Warning«, *Ecology Letters* 13 (2010): S. 464–472.

Bildnachweise

Abb. 3.1 Grafik von http://galileo.phys.virginia.edu

Abb. 4.1 Foto links: Jean Lemoine; Foto rechts: Len Fisher.

Abb. 4.4 Aus S. Stephens Hellyer, *Principles and Practice of Plumbing* (1891).

Abb. 4.7 Aus *Board of Investigation to Inquire into the Design and Methods of Construction of Welded Steel Merchant Vessels* (1947).

Abb. 5.1 Foto von Matt Cardy/Getty Images.

Abb. 6.2 Mit freundlicher Genehmigung von James Harding, Zoologische Abteilung, Michigan State University.

Abb. 6.3 Foto (rechts) von Jürgen Matern.

Abb. 6.4 Links: David J. Acheson und Tom Mullin, »Upside-Down Pendulums«, *Nature* 366 (1993): S. 215–216. Mitte und rechts: Siehe Tom Mullin u. a. »The ›Indian Wire Trick‹ Via Parametric Excitation: A Comparison Between Theory and Experiment«, *Proceedings of the Royal Society of London* A459 (2003): S. 539–546. Sämtliche Fotos mit freundlicher Genehmigung von Professor Tom Mullin.

Abb. 6.5 Mit freundlicher Genehmigung von Segway, Inc.

Abb. 6.6 Nach Stephen Blaha, »Reconstructing Prehistoric Civilizations in a New Theory of Civilizations«. http://cogprints. org/2929/1/CivArticle1.pdf, S. 19.

Abb. 7.1 Nach »Energy and Human Evolution«, *Population and Environment: A Journal of Interdisciplinary Studies* 16 (1995): S. 301–319, http://dieoff.org/page137.htm.

Abb. 8.1 Foto von Len Fisher.

Abb. 8.7 Nach Robert Galatzer-Levy, »Qualitative Change from Quantitative Change: Mathematical Catastrophe Theory in Relation to Psychoanalysis«, *Journal of the American Psychoanalytical Association* 26 (1978): S. 921–935.

Abb. 8.8 Nach Kelly E. Smerz und Stephen J. Guastello, »Cusp Catastrophe Model for Binge Drinking in a College Student Population«, *Nonlinear Dynamics, Psychology, and Life Sciences* 12 (2008): S. 205–224.

Abb. 9.3 Science Museum, London (rechts).

Abb. 9.5 Nach »A Safe Operating Space for Humanity«, Johan Rockström u.a., *Nature* 461 (2009): S. 472–475.

Abb. 11.1 Nach Marten Scheffer und Stephen R. Carpenter, »Catastrophic Regime Shifts in Ecosystems: Linking Theory to Observation«, *TRENDS in Ecology and Evolution* 18 (2003): S. 648–656.

Abb. 11.4 Fotos von T. Van der Heide.

Abb. 11.5 Nach C. Valentin, J. M. d'Herbés und J. Poesen, »Soil and Water Components of Banded Vegetation Patterns«, *Catena* 37 (1999): S. 1–24.

Danksagung

Als Naturwissenschaftler habe ich besonderen Zugang zu Experten, die an der rasanten Entwicklung von neuen Methoden der Vorhersage beteiligt sind. Viele waren so freundlich, mir mit Kritik, Vorschlägen, Verbesserungen und Informationen aus Gebieten weiterzuhelfen, auf denen ich kein Experte bin. Andere Freunde und Kollegen haben das Manuskript mit dem Blick von Laien gelesen und mit ihren Anmerkungen sehr zu seiner Klarheit beigetragen. Dafür danke ich vor allem meiner Frau Wendella, die stellvertretend für meine künftigen Leser jede Seite sorgfältig durchgesehen hat, sowie meine Agentin Barbara Levy, die mich in meinem Anliegen unterstützt, den Naturwissenschaften breiteren Raum in unserer Kultur zu verschaffen.

Ohne die Hilfe dieser Menschen, die ich in alphabetischer Reihenfolge nennen will, wäre das Buch in dieser Form nicht möglich gewesen. Besonders danke ich Michael Adam, Nicola Beech, Trish Brown, David Dacam, Underwood Dudley, David Fisher, Wendella Fisher, Gerd Gigerenzer, Garry Graham, Paul Halpern, Dirk Helbing, Wilhelm Krücken, Alan Lane, Leon Lederman, Matthys Levy, Rosalinda Madara, Spyros Makridakis, Richard C. Malley, Heather Mewton, Marion Mittermaier, Jeff Odell, Roger Pearse, Mark Peterson, Andrew Pyle, Guy Raffa, Mike Retzer, Paul Rosch, Harry Rothman, Marten Scheffer, Alistair Sharp, Graham Turner, Phil Vardy, Charlie Warwick und Beth Wohlgemuth.

Sollte ich jemanden vergessen haben, war dies nicht in böser Absicht; ich bitte diese Unterlassung zu entschuldigen und werde sie in der nächsten Ausgabe korrigieren.

Sämtliche Fehler nehme ich natürlich wie immer auf meine

Kappe. Dies gilt diesmal noch mehr als in früheren Büchern, denn trotz aller Unterstützung durch Experten ist es durchaus möglich, dass mir bei dem Versuch, zu verstehen, zu vereinfachen und das komplexe Material verständlich aufzubereiten, der eine oder andere Fehler unterlaufen ist. Ich freue mich, wenn Sie mich auf solche Fehler hinweisen, und hoffe, dass wir auf meiner Website www.lenfisherscience.com und anderswo ins Gespräch kommen.